高等院校"十二五"工程造价专业系列规划教材

建筑工程定额与预算

（第 2 版）

袁建新 袁 媛 侯 兰 编著

西南交通大学出版社
·成 都·

图书在版编目（CIP）数据

建筑工程定额与预算 / 袁建新，袁媛，侯兰编著.
—2版. —成都：西南交通大学出版社，2014.8（2017.6重印）
高等院校"十二五"工程造价专业系列规划教材
ISBN 978-7-5643-3300-3

Ⅰ. ①建… Ⅱ. ①袁… ②袁… ③侯… Ⅲ. ①建筑经
济定额–高等学校–教材②建筑预算定额–高等学校–教
材 Ⅳ. ①TU723.3

中国版本图书馆 CIP 数据核字（2014）第 192018 号

高等院校"十二五"工程造价专业系列规划教材
建筑工程定额与预算
（第 2 版）
袁建新　袁　媛　侯　兰　编著

责 任 编 辑	杨　勇
封 面 设 计	墨创文化
出 版 发 行	西南交通大学出版社 （四川省成都市二环路北一段 111 号 西南交通大学创新大厦 21 楼）
发行部电话	028-87600564　028-87600533
邮 政 编 码	610031
网　　　址	http://www.xnjdcbs.com
印　　　刷	四川森林印务有限责任公司
成 品 尺 寸	185 mm×260 mm
印　　　张	21.5
字　　　数	532 千字
版　　　次	2014 年 8 月第 2 版
印　　　次	2017 年 6 月第 9 次
书　　　号	ISBN 978-7-5643-3300-3
定　　　价	42.00 元

第 2 版前言

"建筑工程定额与预算"是本科工程造价专业的核心课程。通过学习使学生掌握预算定额编制原理和使用方法、预算原理和编制方法是本课程的主要任务。

为了使学生牢固掌握建筑工程预算编制方法，书中列举了大量的例题，给出了大量的计算图表，安排了预算编制实训的内容。将预算编制理论、预算编制方法、预算编制规定、预算实训联系在一起，理论与实践紧密相结合的做法是本书的重要特色。

本书按 GB/T 50353—2013《建筑工程建筑面积计算规范》，全面改写了第 7 章建筑面积的计算内容。

本书由四川建筑职业技术学院袁建新、上海城市管理职业技术学院袁媛、四川建筑职业技术学院侯兰编写。袁媛编写了第 3 章、第 4 章、第 5 章、第 7 章、第 11 章、第 12 章的全部内容，侯兰编写了第 2 章建筑工程预算编制原理的内容，其余章节由袁建新编写。

本书由西南交通大学黄云德教授、黄喜兵副教授主审，在编写过程中西南交通大学沈火明教授、葛玉梅教授、吴园老师、王玉成老师对本书提出了很好的意见和建议，西南交通大学出版社鼎力相助，为此一并表示衷心的感谢。

本书适合普通高等教育本科工程造价专业（包括自考、函授）学生学习，也是工程造价专业培训学习和工程造价人员的学习用书。

工程造价行业正处于发展期，书中难免会有不足之处，敬请广大读者批评指正。

作　者
2014 年 6 月

第 1 版前言

"建筑工程定额与预算"是本科工程造价专业的核心课程。通过学习学生应掌握预算定额编制原理和使用方法，预算原理和编制方法是本课程的主要任务。

为了使学生牢固掌握建筑工程预算编制方法，书中列举了大量的例题，给出了大量的计算图表，安排了预算编制具体实例。将预算编制理论、编制方法、编制规定、预算实训联系在一起，理论与实践紧密相结合的做法是本书的重要特色。

本书由四川建筑职业技术学院袁建新教授、中国建设工程造价管理协会董士波博士、四川建筑职业技术学院侯兰讲师编著。董士波编写了第 5 章预算定额的应用、第 11 章设计概算的内容，侯兰编写了第 2 章建筑工程预算编制原理，其余章节由袁建新编写。

本书由西南交通大学黄云德副教授、黄喜兵副教授主审，在编写过程中西南交通大学沈火明教授、葛玉梅教授、吴园老师、王玉成老师对本书提出了很好的意见和建议，以及西南交通大学出版社鼎力相助，为此一并表示衷心的感谢。

本书适合普通高等教育本科工程造价专业（包括自考、函授）学生学习，也适合工程造价专业培训学习和工程造价人员学习使用。

工程造价行业正处于发展期，书中难免会有不足之处，敬请广大读者批评指正。

作　者
2012 年 12 月

目　录

1 概　述

1.1　建筑工程预算概述

1.1.1　建筑工程预算的概念

建筑工程预算是在工程设计、交易、施工等阶段用于确定建筑工程预算造价的经济文件。传统的建筑工程预算由直接费、间接费、利润、税金等费用构成。根据建标〔2013〕44 号文的费用划分，建筑工程预算由分部分项工程费、措施项目费、其他项目费、规费和税金等费用构成。

直接费包括直接工程费和措施费。直接工程费主要根据施工图算出的工程量乘以预算定额基价得出；措施费可以根据工程量乘以预算定额基价得出，也可以按规定的费率计算得出；间接费主要根据定额直接费乘以各间接费费率得出；利润主要根据定额直接费乘以利润率得出；税金主要根据直接费、间接费、利润之和乘以税率得出；最后将直接费、间接费、利润、税金汇总成预算工程造价。

分部分项工程费由人工费、材料费、机械费、管理费和利润组成，是分部分项工程量乘以定额基价和按规定计算管理费、利润得出的；措施项目费由单价措施项目和总价措施项目组成，单价措施项目费的计算方法同分部分项工程费、总价措施项目按规定的取费基数乘以费率计算；基他措施项目费按规定项目计算；规费的项目和税金项目按规定的办法计算。

建筑工程预算是确定工程预算造价的技术经济文件。

建筑工程预算在施工图设计阶段由设计单位造价人员编制；在招投标阶段由招标人或投标人编制，在施工阶段由施工单位造价人员编制。建筑工程预算的主要作用是确定工程预算造价。

1.1.2　建筑工程预算编制内容

1. 传统的建筑工程预算编制内容

（1）工程量计算；
（2）套用预算（计价）定额；
（3）定额直接工程费计算；
（4）工、料、机用量分析与汇总；
（5）措施费计算；

（6）材料、人工、机械台班价差调整；

（7）企业管理费计算；

（8）规费计算；

（9）利润计算；

（10）税金计算；

（11）将上述费用汇总为工程预算造价。

上述编制内容中，定额直接工程费、措施费和材料费、人工费、机械台班价差相加就是直接费；企业管理费和规费相加就是间接费；利润单独；税金单独。

2. 按建标〔2013〕44号文费用构成的建筑工程预算编制内容

（1）工程量计算；

（2）套用预算（计价）定额；

（3）定额直接费计算；

（4）企业管理费、利润计算；

（5）单价措施项目费计算；

（6）总价措施项目费计算；

（7）规费计算；

（8）材料、人工、机具台班价差调整；

（9）税金计算；

（10）将上述费用汇总为工程预算造价。

1.1.3 编制建筑工程预算的主要步骤

1. 传统的编制建筑工程预算的主要步骤

（1）根据施工图、预算（计价）定额和工程量计算规则计算工程量；

（2）根据工程量和预算（计价）定额分析工料机消耗量；

（3）根据工程量和预算（计价）定额基价计算定额直接工程费；

（4）根据定额直接费（或人工费）计算措施费（或根据工程量乘以定额基价）；

（5）根据定额直接费（或人工费）计算企业管理费；

（6）根据定额直接费（或人工费）计算规费；

（7）根据分析汇总的工、料、机数量和指导价调整材料、人工和机械台班价差；

（8）将定额直接费和工、料、机价差汇总为直接工程费；

（9）根据定额直接费或人工费计算措施费并汇总为直接费；

（10）根据直接费（或人工费）计算利润；

（11）根据直接费、间接费、利润计算税金；

（12）将直接费、间接费、利润、税金汇总为工程预算造价。

2. 按建标〔2013〕44号文费用构成编制建筑工程预算的主要步骤

（1）根据施工图、预算（计价）定额和工程量计算规划计算工程量；

（2）根据工程量和预算（计价）定额分析工料机消耗量；

（3）根据工程量和预算（计价）定额计算定额直接费；

（4）根据定额人工费（或人工加机械费）计算企业管理费和利润；

（5）根据单价措施项目工程量和预算（计价）定额计算定额直接费；

（6）根据单价措施项目的定额人工费（或人工费加机械费）计算企业管理费和利润；

（7）根据有关规定计算总价措施项目费；

（8）根据有关规定计算规费；

（9）根据综合税率计算税金；

（10）将分部分项工程费、措施项目费、其他项目费、规费、税金汇总为工程预算造价。

1.2　建筑工程预算定额的概念

建筑工程预算定额是确定一定计量单位的分项工程项目人工、材料、机械台班消耗量（货币量）的数量标准。

分项工程项目是建设项目划分的最小项目，概略地说，一个预算定额号的项目可以对应于一个分项工程项目。

建筑工程预算定额的基价由人工费、材料费、机械费构成。定额基价是由人工、材料、机械台班各自的消耗量乘以对应的单价计算出来后汇总而成的。

预算定额的实例见表1.1。

表 1.1　预算定额摘录

工程内容：1. 混凝土水平运输。2. 混凝土搅拌、捣固、养护。　　　　　　　　　　　　　　　计量单位：10 m³

定额编号				5—396	5—397
项　目		单位	单价（元）	C25 混凝土独立基础	C25 混凝土杯型基础
基　价		元		3 424.13	3 366.83
其中	人工费	元		1 005.10	944.30
	材料费	元		2 292.73	2 296.22
	机械费	元		126.31	126.31
人工	综合用工	工日	95.00	10.58	9.94
材料	C25 混凝土	m³	221.60	10.15	10.15
	草袋子	m²	8.20	3.26	3.67
	水	kg	1.80	9.31	9.38
机械	400 L 混凝土搅拌机	台班	119.06	0.39	0.39
	插入式混凝土振捣器	台班	12.68	0.77	0.77
	1 t 机动翻斗车	台班	89.89	0.78	0.78

1.3　建筑工程预算编制简例

（1）施工图。

某工程现浇 C25 混凝土独立基础施工图见图 1.1。

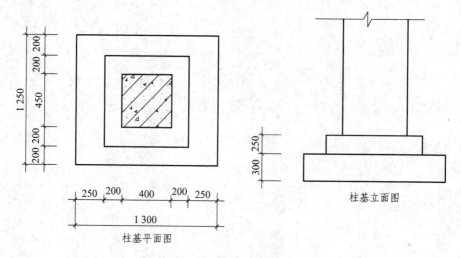

柱基平面图

柱基立面图

图 1.1　现浇独立基础

（2）现浇 C25 混凝土独立基础预算定额。

现浇 C25 混凝土独立基础的预算定额见表 1.1。

（3）工程量计算规则。

现浇混凝土独立基础的计算规则是，基础与柱的划分以基础上表面分界，以上算混凝土柱，以下算独立基础。

（4）建筑工程预算费用定额。

某地区费用定额规定如下：安全文明施工临时设施、模板等措施费按定额直接费的 5.5% 计算；间接费按定额直接费与措施费之和的 7%（其中企业管理费率 4%、规费费率 3%）计算；利润按定额直接费、措施费、间接费之和的 8% 计算；税金按定额直接费、措施费、间接费、利润之和的 3.48% 计算。

（5）计算工程量。

根据独立基础施工图、预算定额和相应的工程量计算规则计算工程量。

由于 5—396 号预算定额的计量单位是 m^3，所以工程量按体积计算，计算式如下：

$$独立基础工程量\ V = (1.30 \times 1.25) \times 0.30 + (1.30 - 0.25 \times 2) \times (1.25 - 0.20 \times 2) \times 0.25$$
$$= 0.487\ 5 + 0.80 \times 0.85 \times 0.25$$
$$= 0.487\ 5 + 0.170$$
$$= 0.658\ m^3$$

（6）套用定额计算定额直接费。

现浇独立基础应套用表 1.1 中的 5—396 号定额计算直接费。

$$独立基础定额直接费\ = 工程量 \times 定额基价$$
$$= 0.658\ m^3 \times 342.41\ 元/m^3$$
$$= 225.31\ 元$$

（7）传统的建筑工程预算计算措施费、间接费、利润和税金汇总为工程造价。

根据计算出的定额直接费和（4）中的费用定额计算预算造价。预算造价计算表见表 1.2。

表 1.2　建筑工程预算造价计算表（传统方法）　　　　　　　单位：元

序　号	费用名称	计算式	金　额
（1）	定额直接费	见本节（6）	225.31
（2）	措施费	（1）× 5.5% 225.31 × 5.5%	12.39
（3）	间接费	[(1) + (2)] × 7% （225.31 + 12.39）× 7%	16.64
（4）	利　润	[(1) + (2) + (3)] × 8% (225.31 + 12.39 + 16.64) × 8%	20.35
（5）	税　金	[(1) + (2) + (3) + (4)] × 3.41% (225.31 + 12.39 + 16.64 + 20.35) × 3.48%	9.56
	预算造价		284.25

（8）按建标〔2013〕44号文费用构成计算分部分项工程费、措施项目费、其他项目费、规费、税金汇总为工程造价（见表 1.3）。

表 1.3　建筑工程预算造价计算表（44号文）　　　　　单位：元

序　号	费用名称	计算式	金　额
（1）	分部分项工程费	[(定额直接费 225.31 ＋ 措施费 12.39)× (1 ＋ 4%)＋7.13]×(1＋8%)－7.13－12.39	255.17
（2）	措施项目费	定额直接费 225.31×5.5%	12.39
（3）	其他项目费	无	—
（4）	规　费	（定额直接费 225.31 ＋ 措施费 12.39）×3%	7.13
（5）	税　金	(255.17 ＋ 12.39 ＋ 7.13)×3.48%	9.37
	预算造价		284.25

1.4　建筑工程预算与建筑工程预算定额的关系

建筑工程预算定额是编制建筑工程预算的重要依据。建筑工程预算定额确定了单位分项工程的工料机消耗量和工程单价，该工程单价乘以某工程的具体分项工程工程量就得出了该分项工程定额直接费，若干个分项工程定额直接费就汇总成了建筑工程预算的定额直接费。定额直接费是计算措施费、间接费、利润和税金的基础。建筑工程预算定额一般由地区工程造价行政主管部门颁发，具有权威性和指导性。

建筑工程预算编制原理

对建筑工程预算原理的研究是从研究建筑产品的特性开始的。

与其他工业产品的生产特点不同，建筑产品具有生产的单件性、建设地点的固定性、施工生产的流动性等特性。这些特性是造成建筑产品必须通过编制建筑工程预算或工程量清单报价确定工程造价的根本原因。

2.1 建筑产品的特性

2.1.1 产品生产的单件性

建筑产品的单件性是指每个建筑产品都具有特定的功能和用途，在建筑物的造型、结构、尺寸、设备配置和内外装修等方面都有不同的具体要求。即使用途完全相同的工程项目，在建筑等级、基础工程等方面都可能会不一样。可以这么说，在实践中找不到两个完全相同的建筑产品。因而，建筑产品的单件性使建筑物在实物形态上千差万别，各不相同。

2.1.2 建设地点的固定性

建设地点的固定性是指建筑产品的生产和使用必须固定在某一个地点，建成后不能随意移动。建筑产品固定性的客观事实，使得建筑物的结构和造型受到当地自然气候、地质、水文、地形等因素的影响和制约，使得功能相同的建筑物在实物形态上仍有较大的差别，从而使每个建筑产品的工程造价各不相同。

2.1.3 施工生产的流动性

建筑产品的固定性是产生施工生产流动性的根本原因。因为建筑物固定了，施工队伍就流动了。流动性是指施工企业必须在不同的建设地点组织施工、建造房屋。

每个建设地点离施工单位基地的距离不同、资源条件不同、运输条件不同、工资水平不同等，都会影响建筑产品的造价。

2.2 确定工程预算造价的重要基础

建筑产品的三大特性，决定了其在价格要素上千差万别的特点。这种差别形成了制定统一建筑产品价格的障碍，给建筑产品定价带来了困难，通常工业产品的定价方法已经不适用于建筑产品的定价。

当前，建筑产品价格主要有两种表现形式，一是政府指导价，二是市场竞争价。建筑工程预算确定的工程造价属于政府指导价；通过招投标确定的工程量清单报价，属于市场竞争价。

产品定价的基本规律除了价值规律外，还应该有两条，一是通过市场竞争形成价格，二是同类产品的价格水平应该保持一致。

对于建筑产品来说，价格水平一致性的要求和建筑产品单件性的差别特性是一对需要解决的矛盾，因为我们无法做到以一个建筑物为对象来整体定价而达到保持价格水平一致的要求。人们通过长期实践和探讨，找到了用编制建筑工程预算或编制工程量清单报价的方式来确定产品价格的方法，来解决不同建筑物之间价格水平一致性的问题。因此，建筑工程预算是确定建筑产品预算价格的特殊方法。

这个特殊的方法建立在两个重要基础之上：一是将复杂的建筑工程分解为具有共性的基本构造要素——分项工程；二是编制出单位分项工程所需人工、材料、机械台班消耗量及货币量的预算定额，从而较好地解决了不同建筑物之间价格水平一致性的问题。

2.2.1　建设项目的划分

建设项目按照合理确定工程造价和工程建设管理的要求，划分为建设项目、单项工程、单位工程、分部工程、分项工程五个层次。

1. 建设项目

建设项目一般是指在一个总体设计范围内，由一个或几个工程项目组成，经济上实行独立核算，行政上实行独立管理，并且具有法人资格的建设单位。

2. 单项工程

单项工程又称工程项目，是建设项目的组成部分，是指具有独立设计文件，竣工后可以独立发挥生产能力或使用效益的工程。例如，一个工厂的生产车间、仓库，学校的教学楼、图书馆等分别都是一个单项工程。

3. 单位工程

单位工程是单项工程的组成部分。单位工程是指具有独立的设计文件，能单独施工，但建成后不能独立发挥生产能力或使用效益的工程。例如，一个生产车间的土建工程、电气照明工程、给排水工程、机械设备安装工程、电气设备安装工程等分别是一个单位工程，它们是生产车间这个单项工程的组成部分。

4. 分部工程

分部工程是单位工程的组成部分。分部工程一般按工种工程来划分，例如，土建单位工程划分为土石方工程、砌筑工程、脚手架工程、钢筋混凝土工程、木结构工程、金属结构工程、装饰工程等。分部工程也可按单位工程的构成部分来划分，例如，土建单位工程也可分为基础工程、墙体工程、梁柱工程、楼地面工程、门窗工程、屋面工程等。建筑工程预算定额综合了上述两种方法来划分分部工程。

5. 分项工程

分项工程是分部工程的组成部分。按照分部工程划分的方法，可再将分部工程划分为若干个分项工程。例如，基础工程还可以划分为基槽开挖、基础垫层、基础砌筑、基础防潮层、基槽回填土、土方运输等分项工程。

分项工程是建筑工程的基本构造要素。通常，把这一基本构造要素称为"假定建筑产品"。假定建筑产品虽然没有独立存在的意义，但是这一概念在工程造价确定、计划统计、建筑施工及管理、工程成本核算等方面都是十分重要的概念。

建设项目划分示意图见图 2.1。

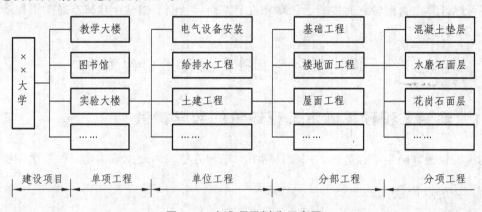

图 2.1　建设项目划分示意图

2.2.2　确定工程预算造价原理的重要基础

1. 假定建筑产品——分项工程

建筑产品是结构复杂、体型庞大的工程，要对这样一类完整产品进行统一定价，不太容易办到，这就需要按照一定的规则，将建筑产品进行合理分解，层层分解到构成完整建筑产品的共同要素——分项工程为止，才能实现对建筑产品定价的目的。

从建设项目划分的内容来看，将单位工程按结构构造部位和工程工种来划分，可以分解为若干个分部工程。但是，从对建筑产品定价要求来看，仍然不能满足要求。因为以分部工程为对象定价，其影响因素较多。例如，同样是砖墙，构造可能不同，如实砌墙或空花墙，材料也可能不同，如标准砖或灰砂砖，受这些因素影响，其人工、材料消耗的差别较大。所以，还必须按照不同的构造、材料等要求，将分部工程分解为更为简单的组成部分——分项工程，例如，M5 混合砂浆砌 240 mm 厚灰砂砖墙，现浇 C20 钢筋混凝土圈梁等。

分项工程是经过逐步分解的能够用较为简单的施工过程生产出来的，可以用适当计量单位计算的工程基本构造要素。

2. 假定建筑产品消耗量标准——预算定额（消耗量定额）

将建筑工程层层分解后，就能采用一定的方法，编制出单位分项工程所需的人工、材料、机械台班消耗量标准——预算定额。

虽然不同的建筑工程由不同的分项工程项目和不同的工程量构成，但是有了预算定额（消耗量定额）后，就可以计算出价格水平基本一致的工程造价。这是因为预算定额（消耗量定额）确定的每一单位分项工程所需的人工、材料、机械台班消耗量起到了统一建筑产品劳动消耗水平的作用，从而使我们能够对千差万别的各建筑工程不同的工程数量，计算出符合统一价格水平的工程造价。

例如，甲工程砖基础工程量为 68.56 m³，乙工程砖基础工程量为 205.66 m³，虽然工程量不同，但使用统一的预算定额（消耗量定额）后，他们的人工、材料、机械台班消耗量水平（单位消耗量）是一致的。

如果在预算定额（消耗量定额）消耗量的基础上再考虑价格因素，用货币反映定额基价，那么就可以计算出直接费、间接费、利润和税金，而后就能算出整个建筑产品的工程造价。

2.3 建筑工程预算确定工程造价的方法

2.3.1 建筑工程预算确定工程造价的数学模型

建筑工程预算确定工程造价，一般采用下列三种方法，因此也需构建三种数学模型。

1. 单位估价法

单位估价法是编制传统建筑工程预算常采用的方法。该方法根据施工图和预算定额，通过计算，将分项工程直接工程费汇总成单位工程直接工程费后，再根据措施费费率、间接费费率、利润率、税率分别计算出各项费用和税金，最后汇总成单位工程造价。其数学模型如下：

$$工程造价 = 直接费 + 间接费 + 利润 + 税金$$

即：

$$以直接费为取费基础的工程造价 = [\sum_{i=1}^{n}(分项工程量 \times 定额基价)_i \times (1+措施费费率+间接费费率+利润费)] \times (1+税率)$$

$$以人工费为取费基础的工程造价 = [\sum_{i=1}^{n}(分项工程量 \times 定额基价)_i + \sum_{i=1}^{n}(分项工程量 \times 定额基价中人工费)_i \times (1+措施费费率+间接费费率+利润费)] \times (1+税率)$$

2. 实物金额法

当预算定额中只有人工、材料、机械台班消耗量，而没有定额基价的货币量时，我们可以采用实物金额法来计算工程造价。

实物金额法的基本做法是，先算出分项工程的人工、材料、机械台班消耗量，然后汇总成单位工程的人工、材料、机械台班消耗量，再将这些消耗量分别乘以各自的单价，然后计算措施费，最后汇总成单位工程直接费。后面各项费用的计算同单位估价法。其数学模型如下：

$$工程造价 = 直接费 + 间接费 + 利润 + 税金$$

即：

$$\begin{aligned}
以直接费为取费基础的工程造价 = &\{[\sum_{i=1}^{n}(分项工程量 \times 定额用工量)_i \times 工日单价 + \\
&\sum_{j=1}^{m}(分项工程量 \times 定额材料用量)_j \times 材料单位 + \\
&\sum_{k=1}^{p}(分项工程量 \times 定额机械台班量)_k \times 台班单价] \times \\
&(1 + 措施费费率 + 间接费费率 + 利润率)\} \times (1 + 税率)
\end{aligned}$$

$$\begin{aligned}
以人工费为取费基础的工程造价 = &[\sum_{i=1}^{n}(分项工程量 \times 定额用工量价)_i \times 工日单价 \times \\
&(1 + 措施费费率 + 间接费费率 + 利润率) + \\
&\sum_{j=1}^{m}(分项工程量 \times 定额材料用量)_j \times 材料单价 + \\
&\sum_{k=1}^{p}(分项工程量 \times 定额机械台班量)_k \times 台班单价] \times \\
&(1 + 税率)
\end{aligned}$$

3. 分项工程完全单价计算法

分项工程完全单价计算法的特点是，以分项工程为对象计算工程造价，再将分项工程造价汇总成单位工程造价。该方法从形式上类似于工程量清单计价法，但又有本质上的区别。

分项工程完全单价计算法的数学模型为：

$$\begin{aligned}
以直接费为取费基础计算工程造价 = &\sum_{i=1}^{n}[(分项工程量 \times 定额基价) \times \\
&(1 + 措施费费率 + 间接费费率 + 利润率) \times (1 + 税率)]
\end{aligned}$$

$$\begin{aligned}
以人工费为取费基础计算工程造价 = &\sum_{i=1}^{n}\{[(分项工程量 \times 定额基价) + (分项工程量 \times 定额用工量 \times 工日单价) \times \\
&(1 + 措施费费率 + 间接费费率 + 利润率)] \times (1 + 税率)\}_i
\end{aligned}$$

提示：上述数学模型分两种情况表述的原因是，建筑工程造价一般以直接费为基础计算，装饰工程造价或安装工程造价一般以人工费为基础计算。

2.3.2 建筑工程预算的编制程序与依据

按单位估价法编制建筑工程预算的程序和依据见图 2.2。

说明：图中的双线箭头连接表达了编制内容，单线箭头连接表达了编制依据。

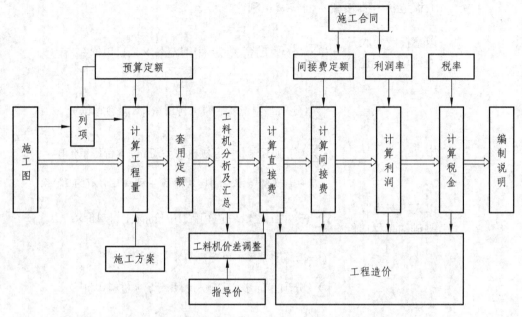

图 2.2　建筑工程预算编制程序示意图（单位估价法）

2.4　工程量清单计价确定工程造价的方法

2.4.1　工程量清单计价确定工程造价数学模型

工程量清单计价确定工程造价，根据《建设工程工程量清单计价规范》的规定，按照工程量清单规定的项目，通过分部分项工程量（单价措施项目工程量）乘以综合单价计算出分部分项工程费（人工费）后，计算总价措施项目费、其他项目费、规费、税金，最后汇总为工程造价的方法。其数学模型如下：

工程造价=分部分项工程费＋措施项目费＋其他项目费＋规费＋税金

即：分部分项工程费$=\sum_{i=1}^{n}$(分部分项工程量×综合单价)$_i$

单价措施项目费$=\sum_{i=1}^{n}$(单价措施项目工程量×综合单价)$_i$

$$总价措施项目费=\sum_{i=1}^{n}(计算项目×有关规定或自主报价)_i$$

$$其他项目费=\sum_{i=1}^{n}(计算项目×有关规定或自主报价)_i$$

$$规费=\sum_{i=1}^{n}(规费项目×有关标准)_i$$

$$税金=[分部分项工程费+措施项目费（单价措施项目和总价措施项目）+$$
$$其他项目+规费]×规定税率$$

2.4.2　工程量清单计价的编制程序与依据

按工程量清单计价确定工程造价的数学模型设计的工程量清单计价的编制程序与依据见图 2.3。

说明：图中的双线箭头连接表达了编制内容，单线箭头连接表达了编制依据。

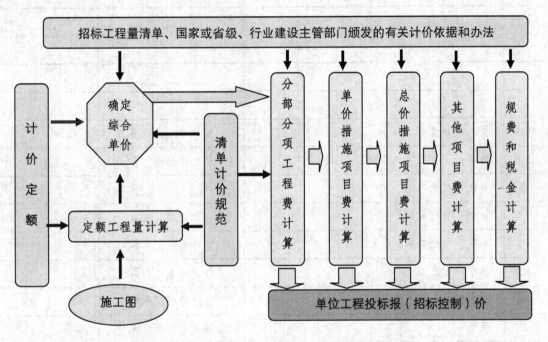

图 2.3　工程量清单报价编制程序与编制依据示意图

2.4.3　建标〔2013〕44 号文规定的建筑安装工程计价程序

1. 建设单位工程招标控制价计价程序

建设单位工程招标控制价计价程序见表 2.1。

13

表 2.1　建设单位工程招标控制价计价程序

工程名称：　　　　　　　　　　　　　　　　标段：

序号	内　　容	计算方法	金　额（元）
1	分部分项工程费	按计价规定计算	
1.1			
1.2			
1.3			
1.4			
1.5			
2	措施项目费	按计价规定计算	
2.1	其中：安全文明施工费	按规定标准计算	
3	其他项目费		
3.1	其中：暂列金额	按计价规定估算	
3.2	其中：专业工程暂估价	按计价规定估算	
3.3	其中：计日工	按计价规定估算	
3.4	其中：总承包服务费	按计价规定估算	
4	规费	按规定标准计算	
5	税金（扣除不列入计税范围的工程设备金额）	（1+2+3+4）×规定税率	

招标控制价合计=1+2+3+4+5

2. 施工企业工程报价计价程序

施工企业工程报价计价程序见表 2.2。

表 2.2　施工企业工程投标报价计价程序

工程名称：　　　　　　　　　　　　　　标段：

序号	内　　容	计　算　方　法	金　额（元）
1	分部分项工程费	自主报价	
1.1			
1.2			
1.3			
1.4			
1.5			
2	措施项目费	自主报价	
2.1	其中：安全文明施工费	按规定标准计算	
3	其他项目费		
3.1	其中：暂列金额	按招标文件提供金额计列	
3.2	其中：专业工程暂估价	按招标文件提供金额计列	
3.3	其中：计日工	自主报价	
3.4	其中：总承包服务费	自主报价	
4	规费	按规定标准计算	
5	税金（扣除不列入计税范围的工程设备金额）	（1+2+3+4）×规定税率	

投标报价合计＝1+2+3+4+5

3 建筑工程预算定额编制原理

3.1 概 述

3.1.1 定额的概念

定额是国家行政主管部门颁发的用于规定完成建筑安装产品所需消耗的人力、物力和财力的数量标准。

定额反映了在一定生产力水平条件下，施工企业的生产技术水平和管理水平。

3.1.2 建筑工程定额包含的内容

建筑工程定额主要包括劳动定额、材料消耗定额、机械台班使用定额、施工定额、预算定额、概算定额、概算指标和费用定额。

3.1.3 定额的起源和发展

定额是资本主义企业科学管理的产物，最先由美国工程师泰罗（F. W. Taylor, 1856—1915）开始研究。

在 20 世纪初，为了通过加强管理提高劳动生产率，泰罗将工人的工作时间划分为若干个组成部分。如划分为准备工作时间、基本工作时间、辅助工程时间等。然后用秒表来测定完成各项工作所需的劳动时间，以此为基础制定出工时消耗定额，作为衡量工人工作效率的标准。

在研究工人工作时间的同时，泰罗又把工人在劳动中的操作过程分解为若干个操作步骤，去掉那些多余和无效的动作，制定出能节省工作时间的操作方法，以期达到提高工效的目的。可见，工时消耗定额是建立在先进合理的操作方法基础上的。

制定科学的工时定额，实行标准的操作方法，采用先进的工具设备，再加上有差别的计件工资制，这就构成了"泰罗制"的主要内容。

泰罗制给资本主义企业管理带来了根本的变革。因而，在资本主义管理史上，泰罗被尊为"科学管理之父"。

在企业管理中采用实行定额管理的方法来促进劳动生产率的提高，正是泰罗制中科学的有价值的内容，我们应该用来为社会主义市场经济建设服务。

我国的建筑安装工程定额，是新中国成立以后逐渐建立和日趋完善起来的。20 世纪 50年代的定额管理工作吸取了苏联定额管理工作的经验，70 年代后期又参考了欧美、日本等国家有关定额方面科学管理的方法。结合我国建筑施工生产的实际情况，在各个时期编制了切实可行的定额。

1955 年，建工部编制了全国统一建筑工程预算定额；1957 年，又在 1955 年定额的基础上进行了修订，重新颁发了全国统一建筑工程预算定额。在这以后国家建委将预算定额的编制和管理工作下放到各省、市、自治区。各地区于 1959 年、1962 年、1972 年、1977 年，先后组织力量编制了本地区使用的建筑工程预算定额。1981 年，国家建委组织编制了全国建筑工程预算定额，而后各省、市、自治区在此基础上于 1984 年、1985 年先后编制了本地区建筑工程预算定额。1995 年，建设部颁发了全国统一建筑工程基础定额。各省、市、自治区在此基础上又编制了新的建筑工程预算定额。

每次编制新定额的主要工作是：在原定额的基础上进行项目增减和定额水平修正。

3.1.4　建筑工程定额包括的定额

建筑工程定额包括概算指标、概算定额、预算定额、间接费定额、企业定额、工期定额、劳动定额、材料消耗定额、机械台班定额。

1. 概算指标

概算指标是以整个建筑物或构筑物为对象，以 "m^2"、"m^3"、"座" 等为计量单位，确定其人工、材料、机械台班消耗量指标的数量标准。

概算指标是建设项目投资估算的依据，也是评价设计方案经济合理性的依据。

2. 概算定额

概算定额亦称扩大结构定额。它规定了完成单位扩大分项工程所必须消耗的人工、材料、机械台班的数量标准。

概算定额是由预算定额综合而成，是将预算定额中有联系的若干分项工程项目综合为一个概算定额项目。例如，将预算定额中人工挖地槽土方、基础垫层、砖基础、墙基防潮层、地槽回填土、余土外运等若干分项工程项目综合成一个概算定额项目，即砖基础项目。

概算定额是编制设计概算的依据，也是评价设计方案经济合理性的依据。

3. 预算定额

预算定额是工程造价行政主管部门颁发，用于确定单位分项工程人工、材料、机械台班消耗的数量标准。

预算定额是编制施工图预算，确定工程预算造价的依据，也是工程量清单报价的依据。

预算定额按专业划分，一般有建筑工程预算定额、安装工程预算定额、装饰装修工程预算定额、市政工程预算定额、园林绿化工程预算定额等。

4. 间接费定额

间接费定额是指与施工生产的个别项目无直接关系，而为维持企业经营管理活动所发生的各项费用开支的标准。间接费定额是计算工程间接费的依据。

5. 企业定额

企业定额是确定单位分项工程人工、材料、机械台班消耗的数量标准。企业定额是企业内部管理的基础，是企业确定工程投标报价的依据。

6. 工期定额

工期定额是指单位工程或单项工程从正式开工起到完成承包工程全部设计内容并达到国家质量验收标准的全部有效施工天数。工期定额是编制施工计划、签订承包合同、评价优良工程的依据。

7. 劳动定额

劳动定额亦称人工定额，它规定了在正常施工条件下，某工种某等级的工人或工人小组，生产单位合格产品所必须消耗的劳动时间，或者是在单位工作时间内生产合格产品的数量。劳动定额是编制企业定额、预算定额的依据，也是企业内部管理的基础。

8. 材料消耗定额

材料消耗定额规定了在正常施工条件下和合理使用材料的条件下，生产单位合格产品所必须消耗的一定品种规格的原材料、半成品、成品或结构构件的数量标准。材料消耗定额是编制企业定额、预算定额的依据，也是企业内部管理的基础。

9. 机械台班定额

机械台班定额规定了在正常施工条件下，利用某种施工机械，生产单位合格产品所必须消耗的机械工作时间，或者在单位时间内机械完成合格产品的数量标准。机械台班定额是编制企业定额、预算定额的依据，也是企业内部管理的基础。

3.2 施工过程研究

建筑工程预算定额的制定与施工过程紧密相关，因此要先研究施工过程。

3.2.1 施工过程的概念

施工过程是指在建筑工地范围内所进行的各种生产过程。施工过程的最终目的是要建造、恢复、改造、拆除或移动工业、民用建筑物的全部或一部分。例如，人工挖地槽土方、现浇钢筋混凝土构造柱、构造柱钢筋制作安装、木门制作、木门安装等，都属于一定范围内的施工过程。

3.2.2 构成施工过程的因素

建筑安装施工过程的构成因素是生产力的三要素，即劳动者、劳动对象、劳动手段。

1. 劳动者

劳动者主要指生产工人。建筑工人按其担任的工作不同而划分为不同的专业。如，砖工、木工、钢筋工。

工人的技术等级是按其所做工作的复杂程度、技术熟练程度、责任大小、劳动强度等要素确定的。工人的技术等级越高，其技术熟练程度也就越高。

2. 劳动对象

劳动对象是指施工过程中所使用的建筑材料、半成品、成品、构件和配件等。

3. 劳动手段

劳动手段是指在施工过程中工人用以改变劳动对象的工具、机具和施工机械等。例如，木工的工具有刨子和锯子，装饰装修用的冲击电钻、手提电锯、电刨等机具，搅拌砂浆用的砂浆搅拌机等机械。

3.2.3 施工过程的分解

施工过程按其组织上的复杂程度，一般可以划分为工序、工作过程和综合工作过程。

1. 工 序

工序是指在劳动组织上不可分割，而在技术操作上属于同一类的施工过程。

工序的主要特征是：劳动者、劳动对象、劳动地点和劳动工具均不发生变化。如果其中有一个条件发生了变化，就意味着从一个工序转入了另一个工序。

从施工的技术组织观点来看，工序是最基本的施工过程，是定额技术测定工作中的主要观察和研究对象。拿砌砖这一工序来说，工人和工作地点是相对固定的，材料（砖）、工具（砖刀）也是不变的。如果材料由砖换成了砂浆或工具由砖刀换成了灰铲，那么，就意味着又转入了铲灰浆或铺灰浆工序。

从劳动过程的观点看，工序又可以分解为更小的组成部分——操作，操作又可以分解为最小的组成部分——动作。

2. 工作过程

工作过程是指同一工人或工人小组所完成的，在技术操作上相互有联系的工序组合。

工作过程的主要特征是：劳动者不变，工作地点不变，而材料和工具可以变换。就拿调制砂浆这一工作过程来说，其人员是固定不变的，工作地点是相对稳定的，但时而要用砂子，时而要用水泥，即材料在发生变化，时而用铁铲，时而用箩筐，其工具在发生变化。

3. 综合工作过程

综合工作过程是指在施工现场同时进行的，在组织上有直接联系的，并且最终能获得一定劳动产品的施工过程的总和。例如，砌砖墙这一综合工作过程，由调制砂浆、运砂浆、运砖、砌墙等工作过程构成，它们在不同的空间同时进行，在组织上有直接联系，并最终形成的共同产品是一定数量的砖墙。

施工过程的工序或其组成部分，如果以同样的内容和顺序不断循环，并且每重复一次循环可以生产出同样的产品，则称为循环施工过程。反之，则称为非循环施工过程。施工过程的划分示意，见图 3.1。

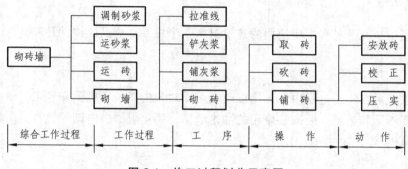

图 3.1　施工过程划分示意图

3.2.4　分解施工过程的目的

对施工过程进行分解并加以研究的主要目的是：

通过施工过程的分解，以便我们在技术上有可能采取不同的现场观察方法来研究工料消耗的数量，取得编制定额的各项基础数据。

3.3　工作时间研究

完成任何施工过程，都必须消耗一定的时间，若要研究施工过程中的工时消耗量，就必须对工作时间进行分析。

工作时间是指工作班的延续时间。建筑企业工作班的延续时间为 8 h（每个工日）。

工作时间的研究，是将劳动者整个生产过程中所消耗的工作时间，根据其性质、范围和具体情况进行科学划分、归类。明确规定哪些属于定额时间，哪些属于非定额时间，找出非定额时间损失的原因，以便拟定技术组织措施，消除产生非定额时间的因素和充分利用工作时间，提高劳动生产率。

对工作时间的研究和分析，可以分为工人工作时间和机械工作时间两个系统进行。本书只研究工人工作时间。

工人工作时间划分为定额时间和非定额时间两大类。工人工作时间示意图见图3.2。

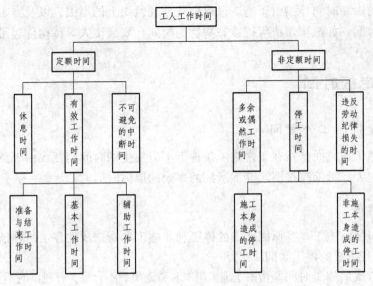

图 3.2　工人工作时间示意图

3.3.1　定额时间

定额时间是指工人在正常施工条件下，为完成一定数量的产品或任务所必须消耗的工作时间。包括有效工作时间、休息时间、不可避免的中断时间。

1. 有效工作时间

有效工作时间是指与完成产品有直接关系的工作时间的消耗。包括准备与结束工作时间、基本工作时间、辅助工作时间。

1）准备与结束工作时间

准备与结束工作时间是指工人在执行任务前的准备工作和完成任务后的整理工作时间。例如，领取工具、材料，工作地点布置、检查安全措施，保养机械设备、清理工地，交接班等。

2）基本工作时间

基本工作时间是指工人完成与产品生产直接有关的工作时间。例如，砌砖施工过程的挂线、铺灰浆、砌砖等工作时间。

3）辅助工作时间

辅助工作时间是指与施工过程的技术作业没有直接关系，而为了保证基本工作时间顺利进行而做的辅助性工作所需消耗的工作时间。例如，修磨校验工具、移动工作梯、工人转移工作地点等所需的时间。辅助工作一般不改变产品的形状、位置和性能。

2. 休息时间

休息时间是指工人在工作中，为了恢复体力所需的短时间休息，以及由于生理上的要求所必需的时间（如喝水、上厕所等）。

3. 不可避免的中断时间

不可避免的中断时间是指由于施工过程中技术和组织上的原因，以及施工工艺特点所引起的工作中断时间。如汽车司机等待装卸货物的时间，安装工人等待构件起吊的时间等。

3.3.2 非定额时间

1. 多余或偶然工作时间

多余或偶然工作时间是指在正常施工条件下不应发生的时间消耗或由于意外情况所引起的时间消耗。例如，拆除超过图示高度所砌的多余的墙体时间。

2. 停工时间

停工时间包括由施工本身原因造成的停工和非施工本身造成的停工两种情况。

1）施工本身造成的停工时间

施工本身造成的停工时间是指由于施工组织和劳动组织不合理，材料供应不及时，施工准备工作做得不好而引起的停工。

2）非施工本身造成的停工时间

非施工本身造成的停工时间是指由于外部原因影响，非施工单位的责任而引起的停工。包括：设计图纸不能及时交给施工单位，水电供应临时中断，由于气象条件（如大雨、风暴、严寒、酷热等）所造成的停工损失时间。

3. 违反劳动纪律损失的时间

违反劳动纪律损失的时间是指工人不遵守劳动纪律而造成的时间损失。例如，在工作班内工人迟到、早退、闲谈、办私事等原因造成时间损失。

上述非定额时间，在编制定额时，一般不予考虑。

3.4 技术测定法

技术测定法是一种科学的调查研究方法，是确定定额编制资料的有效方法。它是通过施工过程的具体活动进行实地观察，详细记录工人和机械的工作时间消耗量、完成产品的数量及有关影响因素，并将记录结果进行科学的研究、分析，整理出可靠的原始数据资料，为制定定额提供可靠依据的一种科学的方法。

技术测定资料对于编制定额、科学组织施工、改进施工工艺、总结先进生产者的工作方法等方面，都具有十分重要的作用。

3.4.1 测时法

测时法是一种精度比较高的技术测定方法，主要适用于研究以循环形成不断重复进行的施工过程。它主要用于观测研究循环施工过程，组成部分的工作时间消耗，不研究工人休息、准备与结束工作及其他非循环施工过程的工作时间消耗。采用测时法，可以为制定人工定额提供完成单位产品所必需的基本工作时间的可靠数据；可以分析研究工人的操作方法，总结先进经验，帮助工人班组提高劳动生产率。

1. 选择测时法

选择测时法又叫间隔记时法或重点记时法。

采用选择测时法时，不是连续地测定施工过程全部循环工作的组成部分，而是每次有选择地、不按顺序测定其中某一组成部分的工时消耗。经过若干次选择测时后，直到填满表格中规定的测时次数，完成各个组成部分全部测时工作为止。

选择测时法的观测精度较高，观测技术比较复杂。

表 3.1 所示为选择测时法所用的表格和具体实例。测定开始之前，应将预先划分好的组成部分和定时点填入表格内。在测时记录时，可以按施工组成部分的顺序将测得的时间填写在表格的时间栏目内，也可以有选择地将测得的施工组成部分的所需时间填入对应的栏目内，直到填满为止。

表 3.1　选择测时法记录表

观察对象： 大型屋面板吊装	施工单位	工 地	日 期	开始时间	终止时间	延续时间	观察号次	再 次
				9：00	11：00	2 h		

时间精度：1 s	施工过程名称：轮胎式起重机（QL$_3$-16 型）吊装大型屋面板

号次	组成部分名称	定时点	每次循环的工作消耗 单位：s/块										时间整理			产品数量	附注
			1	2	3	4	5	6	7	8	9	10	正常延续时间总和	正常循环次数	算术平均值		
1	挂钩	挂钩后松手离开吊钩	31	32	33	32	①43	30	33	33	33	32	289	9	32.1	每循环一次吊装大型屋面板1块，每块重1.5 t	① 挂了两次钩； ② 吊钩下降高度不够，第一次未脱钩
2	上升回转	回转结束后停止	84	83	82	86	83	84	85	82	82	86	837	9	83.7		
3	下落就位	就位后停止	56	54	55	57	57	②69	56	57	56	54	502	9	55.8		
4	脱 钩	脱钩后开始回升	41	43	40	41	39	42	42	38	41	41	408	10	40.8		
5	空钩回转	空钩回至构件堆放处	50	49	48	49	51	50	50	48	49	48	492	10	49.2		
													合计		261.6		

2. 测时法的观察次数

测时法的观察次数为了确定必要而又能保证测时资料准确性的观察次数，我们提供了测时所必需的观察次数表（见表 3.2）和有关精确度的计算方法，可供测定过程中检查所测次数是否满足需要。

表 3.2　测时法所必需的观察次数表

精确度要求	算术平均值精确度 E（%）				
观察次数 稳定系数 K_P	5 以内	7 以内	10 以内	15 以内	20 以内
1.5	9	6	5	5	5
2	16	11	7	5	5
2.5	23	15	10	6	5
3	30	18	12	8	6
4	39	25	15	10	7
5	47	31	19	11	8

表中稳定系数　　$K_P = \dfrac{t_{max}}{t_{min}}$

式中　t_{max}——最大观测值；

　　　t_{min}——最小观测值。

算术平均值精确度计算公式为：

$$E = \pm \frac{1}{\bar{x}} \sqrt{\frac{\sum \Delta^2}{n(n-1)}}$$

式中　E——算术平均值精确度；

　　　$\bar{x}$——算术平均值；

　　　n——观测次数；

　　　Δ——每一次观测值与算术平均值的偏差。

$$\sum \Delta^2 = \sum_{i=1}^{n} (x_i - \bar{x})^2$$

例 3.1：根据表 3.1 所测数据，试计算该施工过程的算术平均值、算术平均值精确度和稳定系数，并判断观测次数是否满足要求。

解：（1）吊装大型层面板挂钩。

$$\bar{X} = \frac{1}{9}(31+32+33+32+30+33+33+33+32) = 32.1$$

$$\begin{aligned}
\sum \Delta^2 = &(31-32.1)^2 + (32-32.1)^2 + (33-32.1)^2 + \\
&(32-32.1)^2 + (30-32.1)^2 + (33-32.1)^2 + \\
&(33-32.1)^2 + (33-32.1)^2 + (32-32.1)^2 \\
=&8.89
\end{aligned}$$

$$E = \pm \frac{1}{32.1} \sqrt{\frac{8.89}{9(9-1)}} = \pm 1.09\%$$

$$K_P = \frac{33}{30} = 1.10$$

查表 3.2 可知，观测次数满足要求。

（2）上升回转。

$$\overline{X} = \frac{1}{10}(84+83+82+86+83+84+85+82+82+86) = 83.7$$

$$\begin{aligned}\sum \Delta^2 = &(84-83.7)^2 + (83-83.7)^2 + (82-83.7)^2 + \\&(86-83.7)^2 + (83-83.7)^2 + (84-83.7)^2 + \\&(85-83.7)^2 + (82-83.7)^2 + (82-83.7)^2 + \\&(86-83.7)^2 = 22.1\end{aligned}$$

$$E = \pm \frac{1}{83.7}\sqrt{\frac{22.1}{10(10-1)}} = \pm0.59\%$$

$$K_P = \frac{86}{82} = 1.05$$

查表 3.2 可知，观测次数满足要求。

（3）下落就位。

$$\overline{X} = (56+54+55+57+57+56+57+56+54) \times \frac{1}{9} = 55.8$$

$$\begin{aligned}\sum \Delta^2 = &(56-55.8)^2 + (54-55.8)^2 + (55-55.8)^2 + \\&(57-55.8)^2 + (57-55.8)^2 + (56-55.8)^2 + \\&(57-55.8)^2 + (56-55.8)^2 + (54-55.8)^2 \\&= 11.56\end{aligned}$$

$$E = \pm \frac{1}{55.8}\sqrt{\frac{11.56}{9(9-1)}} = \pm0.72\%$$

$$K_P = \frac{57}{54} = 1.06$$

查表 3.2 可知，观测次数满足要求。

（4）脱钩。

$$\overline{X} = \frac{1}{10}(41+43+40+41+39+42+42+38+41+41) = 40.8$$

$$\begin{aligned}\sum \Delta^2 = &(41-40.8)^2 + (43-40.8)^2 + (40-40.8)^2 + \\&(41-40.8)^2 + (39-40.8)^2 + (42-40.8)^2 + \\&(42-40.8)^2 + (38-40.8)^2 + (41-40.8)^2 + \\&(41-40.8)^2 = 19.6\end{aligned}$$

$$E = \pm \frac{1}{40.8} \sqrt{\frac{19.6}{10(10-1)}} = \pm 1.14\%$$

$$K_P = \frac{43}{39} = 1.10$$

查表 3.2 可知，观测次数满足要求。

（5）空钩回转。

$$\bar{X} = \frac{1}{10}(50 + 49 + 48 + 49 + 51 + 50 + 50 + 48 + 49 + 48) = 49.2$$

$$\begin{aligned}
\sum \Delta^2 = &(50 - 49.2)^2 + (49 - 49.2)^2 + (48 - 49.2)^2 + \\
&(49 - 49.2)^2 + (51 - 49.2)^2 + (50 - 49.2)^2 + \\
&(50 - 49.2)^2 + (48 - 49.2)^2 + (49 - 49.2)^2 + \\
&(48 - 49.2)^2 = 9.60
\end{aligned}$$

$$E = \pm \frac{1}{49.2} \sqrt{\frac{9.60}{10(10-1)}} = \pm 0.66\%$$

$$K_P = \frac{51}{48} = 1.06$$

查表 3.2 可知，观测次数满足要求。

3. 测时数据的整理

测时数据的整理，一般可采用算术平均法。对测时数列中个别延续时间误差较大数值，在整理测时数据时可进行必要的清理，删去那些显然是错误以及误差很大的数值。

在清理测时数列时，应首先删掉完全是由于人为因素影响而出现的偏差，如工作时间闲谈，材料供应不及时造成的等候，测定人员记录时间的疏忽等，应全部予以删掉。其次，应去掉由于施工因素的影响而出现的偏差极大的延续时间，如手压刨刨料碰到节疤极多的木板，挖土机挖土时挖斗的边齿刮到大石块上等。此类误差大的数值还不能认为完全无用，可作为该项施工因素影响的资料，进行专门研究。

清理误差较大的数值时，不能单凭主观想象，也不能预先规定出偏差的百分比。为了妥善清理这些误差，可参照下列调整系数表（见表 3.3）和误差极限算式进行。

表 3.3　误差调整系数 K 值

观察次数	调整系数	观察次数	调整系数
5	1.3	11 ~ 15	0.9
6	1.2	16 ~ 30	0.8
7 ~ 8	1.1	31 ~ 53	0.7
9 ~ 10	1.0	53 以上	0.6

极限算式为：

$$\lim{}_{\max} = \bar{X} + K(t_{\max} - t_{\min})$$

$$\lim{}_{\min} = \bar{X} - K(t_{\max} - t_{\min})$$

式中　$\lim_{\max}$——最大极限；

　　　$\lim_{\min}$——最小极限；

　　　K——调整系数（由表 3.3 查用）。

清理的方法是，首先从数列中删去人为因素的影响而出现的误差极大的数值，然后根据保留下来的测时数列值，试抽去误差极大的可疑数值，用表 3.3 和极限算式求出最大极限或最小极限，最后再从数列中抽去最大或最小极限之外误差极大的可疑数值。

例如，从表 3.1 中号次 1 挂钩组成部分测时数列中的数值为 31、32、33、32、43、30、33、33、33、32。在这个数列中误差大的可疑数值为 43。根据上述方法，先抽去 43 这个数值，然后用极限算式计算其最大极限。计算过程如下：

$$\bar{X} = \frac{31+32+33+32+30+33+33+33+32}{9} = 32.1$$

$$\begin{aligned}
\lim{}_{\max} &= \bar{X} + K(t_{\max} - t_{\min}) \\
&= 32.1 + 1.0 \times (33 - 30) \\
&= 35.1
\end{aligned}$$

由于 43>35.1，显然应该从数列中抽去可疑数值 43，所求算术平均修正值为 32.1。

如果一个测时数列中有两个误差大的可疑数值时，应从最大的一个数值开始连续校验（每次只能抽出一个数值）。测时数列中如果有两个以上可疑数值时，应予抛弃，重新进行观测。

测时数列经过整理后，将保留下来的数值计算出算术平均值，填入测时记录表的算术平均值栏内，作为该组成部分在相应条件下所确定的延续时间。

测时记录表中的"时间总和"栏和"循环次数"栏，亦应按清理后的合计数填入。

3.4.2　写实记录法

写实记录法是技术测定的方法之一。它可以用来研究所有性质的工作时间消耗。包括基本工作时间、辅助工作时间、不可避免中断时间、准备与结束工作时间、休息时间以及各种损失时间。通过写实记录可以获得分析工作时间消耗和制定定额时所必需的全部资料。该方法比较简单，易于掌握，并能保证必要的精确度。因此，写实记录法在实际工作中得到广泛采用。

写实记录法记录时间的方法有数示法、图示法和混合法三种。计时工具采用有秒针的普通计时表即可。

1. 数示法

数示法是采用直接用数字记录时间的方法。这种方法可同时对两个以内的工人进行测定。该方法适用于组成部分较少且比较稳定的施工过程。

数示法的填表方法为：

（1）将拟定好的所测施工过程的全部组成部分，按其操作的先后顺序填写在第②栏中，并将各组成部分的编号依次填入第①栏内（见表3.4）。

（2）第③栏填写工作时间消耗的组成部分的号次，其号次应根据第①、②栏的内容填写，测定一个填写一个。

（3）第④、⑤栏中，填写每个组成部分的起止时间。

（4）第⑥栏应在观察结束之后填写，将某一组成部分的终止时间减去前一组成部分的终止时间得到该组成部分的延续时间。

（5）第⑦、⑧栏分别填入该组成部分的计量单位和产量。

（6）第⑨栏填写有关说明和实际完成的总产量。

表 3.4　数示法写实记录表

观察者：

工程名称		开始时间	8 时 20 分	延续时间	43 min40 s	调查号次	1
施工单位		终止时间	9 时 3 分 40 秒	记录时间		页次	1/3
施工过程：双轮车运土方：运距 200 m						观察对象：赵××	

号次	施工过程组成部分名称	组成部分号次	起止时间 时—分	秒	延续时间	完成产量 计量单位	数量	附注
①	②	③	④	⑤	⑥	⑦	⑧	⑨
1	装　土	×	8—20	0				
2	运　输	1	22	50	2′50″	m²	0.288	每次产量：
3	卸　土	2	26		3′10″	次	1	$V=$ 每次容积
4	空　返	3	27	20	1′20″	m³	0.288	$=1.2×0.6×0.4$
5	等修装土	4	30	0	2′40″	次	1	$=0.288\ \text{m}^3$/次
6	喝　水	5	31	40	1′40″			
		1	35	0	3′20″			共运 4 车
		2	38	30	3′30″			$0.288×4=1.152\ \text{m}^3$
		3	39	30	1′0″			注：按松土计算
		4	42		2′30″			
		1	45	10	3′10″			
		2	47	30	2′20″			
		3	48	45	1′15″			
		4	51	30	2′45″			
		1	55	0	3′30″			
		2	58	0	3′0″			
		3	59	10	1′10″			
		4	9—02	05	2′55″			
		6	03	40	1′35″			
					43′40″			

2. 图示法

图示法是用表格画不同类型线条的方式来表示完成施工过程需时间的方法。该方法适用于观察 3 个以内的工人共同完成某一产品施工过程，与数示法相比具有记录时间简便、明了的优点。

图示法写实记录表的填写方法如下（见表 3.5）。

表 3.5　图示法写实记录表

工地名称	×××	开始时间	8：00	延续时间	1h	调查号次	
施工单位	×××	终止时间	9：00	记录日期	2003.7.5	页　次	1
施工过程	砌1砖厚单面清水墙	观察对象		张××（四级工）、王××（三级工）			

号次	各组成部分名称	时间（min）　10　　20　　30　　40　　50　　60 　　5　　15　　25　　35　　45　　55	时间小计（min）	产品数量	附注
1	挂线		12		
2	铲灰浆		22		
3	铺灰浆		27		
4	摆砖、砍砖		28		
5	砌砖		32	0.48 m³	
		观察者：	合计　120		

表中划分为许多小格，每格为 1 min，每张表可记录 1 h 的时间消耗。为了记录方便，每 5 个小格和每 10 个小格都有长线和数字标记。

表中的号次和各组成部分名称栏内，按所测施工过程组成部分出现的先后顺序填写，以便记录时间的线段相连接。

记录时间时，用铅笔或有色笔在各组成部分相应的横行中画直线段，每个工人一条线，每一线段的始末端应与该组成部分的开始时间和终止时间相符合。工作一分钟，直线段延伸一个小格，测定两个或两个以上的工人工作时，最好使用粗、细线段或不同颜色的笔画线段，以便区分各个工人的工作时间。当工人的操作由某组成部分转入到另一组成部分时，时间线段亦应随时改变其位置，并将前一线段的末端画一垂直线与后一线段的始端相连接。

产品数量栏按各组成部分的计量单位和所完成的产量填写。

附注栏应简明扼要地说明影响因素和造成非定额时间产生的原因。

时间小计栏在观察结束后，及时将每一组成部分所消耗的时间加总后填入。最后将各小计加总后填入合计栏内。

3.5　经验估计法

3.5.1　经验估计法的概念

经验估计法是由定额人员、工程技术人员和工人结合在一起，根据个人或集体的实践经验，经过图纸分析和现场观察、了解施工工艺、分析施工生产的技术组织条件和操作方法的繁简难易程度，通过座谈讨论、分析计算后确定定额消耗量的方法。

3.5.2　经验估计法的基本方法

运用经验估计法制定定额，应以工序为对象，将工序分解为操作。先分析各操作的基本工作时间，然后再考虑工序的辅助工作时间、准备与结束工作时间，以及休息时间。根据确定的时间进行整理分析，并对结果进行优化处理，最终得出该工序或产品的时间定额或产量定额。

经验估计法的优点是方法简单，编制定额所用的时间少。其缺点是容易受编制定额人员的主观因素和局限性的影响，使定额消耗量出现偏低或偏高的现象。因此，经验估计法较适合于编制企业定额和补充定额。

3.5.3　经验估计法的计算方法

1. 算术平均值法

当对一个工序或产品进行工时消耗量估计时，大家提出了较多的估计值，这时可以用算术平均值的方法计算工时消耗量。其计算公式为：

$$\bar{X} = \frac{1}{n}\sum_{i=1}^{n} x_i$$

式中　$\bar{X}$——算术平均值；

n——数据个数；

x_i——第 i 个数据。

如果经验估计过程中，大家提出的估计值较多（如 10 个以上）时，我们还可以采用去掉其中最大、最小值后，再用算术平均值的方法来确定定额工时。

例 3.2：某项工序的工时消耗通过有经验的有关人员分析后，提出了如下数据，试用算术平均值法确定定额工时。

经验估计工时	1.22	1.35	1.20	1.18	1.50	1.21	1.28	1.30	1.15	1.10	1.19

解：（1）去掉一个最大值 1.50，去掉一个最小值 1.10。

（2）计算其余数据的算术平均值：

$$\overline{X} = \frac{1}{9}(1.22+1.35+1.20+1.18+1.21+1.28+1.30+1.15+1.19)$$
$$= 1.23 \text{ 工时}$$

2. 经验公式与概率估算法

为了提高经验估计的精确度，使制定的定额水平较合理，可以在经验公式的基础上采用概率的方法来估算定额工时。

该方法是将估算对象的工时消耗数据中取定三个数值，即先进（乐观估计）数值 n，一般（最大可能）数值 m，保守（悲观估计）数值 b，然后用经验公式求出它们的平均值 t。经验公式如下：

$$\overline{t} = \frac{a+4m+b}{6}$$

根据上式算出的 $\overline{t}$ 值再用按正态分布函数得出的调整工时定额的公式为：

$$t = \overline{t} + \lambda\sigma$$

式中　t——定额工时；

$\overline{t}$——工时消耗平均值；

σ——均差，$\sigma = \left|\dfrac{a-b}{6}\right|$。

我们从正态发布表（表 3.6）中，可以查到对应于 λ 值的概率 $P(\lambda)$。

表 3.6　正态分布表

λ	$P(\lambda)$	λ	$P(\lambda)$	λ	$P(\lambda)$	λ	$P(\lambda)$	λ	$P(\lambda)$
-2.5	0.01	-1.5	0.07	-0.5	0.31	0.5	0.69	1.5	0.93
-2.4	0.01	-1.4	0.08	-0.4	0.34	0.6	0.73	1.6	0.95
-2.3	0.01	-1.3	0.10	-0.3	0.38	0.7	0.76	1.7	0.96
-2.2	0.01	-1.2	0.12	-0.2	0.42	0.8	0.79	1.8	0.96
-2.1	0.02	-1.1	0.14	-0.1	0.46	0.9	0.82	1.9	0.97
-2.0	0.02	-1.0	0.16	-0.0	0.50	1.0	0.84	2.0	0.98
-1.9	0.03	-0.9	0.18	0.1	0.54	1.1	0.86	2.1	0.98
-1.8	0.04	-0.8	0.21	0.2	0.58	1.2	0.88	2.2	0.98
-1.7	0.04	-0.7	0.24	0.3	0.62	1.3	0.90	2.3	0.99
-1.6	0.06	-0.6	0.27	0.4	0.66	1.4	0.92	2.4	0.99

例 3.3：已知完成某施工过程的先进工时消耗为 4 h，保守工时消耗为 8.5 h，一般工时消耗为 5.5 h，如果要求在 6.65 h 内完成该施工过程的可能性有多少？若完成该施工过程的可能性 $P(\lambda) = 92\%$，则下达的工时定额应该是多少？

解：（1）求 6.65 h 内完成该施工过程的可能性。

已知：$a = 4$ h， $b = 8.5$ h

$m = 5.5$ h， $t = 6.65$ h

$$\bar{t} = \frac{a + 4m + b}{6} = \frac{4 + 4 \times 5.5 + 8.5}{6} = 5.75 \text{ h}$$

$$\sigma = \left| \frac{4 - 8.5}{6} \right| = 0.75 \text{ h}$$

$$\lambda = \frac{t - \bar{t}}{\sigma} = \frac{6.65 - 5.75}{0.75} = 1.2$$

由 $\lambda = 1.2$ 可知，从表 3.6 中查得对应的 $P(\lambda) = 0.88$，即要求 6.65 h 内完成该施工过程的可能性有 88%。

（2）求当可能性 $P(\lambda) = 92\%$ 时，下达的工时定额由 $P(\lambda) = 92\% = 0.92$ 可知，查表 3.6 相应的 $\lambda = 1.4$ 代入计算式得：

$$t = \bar{t} + \lambda\sigma = 5.75 + 1.4 \times 0.75 = 6.8 \text{ h}$$

即当要求完成该施工过程的可能性 $P(\lambda) = 92\%$ 时，下达的工时定额应为 6.8 h。

3.6 人工定额编制

预算定额是根据人工定额、材料消耗定额、机械台班定额编制的，在讨论预算定额编制前应该了解上述三种定额的编制方法。

3.6.1 人工定额的表现形式及相互关系

1. 产量定额

在正常施工条件下某工种工人在单位时间内完成合格产品的数量，叫产量定额。产量定额的常用单位是：m²/工日、m³/工日、t/工日、套/工日、组/工日等。例如，砌一砖半厚标准砖基础的产量定额为：1.08 m³/工日。

2. 时间定额

在正常施工条件下，某工种工人完成单位合格产品所需的劳动时间，叫时间定额。时间定额的常用单位是：工日/m²、工日/m³、工日/t、工日/组等。

例如，现浇混凝土过梁的时间定额为：1.99 工日/m³。

3. 产量定额与时间定额的关系

产量定额和时间定额是劳动定额两种不同的表现形式，它们之间是互为倒数的关系。

$$时间定额 = \frac{1}{产量定额}$$

或　　　　　时间定额×产量定额=1

利用这种倒数关系我们就可以求另外一种表现形式的劳动定额。例如：

$$一砖半厚砖基础的时间定额 = \frac{1}{产量定额} = \frac{1}{1.08} = 0.926 \text{ 工日}/\text{m}^3$$

$$现浇过梁的产量定额 = \frac{1}{时间定额} = \frac{1}{1.99} = 0.503 \text{ m}^3/\text{工日}$$

3.6.2 时间定额与产量定额的特点

产量定额以 $\text{m}^2/\text{工日}$、$\text{m}^3/\text{工日}$、$t/\text{工日}$、套/工日等单位表示，数量直观、具体，容易为工人理解和接受，因此，产量定额适用于向工人班组下达生产任务。

时间定额以工日/m^2、工日/m^3、工日/t、工日/组等为单位，不同的工作内容有共同的时间单位，定额完成量可以相加，因此，时间定额适用于劳动计划的编制和统计完成任务情况。

3.6.3 劳动定额编制方法

在取得现场测定资料后，一般采用下列计算公式编制劳动定额。

$$N = \frac{N_{基} \times 100}{100 - (N_{辅} + N_{准} + N_{息} + N_{断})}$$

式中　N——单位产品时间定额；

$N_{基}$——完成单位产品的基本工作时间；

$N_{辅}$——辅助工作时间占全部定额工作时间的百分比；

$N_{准}$——准备结束时间占全部定额工作时间的百分比；

$N_{息}$——休息时间占全部定额工作时间的百分比；

$N_{断}$——不可避免的中断时间占全部定额工作时间的百分比。

例 3.4：根据下列现场测定资料，计算每 100 m^2 水泥砂浆抹地面的时间定额和产量定额。

基本工作时间：1 450 工分/50 m^2

辅助工作时间：占全部工作时间 3%

准备与结束工作时间：占全部工作时间 2%

不可避免中断时间：占全部工作时间 2.5%

休息时间：占全部工作时间 10%

解：　$\begin{matrix} 抹 100 \text{ m}^2 水泥砂浆 \\ 地面的时间定额 \end{matrix} = \dfrac{1\ 450 \times 100}{100 - (3 + 2 + 2.5 + 10)} \div 50 \times 100$

$$= \frac{145\ 000}{100-17.5} \times \frac{100}{50} = \frac{145\ 000}{82.5} \times 2$$
$$= 3\ 515\ \text{工分} = 58.58\ \text{工时}$$
$$= 7.32\ \text{工日}$$

抹水泥砂浆地面的时间定额 = 7.32 工日/100 m²

抹水泥砂浆地面的产量定额 $= \frac{1}{7.32} = 0.137(100\ \text{m}^2)/\text{工日} = 13.7\ \text{m}^2/\text{工日}$

3.7 材料消耗定额编制

3.7.1 材料净用量定额和损耗量定额

1. 材料消耗量定额的构成

材料消耗量定额的消耗量包括:
(1)直接耗用于建筑安装工程上的构成工程实体的材料。
(2)不可避免产生的施工废料。
(3)不可避免的废料施工操作损耗。

2. 材料消耗净用量定额与损耗量定额的划分

直接构成工程实体的材料,称为材料消耗净用量定额。
不可避免的施工废料和施工操作损耗,称为材料损耗量定额。

3. 净用量定额与损耗量定额之间的关系

$$材料消耗定额 = 材料消耗净用量定额 + 材料损耗量定额$$

$$材料损耗率 = \frac{材料损耗量定额}{材料消耗量定额} \times 100\%$$

或 $\qquad 材料损耗率 = \frac{材料损耗量}{材料总消耗量} \times 100\%$

$$材料消耗定额 = \frac{材料消耗净用量定额}{1-材料损耗率}$$

或 $\qquad 总消耗量 = \frac{净用量}{1-损耗率}$

在实际工作中,为了简化上述计算过程,常用下列公式计算总消耗量:

$$总消耗量 = 净用量 \times (1+损耗率')$$

34

其中： $$总耗率' = \frac{损耗量}{净用量}$$

3.7.2 编制材料消耗定额的基本方法

1. 现场技术测定法

用该方法可以取得编制材料消耗定额的基本资料。

一般，材料消耗定额中的净用量比较容易确定，损耗量较难确定。我们可以通过现场技术测定方法来确定材料的损耗量。

2. 试验法

试验法是在实验室内采用专门的仪器设备，通过实验的方法来确定材料消耗定额的一种方法。用这种方法提供的数据，虽然精确度较高，但容易脱离现场实际情况。

3. 统计法

统计法是通过对现场用料的大量统计资料进行分析计算的一种方法。用该方法可以获得材料消耗定额的数据。

显然统计法比较简单，但不能准确区分材料消耗的性质，因而不能区分材料净用量和损耗量，只能笼统地确定材料消耗定额。

4. 理论计算法

理论计算法是运用一定的计算公式确定材料消耗定额的方法。该方法较适合计算块状、板状、卷材状的材料消耗量计算。

3.7.3 砌体材料用量计算方法

1. 砌体材料用量计算的一般公式

$$每\ m^3\ 砌体砌块净用量(块) = \frac{1\ m^3\ 砌体}{墙厚 \times (砌块长 + 灰缝) \times (砌块厚 + 灰缝)} \times 分母体积中砌块的数量$$

$$砂浆净用量 = 1\ m^3\ 砌体 - 砌块净数量 \times 砌块的单位体积$$

2. 砖砌体材料用量计算

灰砂砖的尺寸为 240 mm×115 mm×53 mm，其材料用量计算公式为：

$$每\ m^3砌体灰砂砖净用量(块) = \frac{1}{墙厚 \times (砖长 + 灰缝) \times (砖厚 + 灰缝)} \times 墙厚的砖数 \times 2$$

$$灰砂砖总消耗量 = \frac{净用量}{1 - 损耗率}$$

$$砂浆净用量 = 1\,m^3 - 灰砂砖净用量 \times 0.24 \times 0.115 \times 0.053$$

$$砂浆总消耗量 = \frac{净用量}{1 - 损耗率}$$

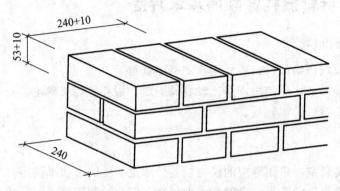

图 3.3　砖砌体计算尺寸示意图

例 3.5：计算 1 m³ 一砖厚灰砂砖墙的砖和砂浆的总消耗量,灰缝 10 mm 厚,砖损耗率 1.5%,砂浆损耗率 1.2%。

解：（1）灰砂砖净用量。

$$\begin{aligned}
\frac{每\,m^3\,砖墙}{灰砂砖净用量} &= \frac{1}{0.24 \times (0.24 + 0.01) \times (0.053 + 0.01)} \times 1 \times 2 \\
&= \frac{1}{0.24 \times 0.25 \times 0.063} \times 2 \\
&= \frac{1}{0.037\,8} \times 2 = 529.1\ 块
\end{aligned}$$

（2）灰砂砖总消耗量。

$$\frac{每\,m^3\,砖墙}{灰砂砖总消耗量} = \frac{529.1}{1 - 1.5\%} = \frac{529.1}{0.985} = 537.16\ 块$$

（3）砂浆净用量。

$$\frac{每\,m^3\,砌体}{砂浆净用量} = 1 - 529.1 \times 0.24 \times 0.115 \times 0.053 = 1 - 0.773\,967 = 0.226\ m^3$$

（4）砂浆总消耗量。

$$\frac{每\,m^3\,砌体}{砂浆总消耗量} = \frac{0.226}{1 - 1.2\%} = \frac{0.226}{0.988} = 0.227\ m^3$$

3. 砌块砌体材料用量计算

例 3.6：计算尺寸为 390×190×190 的每立方米 190 mm 厚混凝土空心砌块墙的砌块和砂浆总消耗量,灰缝 10 mm,砌块与砂浆的损耗率均为 1.8%。

解：（1）空心砌块总消耗量。

$$\text{每立方米砌体空心砌块净用量} = \frac{1}{0.19\times(0.39+0.01)\times(0.19+0.01)}\times 1$$

$$= \frac{1}{0.19\times0.40\times0.20} = 65.8 \text{ 块}$$

$$\text{每立方米砌体空心砌块总消耗量} = \frac{65.8}{1-1.8\%} = \frac{65.8}{0.982} = 67.0 \text{ 块}$$

（2）砂浆总消耗量。

$$\text{每立方米砌体砂浆净用量} = 1-65.8\times0.19\times0.19\times0.39$$

$$= 1-0.926\ 4 = 0.074 \text{ m}^3$$

$$\text{每立方米砌体砂浆总消耗量} = \frac{0.074}{1-1.8\%} = \frac{0.074}{0.982} = 0.075 \text{ m}^3$$

3.7.4 块料面层材料用量计算

$$\text{每 100 m}^2 \text{ 块料面层净用量}(\text{块}) = \frac{100}{(\text{块料长}+\text{灰缝})\times(\text{块料宽}+\text{灰缝})}$$

$$\text{每 100 m}^2 \text{ 块料总消耗量}(\text{块}) = \frac{\text{净用量}}{1-\text{损耗率}}$$

$$\text{每 100 m}^2 \text{结合层砂浆净用量} = 100 \text{ m}^2\times\text{结合层厚度}$$

$$\text{每 100 m}^2 \text{结合层砂浆总消耗量} = \frac{\text{净用量}}{1-\text{损耗率}}$$

$$\text{每 100 m}^2 \text{块料面层灰缝砂浆净用量} = (100-\text{块料长}\times\text{块料宽}\times\text{块料净用量})\times\text{灰缝深}$$

$$\text{每 100 m}^2 \text{ 块料面层灰缝砂浆总消耗量} = \frac{\text{净用量}}{1-\text{损耗率}}$$

例 3.7： 用水泥砂浆贴 500×500×15 花岗岩板地面，结合层 5 mm 厚，灰缝 1 mm 宽，花岗岩损耗率 2%，砂浆损耗率 1.5%，试计算每 100 m² 地面的花岗岩和砂浆的总消耗量。

解：（1）计算花岗岩总消耗量。

$$\text{每 100 m}^2 \text{ 地面花岗岩净消耗量} = \frac{100}{(0.5+0.001)\times(0.5+0.001)}$$

$$= \frac{100}{0.501\times0.501} = 398.4 \text{ 块}$$

$$\begin{array}{l}\text{每}100\text{ m}^2\text{ 地面}\\\text{花岗岩总消耗量}\end{array} = \frac{398.4}{1-2\%} = \frac{398.4}{0.98} = 406.5\text{ 块}$$

（2）计算砂浆总消耗量。

$$\begin{array}{l}\text{每}100\text{ m}^2\text{ 花岗岩地面}\\\text{结合层砂浆净用量}\end{array} = 100\text{ m}^2 \times 0.005 = 0.5\text{ m}^3$$

$$\begin{array}{l}\text{每}100\text{ m}^2\text{花岗岩地面}\\\text{灰缝砂浆净用量}\end{array} = (100 - 0.5 \times 0.5 \times 398.4) \times 0.015$$

$$= (100 - 99.6) \times 0.015 = 0.006\text{ m}^3$$

$$\text{砂浆总消耗量} = \frac{0.5 + 0.06}{1 - 1.5\%} = \frac{0.56}{0.985} = 0.569\text{ m}^3$$

3.7.5 预制构件模板摊销量计算

预制构件是按多次使用、平均摊销的方法计算模板摊销量，其计算公式如下：

$$\begin{array}{l}\text{模板一次}\\\text{使用量}\end{array} = \frac{1\text{ m}^3\text{构件模板}}{\text{接触面积}} \times \frac{1\text{ m}^2\text{接触面积}}{\text{模板净用量}} \times \frac{1}{1-\text{损耗率}}$$

$$\text{模板摊销量} = \frac{\text{一次使用量}}{\text{周转次数}}$$

例 3.8：根据选定的预制过梁标准图计算，每 m³ 构件的模板接触面积为 10.16 m²，每 m² 接触面积的模板净用量 0.095 m³，模板损耗率 5%，模板周转 28 次，试计算每 m³ 预制过梁的模板摊销量。

解：（1）模板一次使用量计算。

$$\text{模板一次使用量} = 10.16 \times 0.095 \times \frac{1}{1-5\%}$$

$$= \frac{0.965\ 2}{0.95} = 1.016\text{ m}^3$$

（2）模板摊销量计算。

$$\text{预制过梁模板摊销量} = \frac{1.016}{28} = 0.036\text{ m}^3/\text{m}^3$$

3.8　机械台班定额编制

机械台班定额，主要包括以下内容。

3.8.1 拟定正常施工条件

拟定机械工作正常的施工条件,主要是拟定工作地点的合理组织和拟定合理的工人编制。

3.8.2 确定机械纯工作 1 小时的正常生产率

机械纯工作 1 小时的正常生产率,就是在正常施工条件下,由具备一定技能的技术工人操作施工机械净工作 1 小时的劳动生产率。

确定机械纯工作 1 小时正常劳动生产率可分三步进行。

第一步,计算机械循环一次的正常延续时间。它等于本次循环中各组成部分延续时间之和,计算公式为:

$$机械循环一次正常延续时间 = 在循环内各组成部分延续时间$$

例 3.9:某轮胎式起重机吊装大型屋面板,每次吊装一块,经过现场计时观察,测得循环一次的各组成部分的平均延续时间如下,试计算机械循环一次的正常延续时间。

挂钩时的停车 30.2 秒

将屋面板吊至 15 m 高 95.6 秒

将屋面板下落就位 54.3 秒

解钩时的停车 38.7 秒

回转悬臂、放下吊绳空回至构件堆放处 51.4 秒

解:轮胎式起重机循环一次的正常延续时间 = 30.2 + 95.6 + 54.3 + 38.7 + 51.4

$$= 270.2 秒$$

第二步,计算机械纯工作 1 小时的循环次数,计算公式为:

$$\frac{机械纯工作 1 小时}{循环次数} = \frac{60 \times 60 秒}{一次循环的正常延续时间}$$

例 3.10:根据上列计算结果,计算轮胎式起重机纯工作 1 小时的循环次数。

解: $\dfrac{轮胎式起重机纯工作}{1 小时循环次数} = \dfrac{60 \times 60}{270.2} = 13.32$ 次

第三步,求机械纯工作 1 小时的正常生产率,计算公式为:

$$\frac{机械纯工作 1 小时}{正常生产率} = \frac{机械纯工作 1 小时}{正常循环次数} \times \frac{一次循环的}{产品数量}$$

例 3.11:根据上例计算结果的每次吊装 1 块的产品数量,计算轮胎式起重机纯工作 1 小时的正常生产率。

解: $\dfrac{轮胎式起重机纯工作}{1 小时正常生产率} = 13.32 (次) \times 1(块/次) = 13.32$ 块

3.8.3 确定施工机械的正常利用系数

确定机械正常利用系数，首先要计算工作班在正常状况下，准备与结束工作、机械开动、机械维护等工作必须消耗的时间，以及有效工作的开始与结束时间，然后再计算机械工作班的纯工作时间，最后确定机械正常利用系数。机械正常利用系数按下列公式计算：

$$\frac{\text{机械正常}}{\text{利用系数}} = \frac{\text{工作班内机械纯工作时间}}{\text{机械工作班延续时间}}$$

3.8.4 计算机械台班定额

计算公式如下：

$$\frac{\text{施工机械台班}}{\text{产量定额}} = \frac{\text{机械纯工作1小时}}{\text{正常生产率}} \times \frac{\text{工作班}}{\text{延续时间}} \times \frac{\text{机械正常}}{\text{利用系数}}$$

例 3.12： 轮胎式起重机吊装大型屋面板，机械纯工作 1 小时的正常生产率为 13.32 块，工作班 8 小时内实际工作时间 7.2 小时，求产量定额和时间定额。

解：（1）计算机械正常利用系数。

$$\text{机械正常利用系数} = \frac{7.2}{8} = 0.9$$

（2）计算机械台班产量定额。

$$\frac{\text{轮胎式起重机}}{\text{台班产量定额}} = 13.32 \times 8 \times 0.9 = 96 \ \text{块/台班}$$

（3）求机械台班时间定额。

$$\frac{\text{轮胎式起重机}}{\text{台班时间定额}} = \frac{1}{96} = 0.01 \ \text{台班/块}$$

3.9 预算定额编制

3.9.1 预算定额的编制原则

1. 平均水平原则

平均水平是指编制预算定额时应遵循价值规律的要求，即按生产该产品的社会必要劳动量来确定其人工、材料、机械台班消耗量。这就是说，在正常施工条件，以平均的劳动强度、平均的技术熟练程度、平均的技术装备条件，完成单位合格建筑产品所需的劳动消耗量来确定预算定额的消耗量水平。这种以社会必要劳动量来确定定额水平的原则，就称为平均水平原则。

2. 简明适用原则

定额的简明与适用是统一体中的一对矛盾。如果只强调简明，适用性就差；如果单纯追求适用，简明性就差。因此，预算定额应在适用的基础上力求简明。

3.9.2 预算定额的编制步骤

编制预算定额一般分为以下三个阶段进行。

1. 准备工作阶段

（1）根据工程造价主管部门的要求，组织编制预算定额的领导机构和专业小组。

（2）拟定编制定额的工作方案，提出编制定额的基本要求，确定编制定额的原则、适用范围，确定定额的项目划分以及定额表格形式等。

（3）调查研究，收集各种编制依据和资料。

2. 编制初稿阶段

（1）对调查和收集的资料进行分析研究。

（2）按编制方案中项目划分的要求和选定的典型工程施工图计算工程量。

（3）根据取定的各项消耗指标和有关编制依据，计算分项工程定额中的人工、材料和机械台班消耗量，编制出定额项目表。

（4）测算定额水平。定额初稿编出后，应将新编定额与原定额进行比较，测算新定额的水平。

3. 修改和定稿阶段

组织有关部门和单位讨论新编定额，将征求到的意见交编制专业小组修改定稿，并写出送审报告，交审批机关审定。

3.9.3 确定预算定额消耗量指标的方法

1. 定额项目计量单位的确定

预算定额项目计量单位的选择，与预算定额的准确性、简明适用性有着密切的关系。因此，要首先确定好定额各项目的计量单位。

在确定定额项目计量单位时，应首先考虑采用该单位能否确切反映单位产品的工、料、机消耗量，保证预算定额的准确性；其次，要有利于减少定额项目数量，提高定额的综合性；

最后，要有利于简化工程量计算和预算的编制，保证预算的准确性和及时性。

由于各分项工程的形状不同，定额计量单位应根据分项工程不同的形状特征和变化规律来确定。一般要求如下：

凡物体的长、宽、高三个度量都在变化时，应采用立方米为计量单位。例如，土方、石方、砌筑、混凝土构件等项目。

当物体有一固定的厚度，而它的长和宽两个度量所决定的面积不固定时，宜采用平方米为计量单位。例如，楼地面面层、屋面防水层、装饰抹灰、木地板等项目。

如果物体截面形状大小固定，但长度不固定时，应以延长米为计量单位。例如，装饰线、拉杆扶手、给排水管道、导线敷设等项目。

有的项目体积、面积变化不大，但重量和价格差异较大，如金属结构制、运、安等，应当以重量单位"t"或"kg"计算。

有的项目还可以用个、组、座、套等自然计量单位计算。例如，屋面排水用的水斗、水口以及给排水管道中的阀门、水嘴安装等均以"个"为计量单位；电气照明工程中的各种灯具安装则以"套"为计量单位。

定额项目计量单位确定之后，在预算定额项目表中，常采用计量单位的"10倍"或"100倍"等倍数单位来计算定额消耗量。

2. 预算定额消耗指标的确定

确定预算定额消耗指标，一般按以下步骤进行：

1）按选定的典型工程施工图及有关资料计算工程量

计算工程量的目的是为了综合不同类型工程在本定额项目中实物消耗量的比例数，使定额项目的消耗量更具有广泛性、代表性。

2）确定人工消耗指标

预算定额中的人工消耗指标是指完成该分项工程必须消耗的各种用工量。包括基本用工、材料超运距用工、辅助用工和人工幅度差。

（1）基本用工。指完成该分项工程的主要用工。例如，砌砖墙中的砌砖、调制砂浆、运砖等的用工。采用劳动定额综合成预算定额项目时，还要增加附墙烟囱、垃圾道砌筑等的用工。

（2）材料超运距用工。拟定预算定额项目的材料、半成品平均运距要比劳动定额中确定的平均运距远。因此在编制预算定额时，比劳动定额远的那部分运距，要计算超运距用工。

（3）辅助用工。指施工现场发生的加工材料的用工。例如，筛砂子、淋石灰膏的用工。这类用工在劳动定额中是单独的项目，但在编制预算定额时，要综合进去。

（4）人工幅度差。主要指在正常施工条件下，预算定额项目中劳动定额没有包含的因素以及预算定额与劳动定额的水平差。例如，各工种交叉作业的停歇时间，工程质量检查和隐蔽工程验收等所占的时间。

预算定额的人工幅度差系数一般在 10% ~ 15%。人工幅度差的计算公式为：

$$人工幅度差 = (基本用工 + 超运距用工 + 辅助用工) \times 人工幅度差系数$$

3）材料消耗指标的确定

由于预算定额是在劳动定额、材料消耗定额、机械台班定额的基础上综合而成的，所以其材料消耗量也要综合计算。例如，每砌 10 m³ 一砖内墙的灰砂砖和砂浆用量的计算过程如下：

（1）计算 10 m³ 一砖内墙的灰砂砖净用量；

（2）根据典型工程的施工图计算每 10 m³ 一砖内墙中梁头、板头所占体积；

（3）扣除 10 m³ 砖墙体积中梁头、板头所占体积；

（4）计算 10 m³ 一砖内墙砌筑砂浆净用量；

（5）计算 10 m³ 一砖内墙灰砂砖和砂浆的总消耗量。

4）机械台班消耗指标的确定

预算定额中配合工人班组施工的施工机械，按工人小组的产量计算台班产量。计算公式为：

$$分项工程定额机械台班使用量 = \frac{分项工程定额计量单位值}{小组总产量}$$

当分项工程的人工、材料、机械台班消耗量指标确定后，就可以着手编制预算定额项目表。

3.9.4 预算定额编制实例

1. 典型工程的工程量计算

计算一砖厚标准砖内墙及墙内构件体积时选择了 6 个典型工程，它们是某食品厂加工车间、某单位职工住宅、某中学教学楼、某大学教学楼、某单位综合楼、某住宅商品房。具体计算过程见表 3.7。

表 3.7　标准砖一砖内墙及墙内构件体积工程量计算表

分部名称：砖石工程　　　　　　　　　　　项目：砖内墙

分节名称：砌砖　　　　　　　　　　　　　子目：一砖厚

序号	工程名称	砖墙体积（m³）		门窗面积（m²）		板头体积（m³）		梁头体积（m³）		弧形及圆形碳（m）	附墙烟卤孔（m）	垃圾道（m）	抗震柱孔（m）	墙顶抹灰找平（m²）	壁橱（个）	吊柜（个）
		1	2	3	4	5	6	7	8	9	10	11	12	13	14	15
		数量	%	数量	%	数量	%	数量	%	数量	数量	数量	数量	数量	数量	数量
一	加工车间	30.01	2.51	24.50	16.38	0.26	0.87									
二	职工住宅	66.10	5.53	40.00	12.68	2.41	3.65	0.17	0.26	7.18			59.39	8.21		
三	普通中学教学楼	149.13	12.47	47.92	7.16	0.17	0.11	2.00	1.34					10.33		
四	大学教学楼	164.14	13.72	185.09	21.30	5.89	3.59	0.46	0.28							
五	综合楼	432.12	36.12	250.16	12.20	10.01	2.32	3.55	0.82		217.36	19.45	161.31	28.68		
六	住宅商品房	356.73	29.65	191.58	11.47	8.65	2.44				189.36	16.44	138.17	27.54	2	2
	合计	1 196.23	100	739.25	12.92	27.39	2.29	6.18	0.52	7.18	406.72	35.89	358.87	74.76	2	2

一砖内墙及墙内构件体积工程量计算表中门窗洞口面积占墙体总面积的百分比计算公式为：

$$\begin{matrix}\text{门窗洞口面积占}\\\text{墙体总面积百分比}\end{matrix} = \frac{\text{门窗面积}}{\text{砖墙体积÷墙厚+门窗面积}} \times 100\%$$

例如，加工车间门窗洞口面积占墙体总面积百分比的计算式为：

$$\begin{aligned}\begin{matrix}\text{加工车间门窗洞口面积占}\\\text{墙总面积百分比}\end{matrix} &= \frac{24.50}{30.01÷0.24+24.50} \times 100\%\\ &= \frac{24.5}{149.54} \times 100\%\\ &= 16.38\%\end{aligned}$$

通过上述 6 个典型工程测算，在一砖内墙中，单面清水、双面清水墙各占 20%，混水墙占 60%。

2. 人工消耗量指标的确定

预算定额砌砖工程材料超运距计算见表 3.8。

根据上述计算的工程量有关数据和某劳动定额计算的每 10 m³ 一砖内墙的预算定额人工消耗指标见表 3.9。

表 3.8　预算定额砌砖工程材料超运距计算表　　　　　单位：m

材料名称	预算定额运距	劳动定额运距	超运距
砂子	80	50	30
石灰膏	150	100	50
灰砂砖	170	50	120
砂浆	180	50	130

注：每砌 10 m³ 一砖内墙的砂子定额用量为 2.46 m³，石灰膏用量为 0.19 m³。

表 3.9　预算定额项目劳动力计算表

子目名称：一砖内墙

用　工	施工过程名称	工程量	单位	劳动定额编号	工种	时间定额	工日数
	1	2	3	4	5	6	7 = 2×6
基本工	单面清水墙	2.0	m³	§4-2-10	砖　工	1.16	2.320
	双面清水墙	2.0	m³	§4-2-5	砖　工	1.20	2.400
	混水内墙	6.0	m³	§4-2-16	砖　工	0.972	5.032
	小　计						10.552
	弧形及圆形碹	0.006	m	§4-2 加工表	砖　工	0.03	0.002
	附墙烟囱孔	0.34	m	§4-2 加工表	砖　工	0.05	0.170
	垃圾道	0.03	m	§4-2 加工表	砖　工	0.06	0.018
	预留抗震柱孔	0.30	m	§4-2 加工表	砖　工	0.05	0.150

子目名称：一砖内墙

用工	施工过程名称	工程量	单位	劳动定额编号	工种	时间定额	工日数
	1	2	3	4	5	6	7 = 2×6
基本工	墙顶面抹灰找平	0.062 5	m²	§4-2 加工表	砖 工	0.08	0.050
	壁柜	0.002	个	§4-2 加工表	砖 工	0.30	0.006
	吊柜	0.002	个	§4-2 加工表	砖 工	0.15	0.003
	小 计						0.399
	合 计						10.951
超运距用工	砂子超运 30 m	2.43	m³	§4-超运距 加工表-192	普 工	0.045 3	0.110
	石灰膏超运 50 m	0.19	m³	§4-超运距 加工表-193	普 工	0.128	0.024
	标准砖超运 120 m	10.00	m³	§4-超运距 加工表-178	普 工	0.139	1.390
	砂浆超运 130 m	10.00	m³	§4-超运距 加工表-$\left\{\begin{array}{l}178\\173\end{array}\right.$	普 工	$\left\{\begin{array}{l}0.051\ 6\\0.008\ 16\end{array}\right.$	0.598
	合 计						2.122
辅助工	筛砂子	2.43	m³	§1-4-82	普 工	0.111	0.270
	淋石灰膏	0.19	m³	§1-4-95	普 工	0.50	0.095
	合 计						0.365
共 计	人工幅度差 = (10.951 + 2.122 + 0.365)×10% = 1.344 工日						
	定额用工 = 10.951 + 2.122 + 0.365 + 1.344 = 14.782 工日						

3. 材料消耗量指标的确定

1）10 m³ 一砖内墙灰砂砖净用量

$$\frac{每 10\ m³\ 砌体}{灰砂砖净用量} = \frac{1}{0.24×0.25×0.063}×2\ 块×10\ m³$$

$$= 529.1×10\ m³ = 5\ 291\ 块/10\ m³$$

2）扣除 10 m³ 砌体中梁头和板头所占体积

查表，梁头和板头占墙体积的百分比为：梁头 0.52% + 板头 2.29% = 2.81%。

扣除梁、板头体积后的灰砂砖净用量为：

$$灰砂砖净用量 = 5\ 291×(1 - 2.810\ 6) = 5\ 291×0.971\ 9 = 5\ 142\ 块$$

3）10 m³ 一砖内墙砌筑砂浆净用量

$$砂浆净用量 = (1 - 529.1 × 0.24 × 0.115 × 0.053) × 10\ m³ = 2.26\ m³$$

4）扣除梁、板头体积后的砂浆净用量

$$砂浆净用量 = 2.26 × (1 - 2.81\%) = 2.26 × 0.971\ 9 = 2.196\ m³$$

5）材料总消耗量计算

当灰砂砖损耗率为 1%，砌筑砂浆损耗率为 1% 时，计算灰砂砖和砂浆的总消耗量。

$$灰砂砖总消耗量 = \frac{5\ 142}{1-1\%} = 5\ 194 \quad 块/10\ m^3$$

$$砌筑砂浆总消耗量 = \frac{2.196}{1-1\%} = 2.218 \quad m^2/10\ m^3$$

4. 机械台班消耗指标确定

预算定额项目中配合工人班组施工的施工机械台班按小组产量计算。

根据上述 6 个典型工程的工程量数据和劳动定额规定砌砖工人小组由 22 人组成的规定，计算每 10 m³ 一砖内墙的塔吊和灰浆搅拌机的台班定额。

小组总产量 = 22 人 ×（单面清水 20% × 0.862 m³/工日 + 双面清水 20% × 0.833 m³/工日 + 混水 60% × 1.029 m³/工日）

= 22 人 × 0.956 4 m³/工日

= 21.04 m³/工日

$$2\ t 塔吊时间定额 = \frac{分项定额计量单位值}{小组总产量} = \frac{10}{21.04}$$

$$= 0.475 \quad 台班/10\ m^3$$

$$\begin{array}{c}200\ L 砂浆搅拌机\\时间定额\end{array} = \frac{10}{21.04} = 0.475 \quad 台班/10\ m^3$$

5. 编制预算定额项目表

根据上述计算的人工、材料、机械台班消耗指标编制的一砖厚内墙的预算定额项目表见表 3.10。

表 3.10　预算定额项目表

定额编号			×××	×××	×××
项　目		单　位	内　墙		
			1 砖	3/4 砖	1/2 砖
人　工	砖工	工日	12.046	…	…
	其他用工	工　日	2.736		
	小计	工　日	14.783		
材　料	灰砂砖	块	5 194	…	…
	砂浆	m³	2.218		
机　械	塔吊 2 t	台　班	0.475	…	…
	砂浆搅拌机 200 L	台　班	0.475		

4 工程单价

工程单价亦称工程基价或定额基价，包含其中的人工单价、材料单价、机械台班单价。

4.1 人工单价编制

4.1.1 人工单价的概念

人工单价是指工人一个工作日应该得到的劳动报酬。一个工作日一般指工作 8 小时。

4.1.2 人工单价的内容

人工单价一般包括基本工资、工资性津贴、养老保险费、失业保险费、医疗保险费、住房公积金等。

基本工资是指完成基本工作内容所得的劳动报酬。

工资性津贴是指流动施工津贴、交通补贴、物价补贴、煤（燃）气补贴等。

养老保险费、失业保险费、医疗保险费、住房公积金分别指工人在工作期间交养老保险、失业保险、医疗保险、住房公积金所发生的费用。

4.1.3 人工单价的编制方法

人工单价的编制方法主要有三种。

1. 根据劳务市场行情确定人工单价

目前，根据劳务市场行情确定人工单价已经成为计算工程劳务费的主流，采用这种方法确定人工单价应注意以下几个方面的问题。

一是要尽可能掌握劳动力市场价格中长期历史资料，这使以后采用数学模型预测人工单价将成为可能。

二是在确定人工单价时要考虑用工的季节性变化。当大量聘用农民工时，要考虑农忙季节时人工单价的变化。

三是在确定人工单价时要采用加权平均的方法综合各劳务市场或各劳务队伍的劳动力单价。

四是要分析拟建工程的工期对人工单价的影响。如果工期紧，那么人工单价按正常情况确定后要乘以大于 1 的系数。如果工期有拖长的可能，那么也要考虑工期延长带来的风险。

根据劳务市场行情确定人工单价的数学模型描述如下：

$$人工单价=\sum_{i=1}^{n}(某劳务市场人工单价×权重)_i×季节变化系数×工期风险系数$$

例 4.1：据市场调查取得的资料分析，抹灰工在劳务市场的价格分别是：甲劳务市场 35 元/工日，乙劳务市场 38 元/工日，丙劳务市场 34 元/工日。调查表明，各劳务市场可提供抹灰工的比例分别为，甲劳务市场 40%，乙劳务市场 26%，丙劳务市场 34%，当季节变化系数、工期风险系数均为 1 时，试计算抹灰工的人工单价。

解：

$$抹灰工的人工单价 = [(35.00×40\%+38.00×26\%+34.00×34\%)×1×1] 元/工日$$
$$= [(14+9.88+11.56)×1×1] 元/工日$$
$$= 35.44 元/工日 (取定为 35.50 元/工日)$$

2. 根据以往承包工程的情况确定

如果在本地以往承包过同类工程，可以根据以往承包工程的情况确定人工单价。

例如，以往在某地区承包过 3 个与拟建工程基本相同的工程，砖工每个工日支付了 60.00 元 ~ 75.00 元，这时就可以进行具体对比分析，在上述范围内（或超过一点范围）确定投标报价的砖工人工单价。

3. 根据预算定额规定的工日单价确定

凡是分部分项工程项目含有基价的预算定额，都明确规定了人工单价，可以以此为依据确定拟投标工程的人工单价。

例如，某省预算定额，土建工程的技术工人每个工日 35.00 元，可以根据市场行情在此基础上乘以 1.2 ~ 1.6 的系数，确定拟投标工程的人工单价。

4.2 材料单价编制

4.2.1 材料单价的概念

材料单价是指材料从采购起运到工地仓库或堆放场地后的出库价格。一般包括原价、运杂费、采购及保管费。一般，包装费已包括在原价中，不单独计算。

4.2.2 材料单价的费用构成

由于其采购和供货方式不同，构成材料单价的费用也不相同。一般有以下几种：

1. 材料供货到工地现场

当材料供应商将材料供货到施工现场或施工现场的仓库时，材料单价由材料原价、采购保管费构成。

2. 在供货地点采购材料

当需要派人到供货地点采购材料时，材料单价由材料原价、运杂费、采购保管费构成。

3. 需二次加工的材料

当某些材料采购回来后，还需要进一步加工的，材料单价除了上述费用外，还包括二次加工费。

4.2.3 材料原价的确定

材料原价是指付给材料供应商的材料单价。当某种材料有两个或两个以上的材料供应商供货且材料原价不同时，要计算加权平均材料原价。

加权平均材料原价的计算公式为：

$$加权平均材料原价 = \frac{\sum_{i=1}^{n}(材料原价 \times 材料数量)_i}{\sum_{i=1}^{n}(材料数量)_i}$$

提示：式中 i 是指不同的材料供应商；包装费及手续费均已包含在材料原价中。

例 4.2：某工地所需的三星牌墙面砖由三个材料供应商供货，其数量和原价如下，试计算墙面砖的加权平均原价（见表 4.1）。

表 4.1 墙面砖数量和单价

供应商	墙面砖数量（m²）	供货单价（元 / m²）
甲	1 500	68.00
乙	800	64.00
丙	730	71.00

解：

$$墙面砖加权平均原价 = \frac{68 \times 1\,500 + 64 \times 800 + 71 \times 730}{1\,500 \times 800 + 730} 元/m^2$$

$$= \frac{205\,030}{3\,030} 元/m^2 = 67.67\ 元/m^2$$

4.2.4 材料运杂费计算

材料运杂费是指在材料采购后运至工地现场或仓库所发生的各项费用，包括装卸费、运输费和合理的运输损耗费等。

材料装卸费按行业市场价支付。

材料运输费按行业运输价格计算，若供货来源地点不同且供货数量不同时，需要计算加权平均运输费，其计算公式为：

$$加权平均\\运输费 = \frac{\sum_{i=1}^{n}(运输单价\times材料数量)_i}{\sum_{i=1}^{n}(材料数量)_i}$$

材料运输损耗费是指在运输和装卸材料过程中，不可避免产生的损耗所发生的费用，一般按下列公式计算：

材料运输损耗费 = (材料原价 + 装卸费 + 运输费)×运输损耗率

例 4.3： 上例中墙面砖由三个地点供货，根据下列资料计算墙面砖运杂费（见表 4.2）。

表 4.2　墙面砖资料

供货地点	墙面砖数量（m²）	运输单价（元/m²）	装卸费（元/m²）	运输损耗率（%）
甲	1 500	1.10	0.50	1
乙	800	1.60	0.55	1
丙	730	1.40	0.65	1

解：（1）计算加权平均装卸费。

$$墙面砖加权\\平均装卸费 = \frac{0.50\times1\ 500 + 0.55\times800 + 0.65\times730}{1\ 500 + 800 + 730}\ 元/m^2$$

$$= \frac{1\ 664.5}{3\ 030}\ 元/m^2 = 0.55\ 元/m^2$$

（2）计算加权平均运输费。

$$墙面砖加权\\平均运输费 = \frac{1.10\times1\ 500 + 1.60\times800 + 1.40\times730}{1\ 500 + 800 + 730}\ 元/m^2$$

$$= \frac{3\ 952}{3\ 030}\ 元/m^2 = 1.30\ 元/m^2$$

（3）计算运输损耗费。

$$墙面砖运输\\损耗费 = (材料原价 + 装卸费 + 运输费)\times运输损耗率$$

$$= [(67.67 + 0.55 + 1.30)\times1\%]\ 元/m^2$$

$$= 0.70\ 元/m^2$$

（4）运杂费小计。

$$墙面砖\\运杂费 = 装卸费 + 运输费 + 运输损耗费$$

$$= 0.55 + 1.30 + 0.70\ 元/m^2 = 2.55\ 元/m^2$$

4.2.5　材料采购保管费计算

材料采购保管费是指施工企业在组织采购材料和保管材料过程中发生的各项费用。包括采购人员的工资、差旅交通费、通信费、业务费、仓库保管费等各项费用。

采购保管费一般按前面计算的与材料有关的各项费用之和乘以一定的费率计算。费率通常取 1% ~ 3%。计算公式为：

$$材料采购保管费 = (材料原价 + 运杂费) \times 采购保管费率$$

例 4.4：上述墙面砖的采购保管费率为 2%，根据前面墙面砖的二项计算结果，计算其采购保管费。

解：　墙面砖采购保管费 $= [(67.67 + 2.55) \times 2\%] = (70.22 \times 2\%) 元 / m^2 = 1.40\ 元 / m^2$

4.2.6　材料单价确定

通过上述分析，我们知道，材料单价的计算公式为：

$$材料单价 = 加权平均材料原价 + 加权平均材料运杂费 + 采购保管费$$

或　　$$材料单价 = \left(加权平均材料原价 + 加权平均材料运杂费 \right) \times (1 + 采购保管费率)$$

例 4.5：根据以上计算出的结果，汇总成材料单价。

解：　墙面砖材料单价 $= (67.67 + 2.55 + 1.40)\ 元 / m^2 = 71.62\ 元 / m^2$

4.3　机械台班单价编制

4.3.1　机械台班单价的概念

机械台班单价是指在单位工作班中为使机械正常运转所分摊和支出的各项费用。

4.3.2　机械台班单价的费用构成

按有关规定机械台班单价由七项费用构成。这些费用按其性质划分为第一类费用和第二类费用。

1. 第一类费用

第一类费用亦称不变费用，是指属于分摊性质的费用。包括折旧费、大修理费、经常修理费、安拆及场外运输费等。

2. 第二类费用

第二类费用亦称可变费用，是指属于支出性质的费用。包括燃料动力费、人工费、养路费及车船使用税等。

4.3.3 第一类费用计算

从简化计算的角度出发，我们提出以下计算方法。

1. 折旧费

$$台班折旧费 = \frac{购置机械全部费用×(1-残值率)}{耐用总台班}$$

其中，购置机械全部费用是指机械从购买地运到施工单位所在地发生的全部费用。包括：原价、购置税、保险费及牌照费、运费等。

耐用总台班计算方法为：

$$耐用总台班 = 预计使用年限×年工作台班$$

机械设备的预计使用年限和年工作台班可参照有关部门指导性意见，也可根据实际情况自主确定。

例4.6：5 t载货汽车的成交价为75 000元，购置附加税税率10%，运杂费2 000元，耐用总台班2 000个，残值率为3%，试计算台班折旧费。

解：
$$\begin{aligned}\frac{5\text{ t载货汽车}}{台班折旧费} &= \frac{[75\,000×(1+10\%)+2\,000]×(1-3\%)}{2\,000}\\[2mm] &= \frac{81\,965}{2\,000}\ 元/台班 = 40.98\ 元/台班\end{aligned}$$

2. 大修理费

大修理费是指机械设备按规定到了大修理间隔台班需进行大修理，以恢复正常使用功能所需支出的费用。计算公式为：

$$\frac{台班大}{修理费} = \frac{一次大修理费×(大修理周期-1)}{耐用总台班}$$

例4.7：5 t载货汽车一次大修理费为8 700元，大修理周期为4个，耐用总台班为1 000个，试计算台班大修理费。

$$\text{解：} \quad \begin{aligned}5\,t\,载货汽车\\台班大修理费\end{aligned} = \frac{8\,700\times(4-1)}{2\,000} \text{元/台班}$$

$$= \frac{26\,100}{2\,000} \text{元/台班} = 13.05 \text{元/台班}$$

3. 经常修理费

经常修理费是指机械设备除大修理外的各级保养及临时故障所需支出的费用。包括为保障机械正常运转所需替换设备，随机配置的工具、附具的摊销及维护费用，机械正常运转及日常保养所需润滑、擦拭材料费用和机械停置期间的维护保养费用等。

台班经常修理费可以用下列简化公式计算：

$$台班经常修理费 = 台班大修理费 \times 经常修理费系数$$

例 4.8： 经测算 5 t 载货汽车的台班经常修理费系数为 5.41，按计算出的 5 t 载货汽车大修理费和计算公式，计算台班经常修理费。

$$\text{解：} \quad \begin{aligned}5\,t\,载货汽车台班\\经常修理费\end{aligned} = (13.05\times5.41) \text{元/台班} = 70.60 \text{元/台班}$$

4. 安拆费及场外运输费

安拆费是指机械在施工现场进行安装、拆卸所需人工、材料、机械费和试运转费，以及机械辅助设施（如行走轨道、枕木等）的折旧、搭设、拆除费用。

场外运输费是指机械整体或分体自停置地点运至施工现场或由一工地运至另一工地的运输、装卸、辅助材料以及架线费用。

该项费用，在实际工作中可以采用两种方法计算。一种是当发生时在工程报价中已经计算了这些费用，那么编制机械台班单价时不再计算。另一种是根据往年发生费用的年平均数除以年工作台班计算。计算公式为：

$$\begin{aligned}台班安拆及\\场外运输费\end{aligned} = \frac{历年统计安拆费及场外运输费的年平均数}{年工作台班}$$

例 4.9： 6 t 内塔式起重机（行走式）的历年统计安拆及场外运输费的年平均数为 9 870 元，年工作台班 280 个。试求台班安拆及场外运输费。

$$\text{解：} \quad \begin{aligned}台班安拆及\\场外运输费\end{aligned} = \frac{9\,870}{280} \text{元/台班} = 35.25 \text{元/台班}$$

4.3.4 第二类费用计算

1. 燃料动力费

燃料动力费是指机械设备在运转中所耗用的各种燃料、电力、风力等的费用。计算公式为：

$$台班燃料动力费= \frac{每台班耗用的}{燃料或动力数量} \times 燃料或动力单价$$

例 4.10：5 t 载货汽车每台班耗用汽油 31.66 kg，每 kg 汽油单价 3.15 元，求台班燃料费。

解：　　　台班燃料费 =（31.66×3.15）元/台班 = 99.72 元/台班

2. 人工费

人工费是指机上司机、司炉和其他操作人员的工日工资。计算公式为：

$$台班人工费 = 机上操作人员人工工日数 \times 人工单价$$

例 4.11：5 t 载货汽车每个台班的机上操作人员工日数为 1 个工日，人工单价 35 元，求台班人工费。

解：　　　台班人工费 =（35.00×1）元/台班 = 35.00 元/台班

3. 养路费及车船使用税

养路费及车船使用税指按国家规定应缴纳的机动车养路费、车船使用税、保险费及年检费。计算公式为：

$$\frac{台班养路费及}{车船使用税} = \frac{核定吨位×\{养路费[元/(t·月)]×12+车船使用税[元/(t·年)]\}}{年工作台班} + \frac{保险费及}{年检费}$$

其中：　　$\dfrac{保险费及}{年检费} = \dfrac{年保险费及年检费}{年工作台班}$

例 4.12：5 t 载货汽车每月每吨应缴纳养路费 80 元，每年应缴纳车船使用税 40 元/t，年工作台班 250 个，5 t 载货汽车年缴保险费、年检费共计 2 000 元，试计算台班养路费及车船使用税。

解：　　$\dfrac{台班养路费及}{车船使用税} = \left[\dfrac{5×(80×12+40)}{250} + \dfrac{2\,000}{250}\right]$ 元/台班

$$= \left(\frac{5\,000}{250} + \frac{2\,000}{250}\right) 元/台班 =(20.00+8.00)元/台班$$

$$= 28.00 \ 元/台班$$

4.3.5　机械台班单价计算实例

将上述计算 5 t 载货汽车台班单价的计算过程汇总成台班单价计算表，见表 4.3。

表 4.3 机械台班单价计算表

项　目				5 t 载货汽车
台班单价		单位	金额	计算式
		元	287.35	$124.63 + 162.72 = 287.35$
第一类费用	折旧费	元	40.98	$\dfrac{[7\,500 \times (1+10\%) + 2\,000] \times (1-3\%)}{2\,000} = 40.98$
	大修理费	元	13.05	$\dfrac{8\,700 \times (4-1)}{2\,000} = 13.05$
	经常修理费	元	70.60	$13.05 \times 5.41 = 70.60$
	安拆及场外运输费	元	—	—
小　计		元	124.63	
第二类费用	燃料动力费	元	99.72	$31.66 \times 3.15 = 99.72$
	人工费	元	35.00	$35.00 \times 1 = 35.00$
	养路费及车船使用税	元	28.00	$\dfrac{5 \times (80 \times 12 + 40)}{250} + \dfrac{2\,000}{250} = 28.00$
小　计		元	162.72	

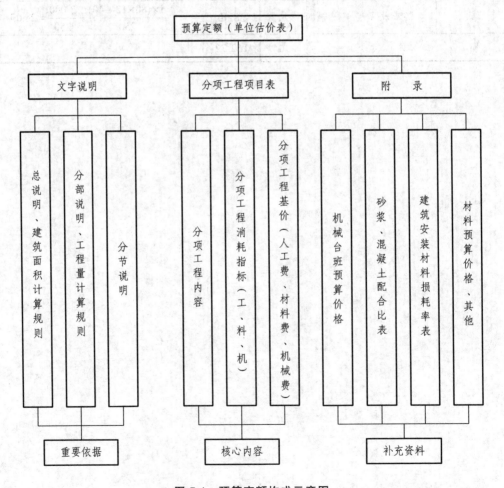

5 预算定额的应用

5.1 预算定额概述

5.1.1 预算定额的构成

预算定额一般由总说明、分部说明、分节说明、建筑面积计算规则、分项工程消耗指标、分项工程基价、机械台班预算价格、材料预算价格、砂浆和混凝土配合比表、材料损耗率表等内容构成，见图 5.1。

图 5.1 预算定额构成示意图

5.1.2 预算定额的内容

1. 文字说明

1）总说明

总说明综合叙述了定额的编制依据、作用、适用范围及编制此定额时有关共性问题的处理意见和使用方法等。

2）建筑面积计算规范

建筑面积计算规范严格、全面地规定了计算建筑面积的范围和方法。建筑面积是基本建设中重要的技术经济指标，也是计算其他技术经济指标的基础。

3）分部说明

分部说明是预算定额的重要内容，介绍了分部工程定额中使用各定额项目的具体规定。如砖墙身如为弧形时，其相应定额的人工费要乘以大于 1 的系数等。

4）工程量计算规则

工程量计算规则是按分部工程归类的。工程量计算规则统一规定了各分项工程量计算的处理原则，不管是否完全理解，在没有新的规定出现之前，必须按该规则执行。

工程量计算规则是准确和简化工程量计算的基本保证。因为，在编制定额的过程中就运用了计算规则，在综合定额内容时就确定了计算规则，所以工程量计算规则具有法规性。

5）分节说明

分节说明主要包括了该章节项目的主要工作内容。通过对工作内容的了解，帮助我们判断在编制施工图预算时套用定额的准确性。

2. 分项工程项目表

分项工程项目表是按分部工程归类的，它主要包括三个方面的内容。

1）分项工程内容

分项工程内容是以分项工程名称来表达的。一般来说，每一个定额号对应的内容就是一个分项工程的内容。例如，"M5 混合砂浆砌砖墙"就是一个分项工程的内容。

2）分项工程消耗指标

分项工程消耗指标是指人工、材料、机械台班的消耗量。例如，某地区预算定额摘录见表 5.1。其中 1—1 号定额的项目名称是花岗岩楼地面，每 100 m² 的人工消耗指标是 20.57 个工日；材料消耗指标分别是花岗岩板 102 m²、1：2 水泥砂浆 2.20 m³、白水泥 10 kg、素水泥浆 0.1 m³、棉纱头 1 kg、锯木屑 0.60 m³、石料切割锯片 0.42 片、水 2.60 m³；机械台班消耗指标为 200 L 砂浆搅拌机 0.37 台班、2 t 内塔吊 0.74 台班、石料切割机 1.60 台班。

3）分项工程基价

分项工程基价亦称分项工程单价，是确定单位分项工程人工费、材料费和机械使用费的标准。例如，表 5.1 中 1—1 定额的基价为 26 774.12 元。该基价由人工费 514.25 元、材料费 26 098.27 元、机械费 161.60 元合计而成。这三项费用的计算过程是：

$$人工费 = 20.57 \text{ 工日} \times 25.00 \text{ 工日} = 514.25 \text{ 元}$$

$$材料费 = (102.00 \times 250.00 + 2.20 \times 230.02 + 10.00 \times 0.50 + 0.10 \times 461.70 +$$
$$1.00 \times 5.00 + 0.60 \times 8.50 + 0.42 \times 70.00 + 2.60 \times 0.60) \text{ 元}$$
$$= 26 \ 098.27 \text{ 元}$$

$$机械费 = （0.37 \times 15.92 + 0.74 \times 170.61 + 1.60 \times 18.41）元 = 161.60 元$$

表 5.1　预算定额摘录

工程内容：清理基层、调制砂浆、锯板磨边贴花岗岩板、擦缝、清理净面　　　单位：100 m²

定额编号				1—1	1—2	1—3
项　目		单　位	单　价	花岗岩楼地面	花岗岩踢脚板	花岗岩台阶
基　价		元		26 774.12	27 285.84	41 886.55
其中	人工费	元		514.25	1 306.25	1 541.75
	材料费	元		26 098.27	25 850.25	40 211.69
	机械费	元		161.60	129.34	133.11
材料	综合用工	工日	25.00	20.57	52.25	61.67
	花岗岩板	m²	250.00	102.00	102.00	157.00
	1：2 水泥砂浆	m³	230.02	2.20	1.10	3.26
	白水泥	kg	0.50	10.00	20.00	15.00
	素水泥浆	m³	461.70	0.10	0.10	0.15
	棉纱头	kg	5.00	1.00	1.00	1.50
	锯木屑	m³	8.50	0.60	0.60	0.89
	石料切割锯片	片	70.00	0.42	0.42	1.68
	水	m³	0.60	2.60	2.60	4.00
机械	200 L 砂浆搅拌机	台班	15.92	0.37	0.18	0.59
	2 t 内塔吊	台班	170.61	0.74	0.56	—
	石料切割机	台班	18.41	1.60	1.68	6.27

3. 附　录

附录主要包括以下几部分内容。

1）机械台班预算价格

机械台班预算价格确定了各种施工机械的台班使用费。例如，表 5.1 中 1—1 定额的 200 L 砂浆搅拌机的台班预算价格为 15.92 元/台班。

2）砂浆、混凝土配合比表

砂浆、混凝土配合比表确定了各种配合比砂浆、混凝土每 m³ 的原材料消耗量，是计算工程材料消耗量的依据。例如，表 5.2 中 F—2 号定额规定了 1：2 水泥砂浆每 m³ 需用 32.5 级普通水泥 635 kg，中砂 1.04 m³。

表 5.2　抹灰砂浆配合比摘录　　　单位：m³

定额编号				F—1	F—2
项　目		单　位	单　价	水泥砂浆	
				1：1.5	1：2
基　价		元		254.40	230.02
材料	32.5 水泥	kg	0.30	734	635
	中　砂	m³	38.00	0.90	1.04

3）建筑安装材料损耗率表

该表表示了编制预算定额时，各种材料损耗率的取定值，为使用定额者换算定额和补充定额提供依据。

4）材料预算价格表

材料预算价格表汇总了预算定额中所使用的各种材料的单价，它是在编制施工图预算时调整材料价差的依据。

5.2 预算定额应用

5.2.1 预算定额基价的确定

人工、材料、机械台班消耗量是定额中的主要指标，它以实物量来表示。为了方便使用，目前，各地区编制的预算定额普遍反映货币量指标，也就是由人工费、材料费、机械台班使用费构成定额基价。

所谓基价，即指分项工程单价，简称工程单价。它可以是完全分项工程单价，也可以是不完全分项工程单价。

作为建筑工程预算定额，它以完全工程单价的形式来表现，这时也可称为建筑工程单位估价表；作为不完全工程单价表现形式的定额，常用于安装工程预算定额和装饰工程预算定额，因为上述定额中一般不包括主要材料费。

预算定额中的基价是根据某一地区的人工单价、材料预算价格、机械台班预算价格计算的，其计算公式如下：

$$定额基价 = 人工费 + 材料费 + 机械使用费$$

式中

$$人工费 = \sum(定额工日数 \times 工日单价)$$

$$材料费 = \sum(材料数量 \times 材料预算价格)$$

$$机械使用费 = \sum(机械台班量 \times 台班预算价格)$$

公式中的实物量指标（工日数、材料数量、机械台班量）是预算定额规定的，但工日单价、材料预算价格、台班预算价格则按某地区的价格确定。通常，全国统一预算定额的基价，采用北京地区的价格；省、市、自治区预算定额的基价采用省会所在地或自治区首府所在地的价格。定额基价的计算过程可以通过表 5.3 来表示。

表 5.3 预算定额项目基价计算表

定额编号				1—1	计算式
项目	单位	单价		花岗岩楼地面（100 m²）	
基价	元	—		26 774.12	基价 = 514.25 + 26 098.27 + 161.60 = 26 774.12
其中	人工费	元	—	514.25	见计算式
	材料费	元	—	26 098.27	见计算式
	机械费	元	—	161.60	见计算式
综合用工		工日	25.00 元/工日	20.57	人工费 = 20.57 工日 × 25.00 元/工日 = 514.25 元
材料	花岗岩板	m³	250.00	102.00	材料费：
	1:2 水泥砂浆	m³	230.02	2.20	102.00×250.00 = 25 500
	白水泥	kg	0.50	10.00	2.20×230.02 = 506.04
	素水泥浆	m³	461.70	0.10	10.00×0.50 = 5.00
	棉纱头	kg	5.00	1.00	0.10×461.70 = 46.17
	锯木屑	m³	8.50	0.60	1.00×5.00 = 5.00 ⎬ 26 098.27
	石料切割锯片	片	70.00	0.42	0.60×8.50 = 5.10
	水	m³	0.60	2.60	0.42×70.00 = 29.40
					2.60×0.60 = 1.56
机械	200 L 砂浆搅拌机	台班	15.92	0.37	机械费：
	2 t 内塔吊	台班	170.61	0.74	0.37×15.92 = 5.89
	石料切割机	台班	18.41	1.60	0.74×170.61 = 126.25 ⎬ 161.60
					1.60×18.41 = 29.46

5.2.2 预算定额项目中材料费与配合比表的关系

预算定额项目中的材料费是根据材料栏目中的半成品（砂浆、混凝土）、原材料用量乘以各自的单价汇总而成的。其中，半成品的单价是根据半成品配合比表中各项目的基价来确定的。例如，"定—1"定额项目中 M5 水泥砂浆的单价是根据"附—1"砌筑砂浆配合比的基价 124.32 元/m³ 确定的。还需指出，M5 水泥砂浆的基价是该附录号中 32.5 水泥、中砂的材料费。

即： $270 \text{ kg} \times 0.30 \text{ 元/kg} + 1.14 \text{ m}^3 \times 38.00 \text{ 元/m}^3 = 124.32 \text{ 元/m}^3$

5.2.3 预算定额项目中工料消耗指标与砂浆、混凝土配合比表的关系

定额项目中材料栏内含有砂浆或混凝土半成品用量时，其半成品的原材料用量要根据定额附录中砂浆、混凝土配合比表的材料消耗量来计算。因此，当定额项目中的配合比与施工图设计的配合比不同时，附录中的半成品配合比表是定额换算的重要依据。预算定额示例见表 5.4 和表 5.5。砂浆和混凝土配合比表见表 5.6～5.8。

表 5.4　建筑工程预算定额摘录

工程内容：略

定额编号			定—1	定—2	定—3	定—4
定额单位			10 m³	10 m³	10 m³	10 m²
项　目	单　位	单　价	M5 水泥砂浆砌砖基础	现浇 C20 钢筋混凝土矩形梁	C15 混凝土地面垫层	1：2 水泥砂浆墙基防潮层
基　价	元		1 277.30	7 673.82	1 954.24	798.79
其中　人工费	元		310.75	1 831.50	539.00	237.50
其中　材料费	元		958.99	5 684.33	1 384.26	557.31
其中　机械费	元		7.56	157.99	30.98	3.98
人工　基本工	d	25.00	10.32	52.20	13.98	7.20
人工　其他工	d	25.00	2.11	21.06	8.10	2.30
人工　合　计	d	25.00	12.43	73.26	21.56	9.50
标准砖	千块	127.00	5.23			
M5 水泥砂浆	m³	124.32	2.36			
木材	m³	700.00		0.138		
钢模板	kg	4.60		51.53		
零星卡具	kg	5.40		23.20		
钢支撑	kg	4.70		11.60		
ϕ10 内钢筋	kg	3.10		471		
ϕ10 外钢筋	kg	3.00		728		
C20 混凝土（0.5～4）	m³	146.98		10.15		
C15 混凝土（0.5～4）	m³	136.02			10.10	
1：2 水泥砂浆	m³	230.02				2.07
防水粉	kg	1.20				66.38
其他材料费	元			26.83	1.23	1.51
水	m³	0.60	2.31	13.52	15.38	
机械　200 L 砂浆搅拌机	台班	15.92	0.475			0.25
机械　400 L 混凝土搅拌机	台班	81.52		0.63	0.38	
机械　2 t 内塔吊	台班	170.61		0.625		

表 5.5 建筑工程预算定额摘录

工程内容：略

定额编号			定—5	定—6
定额单位			100 m²	100 m²
项　目	单　位	单　价	C15 混凝土地面面层（60 厚）	1：2.5 水泥砂浆抹砖墙面（底 13 厚、面 7 厚）
基价	元		1 191.28	888.44
其中 人工费	元		332.50	385.00
材料费	元		833.51	451.21
机械费	元		25.27	52.23
人工 基本工	d	25.00	9.20	13.40
其他工	d	25.00	4.10	2.00
合　计	d	25.00	13.30	15.40
材料 C15 混凝土（0.5～4）	m³	136.02	6.06	
1：2.5 水泥砂浆	m³	210.72		2.10（底 1.39；面 0.71）
其他材料费	元			4.50
水	m³	0.60	15.38	6.99
机械 200 L 砂浆搅拌机	台班	15.92		0.28
400 L 混凝土搅拌机	台班	81.52	0.31	
塔式起重机	台班	170.61		0.28

表 5.6　砌筑砂浆配合比表摘录　　　　　单位：m³

定额编号			附—1	附—2	附—3	附—4
项　目	单　位	单　价	水泥砂浆			
			M5	M7.5	M10	M15
基　价	元		124.32	144.10	160.14	189.98
材料 32.5 水泥	kg	0.30	270.00	341.00	397.00	499.00
中　砂	m³	38.00	1.140	1.100	1.080	1.060

表 5.7　抹灰砂浆配合比表摘录　　　　　单位：m³

定额编号			附—5	附—6	附—7	附—8
项　目	单　位	单　价	水泥砂浆			
			1：1.5	1：2	1：2.5	1：3
基　价	元		254.40	230.02	210.72	182.82
材料 32.5 水泥	kg	0.30	734	635	558	465
中　砂	m³	38.00	0.90	1.04	1.14	1.14

表 5.8　普通塑性混凝土配合比表摘录　　　　　　　单位：m³

定额编号			附—9	附—10	附—11	附—12	附—13	附—14
项　目	单　位	单　价	粗集料最大粒径：40 mm					
			C15	C20	C25	C30	C35	C40
基　价	元		136.02	146.98	162.63	172.41	181.48	199.18
材料 42.5 水泥	kg	0.30	274	313				
52.5 水泥	kg	0.35			313	343	370	
62.5 水泥	kg	0.40						368
中　砂	m³	38.00	0.49	0.46	0.46	0.42	0.41	0.41
0.5～4 砾石	m³	40.00	0.88	0.89	0.89	0.91	0.91	0.91

例 5.1：根据表 5.4 中"定—1"号定额和表 5.6 中"附—1"号定额计算砌 10 m³ 砖基础需用 2.36 m³ 的 M5 水泥砂浆的原材料用量。

解：　　　32.5 水泥：2.36 m³ × 270 kg/m³ = 637.20 kg

中砂：2.36 m³ × 1.14 m³/m³ = 2.690 m³

5.2.4　预算定额的套用

预算定额的套用分为直接套用和换算使用两种情况。

直接套用定额指直接使用定额项目中的基价、人工费、机械费、材料费、各种材料用量及各种机械台班耗用量。

当施工图的设计要求与预算定额的项目内容一致时，可直接套用预算定额。

在编制单位工程施工图预算的过程中，大多数分项工程项目可以直接套用预算定额。套用预算定额时应注意以下几点：

（1）根据施工图、设计说明、标准图作法说明，选择预算定额项目。

（2）应从工程内容、技术特征和施工方法上仔细核对，才能较准确地确定与施工图相对应的预算定额项目。

（3）施工图中分项工程的名称、内容和计量单位要与预算定额项目相一致。

5.2.5　预算定额的换算

编制预算时，当施工图中的分项工程项目不能直接套用预算定额时，就产生了定额的换算。

1. 预算定额的换算原则

为了保持原定额的水平，在预算定额的说明中规定了有关换算原则，一般包括：

（1）如施工图设计的分项工程项目中砂浆、混凝土强度等级与定额对应项目不同时，允许按定额附录的砂浆、混凝土配合比表进行换算，但配合比表中规定的各种材料用量不得调整。

（2）定额中的抹灰项目已考虑了常用厚度，各层砂浆的厚度一般不作调整。如果设计有特殊要求时，定额中工、料可以按比例换算。

（3）是否可以换算、怎样换算，必须按预算定额中的各项规定执行。

2. 预算定额的换算类型

预算定额的换算类型常有以下几种：

（1）砂浆换算：砌筑砂浆换强度等级、抹灰砂浆换配合比及砂浆用量换算。

（2）混凝土换算：构件混凝土的强度等级、混凝土类型换算；楼地面混凝土的强度等级、厚度换算等。

（3）系数换算：按规定对定额基价、定额中的人工费、材料费、机械费乘以各种系数的换算。

（4）其他换算：除上述三种情况以外的预算定额换算。

3. 预算定额换算的基本思路

预算定额换算的基本思路是：根据选定的预算定额基价，按规定换入增加的费用，换出应扣除的费用。这一思路可用下列表达式表述：

$$换算后的定额基价 = 原定额基价 + 换入的费用 - 换出的费用$$

例如，某工程施工图设计用 C20 混凝土作地面垫层，查预算定额，只有 C15 混凝土地面垫层的项目，这就需要根据该项目，再根据定额附录中 C20 混凝土的基价进行换算，其换算式如下：

$$\begin{array}{l} C20混凝土地面 \\ 垫层基价 \end{array} = \begin{array}{l} C15混凝土地面 \\ 垫层定额基价 \end{array} + \begin{array}{l} 定额混凝土 \\ 用量 \end{array} \times \begin{array}{l} C20混凝土 \\ 基价 \end{array} - \begin{array}{l} 定额混凝土 \\ 用量 \end{array} \times \begin{array}{l} C15混凝土 \\ 基价 \end{array}$$

5.2.6 砌筑砂浆换算

1. 换算原因

当设计图样要求的砌筑砂浆强度等级在预算定额中缺项时，就需要根据同类相似定额调整砂浆强度等级，求出新的定额基价。

2. 换算特点

由于该类换算的砂浆用量不变，所以人工、机械费不变，因而只需换算砂浆强度等级和计算换算后的材料用量。

砌筑砂浆换算公式：

$$\begin{array}{l} 换算后 \\ 定额基价 \end{array} = \begin{array}{l} 原定额 \\ 基价 \end{array} + \begin{array}{l} 定额砂浆 \\ 用量 \end{array} \times \left(\begin{array}{l} 换入砂浆 \\ 基价 \end{array} - \begin{array}{l} 换出砂浆 \\ 基价 \end{array} \right)$$

例 5.2： M10 水泥砂浆砌砖基础。

解： 换算定额号："定—1"（见表 5.4）

换算附录定额号："附—1、附—3"（见表 5.6）

（1）

$$\underset{\text{定额基价}}{\text{换算后}} = 1\ 277.30\ \overset{\text{定}-1}{\text{元}/10\ \text{m}^3} + \left[2.36 \times \left(\overset{\text{附}-3}{160.14} - \overset{\text{附}-1}{124.32}\right)\right]\text{元}/10\ \text{m}^3$$

$$= 1\ 277.30\ \text{元}/10\ \text{m}^3 + (2.36 \times 35.82)\ \text{元}/10\ \text{m}^3$$

$$= 1\ 277.30\ \text{元}/10\ \text{m}^3 + 84.54\ \text{元}/10\ \text{m}^3 = 1\ 361.84\ \text{元}/10\ \text{m}^3$$

（2）换算后材料用量（10 m³ 砖砌体）

32.5 水泥： $2.36\ \text{m}^3 \times 397.00\ \text{kg}/\text{m}^3 = 936.92\ \text{kg}$

中砂： $2.36\ \text{m}^3 \times 1.08\ \text{m}^3/\text{m}^3 = 2.549\ \text{m}^3$

5.2.7 抹灰砂浆换算

1. 换算原因

当设计图样要求的抹灰砂浆配合比或抹灰厚度与预算定额的抹灰砂浆配合比或厚度不同时，就需要根据同类相似定额进行换算，求出新的定额基价。

2. 换算特点

第一种情况：当抹灰厚度不变只换配合比时，只调整材料费和材料用量。

第二种情况：当抹灰厚度发生变化时，砂浆用量要改变，因而定额人工费、材料费、机械费和材料用量均要换算。

3. 换算公式

第一种情况：

$$\underset{\text{定额基价}}{\text{换算后}} = \underset{\text{基价}}{\text{原定额}} + \sum\left[\underset{\text{定额用量}}{\text{各层砂浆}} \times \left(\underset{\text{基价}}{\text{换入砂浆}} - \underset{\text{基价}}{\text{换出砂浆}}\right)\right]$$

第二种情况：

$$\underset{\text{定额基价}}{\text{换算后}} = \underset{\text{基价}}{\text{原定额}} + \left(\underset{\text{人工费}}{\text{定额}} + \underset{\text{机械费}}{\text{定额}}\right) \times (K-1) +$$

$$\sum\left(\underset{\text{砂浆用量}}{\text{各层换入}} \times \underset{\text{基价}}{\text{换入砂浆}} - \underset{\text{定额用量}}{\text{各层砂浆}} \times \underset{\text{基价}}{\text{换出砂浆}}\right)$$

$$K = \frac{\text{设计抹灰砂浆总厚}}{\text{定额抹灰砂浆总厚}}$$

$$\underset{\text{砂浆用量}}{\text{各层换入}} = \frac{\text{定额砂浆用量}}{\text{定额砂浆厚度}} \times \text{设计厚度}$$

式中 K——人工、机械费换算系数。

65

例 5.3：1：3 水泥砂浆底 13 厚，1：2 水泥砂浆面 7 厚砖墙面抹灰。

解：该例题属于第一种情况换算。

换算定额号："定—6"（见表 5.5）

换算附录定额号："附—6"、"附—7"、"附—8"（见表 5.7）

（1）换算后定额基价 = 888.44 元/100 m² + （0.71×230.02 + 1.39×182.82 –

$$2.10 \times 210.72）元/100\ m^2$$

$$= 888.44\ 元/100\ m^2 + （417.43 – 442.51）元/100\ m^2$$

$$= 888.44\ 元/100\ m^2 – 25.08\ 元/100\ m^2$$

$$= 863.36\ 元/100\ m^2$$

（2）换算后材料用量（100 m²）

32.5 水泥：$0.71\ m^3 \times 635\ kg/m^3 + 1.39\ m^3 \times 465\ kg/m^3 = 1\ 097.20\ kg$

中砂：$0.71\ m^3 \times 1.04\ m^3/m^3 + 1.39\ m^3 \times 1.14\ m^3/m^3 = 2.323\ m^3$

例 5.4：1：3 水泥砂浆底 15 厚，1：2.5 水泥砂浆面 8 厚砖墙面抹灰。

解：该例题属于第二种情况换算。

换算定额号："定—6"（见表 5.5）

换算附录定额号："附—7"、"附—8"（见表 5.7）

$$人工、机械费换算系数 = \frac{15+8}{13+7} = \frac{23}{20} = 1.15$$

$$1：3\ 水泥砂浆用量 = \frac{1.39}{13} \times 15 = 1.604\ m^3$$

$$1：2.5\ 水泥砂浆用量 = \frac{0.71}{7} \times 8 = 0.811\ m^3$$

（1）换算后定额基价 $= 888.44\ 元/100\ m^2 + [(385.00 + 52.23) \times (1.15 - 1)]\ 元/100\ m^2 +$

$$[(1.604 \times 182.82 + 0.811 \times 210.72) - (2.10 \times 210.72)]\ 元/100\ m^2$$

$$= 888.44\ 元/100\ m^2 + (437.23 \times 0.15)\ 元/100\ m^2 + (464.14 - 442.51)\ 元/100\ m^2$$

$$= 888.44\ 元/100\ m^2 + 65.58\ 元/100\ m^2 + 21.63\ 元/100\ m^2 = 975.65\ 元/100\ m^2$$

（2）换算后材料用量（100 m²）

32.5 水泥：$1.604\ m^3 \times 465\ kg/m^3 + 0.811\ m^3 \times 558\ kg/m^3 = 1\ 198.40\ kg$

中砂：$1.604\ m^3 \times 1.14\ m^3/m^3 + 0.811\ m^3 \times 1.14\ m^3/m^3 = 2.753\ m^3$

5.2.8　构件混凝土换算

1. 换算原因

当施工图设计要求构件采用的混凝土强度等级在预算定额中没有相符合的项目时，就产生了混凝土品种、强度等级和原材料的换算。

2. 换算特点

由于混凝土用量不变，所以人工费、机械费不变，只换算混凝土品种、强度等级和原材料。

3. 换算公式

$$\begin{matrix} 换算后 \\ 定额基价 \end{matrix} = \begin{matrix} 原定额 \\ 基价 \end{matrix} + \begin{matrix} 定额混凝土 \\ 用量 \end{matrix} \times \left(\begin{matrix} 换入混凝土 \\ 基价 \end{matrix} - \begin{matrix} 换出混凝土 \\ 基价 \end{matrix} \right)$$

例 5.5： 现浇 C30 钢筋混凝土矩形梁。

解： 换算定额号："定—2"（见表 5.4）

　　换算附录定额号："附—10"、"附—12"（见表 5.8）

（1）$\begin{matrix} 换算后 \\ 定额基价 \end{matrix} = 7\,673.82\ 元/10\ m^3 \overset{定-2}{} + [10.15 \times (\overset{附-12}{172.41} - \overset{附-10}{146.98})]\ 元/10\ m^3$

　　$= 7\,673.82\ 元/10\ m^3 + (10.15 \times 25.43)\ 元/10\ m^3$

　　$= 7\,673.82\ 元/10\ m^3 + 258.11\ 元/10\ m^3 = 7\,931.93\ 元/10\ m^3$

（2）换算后材料用量（10 m³）

　　52.5 水泥：$10.15\ m^3 \times 343\ kg/m^3 = 3\,481.45\ kg$

　　中砂：$10.15\ m^3 \times 0.42\ m^3/m^3 = 4.263\ m^3$

　　0.5～4 砾石：$10.15\ m^3 \times 0.91\ m^3/m^3 = 9.237\ m^3$

5.2.9　楼地面混凝土换算

1. 换算原因

预算定额楼地面混凝土面层项目的定额单位一般以平方米为单位。因此，当图样设计的面层厚度与定额规定的厚度不同时，就产生了楼地面项目的定额基价和材料用量的换算。

2. 换算特点

（1）同抹灰砂浆的换算特点。

（2）如果预算定额中有楼地面面层厚度增加或减少定额时，可以用两个定额加或减的方式来换算，由于该方法较简单，此处不再介绍。

3. 换算公式

$$\begin{matrix} 换算后 \\ 定额基价 \end{matrix} = \begin{matrix} 原定额 \\ 基价 \end{matrix} + \left(\begin{matrix} 定额 \\ 人工费 \end{matrix} + \begin{matrix} 定额 \\ 机械费 \end{matrix} \right) \times (K-1) +$$

$$\begin{matrix} 换入混凝土 \\ 用量 \end{matrix} \times \begin{matrix} 换入混凝土 \\ 基价 \end{matrix} - \begin{matrix} 定额混凝土 \\ 用量 \end{matrix} \times \begin{matrix} 换出混凝土 \\ 基价 \end{matrix}$$

$$K = \frac{混凝土设计厚度}{混凝土定额厚度}$$

$$\frac{\text{换入混凝土}}{\text{用量}} = \frac{\text{定额混凝土用量}}{\text{定额混凝土厚度}} \times \text{设计混凝土厚度}$$

式中 K——人工、机械费换算系数。

例 5.6：C25 混凝土地面面层 80 厚。

解：换算定额号："定—5"（见表 5.5）

换算附录定额号："附—9"、"附—11"（见表 5.8）

$$\text{人工、机械费换算系数 } K = \frac{80}{60} = 1.333$$

$$\text{换入 C25 混凝土用量} = \left(\frac{6.06}{60} \times 80\right) \text{m}^3 = 8.08 \text{ m}^3$$

（1）换算后定额基价 $= 1\,191.28$ 元$/100$ m^2 $+ [(332.50 + 25.27) \times (1.333 - 1)]$ 元$/100$ m^2 $+$

$[8.08 \times 162.63 - 6.06 \times 136.02]$ 元$/100$ m^2

$= (1\,191.28 + 119.14 + 1\,314.05 - 824.28)$ 元$/100$ m$^2 = 1\,800.19$ 元$/100$ m^2

（2）换算后材料用量（100 m^2）

52.5 水泥：8.08 m$^3 \times 313$ kg$/$m$^3 = 2\,529.04$ kg

中砂：8.08 m$^3 \times 0.46$ m$^3/$m$^3 = 3.717$ m^3

0.5 ~ 4 砾石：8.08 m$^3 \times 0.89$ m$^3/$m$^3 = 7.191$ m^3

5.2.10 乘系数换算

乘系数换算是指在使用某些预算定额项目时，定额的一部分或全部乘以规定的系数。例如，某地区预算定额规定，砌弧形砖墙时，定额人工费乘以 1.10 系数；圆弧形、锯齿形、不规则形墙的抹面、饰面，按相应定额项目套用，但人工费乘以系数 1.15。

例 5.7：1∶2.5 水泥砂浆锯齿形砖墙面抹灰。

解：根据题意，按某地区预算定额规定，套用"定—6"定额（见表 5.5）后，人工费增加 15%。

换算后定额基价 $= 888.44$ 元$/100$ m$^2 + [385.00 \times (1.15 - 1)]$ 元$/100$ m^2

$= 888.44$ 元$/100$ m$^2 + 57.75$ 元$/100$ m^2

$= 946.19$ 元$/100$ m^2

5.2.11 其他换算

其他换算是指不属于上述几种换算情况的定额基价换算。

例 5.8：1∶2 防水砂浆墙基防潮层（加水泥用量的 9%防水粉）。

解：根据题意和定额"定—4"（见表 5.4）内容应调整防水粉的用量。

换算定额号："定—6"（见表 5.4）

换算附录定额号："附—4"（见表 5.7）

$$\frac{防水粉}{用量} = \frac{定额砂浆}{用量} \times \frac{砂浆配合比中}{的水泥用量} \times 9\% = 2.07 \text{ m}^3 \times 635 \text{ kg} / \text{m}^3 \times 9\% = 118.30 \text{ kg}$$

（1）换算后定额基价 = 789.79+[1.20(防水粉单价)×(118.30− 66.38)] 元/100 m²
（定—4）（换入量）（定额原用量）

$$= 798.79 \text{ 元} /100 \text{ m}^2 + (1.20 \times 51.92) \text{元} /100 \text{ m}^2$$

$$= 798.79 \text{ 元} /100 \text{ m}^2 + 62.30 \text{ 元} /100 \text{ m}^2 = 861.09 \text{ 元} /100 \text{ m}^2$$

（2）换算后材料用量（100 m²）

　　32.5 水泥：2.07 m³×635 kg/m³ = 1 314.45 kg

　　中砂：2.07 m³×1.04 m³/m³ = 2.153 m³

　　防水粉：2.07 m³×635 kg/m³×9% = 118.30 kg

建筑工程费用

6.1 传统建筑工程费用的划分及内容

6.1.1 建筑工程费用的划分

传统建筑工程费用划分见表 6.1。

表 6.1 建筑工程费用划分

建筑工程费用	直接费	直接工程费	人工费
			材料费
			机械费
		措施费	环境保护费
			文明施工费
			安全施工费
			临时设施费
			夜间施工费
			二次搬运费
			大型机械进出场及安拆费
			混凝土、钢筋混凝土模板及支架费
			脚手架费
			已完工程及设备保护费
			施工排水、降水费
	间接费	规费	工程排污费
			社会保障费
			住房公积金
			危险作业意外伤害保险
		企业管理费	
	利润	利润	
	税金	营业税	
		城市维护建设税	
		教育费附加	

6.1.2 直接费的内容

直接费由直接工程费和措施费构成。

1. 直接工程费

直接工程费是指施工过程中耗费的构成工程实体的各项费用，包括人工费、材料费、施工机械使用费。

1）人工费

人工费是指直接从事建筑安装工程施工的生产工人所开支的各项费用，包括：

（1）基本工资。指发放给生产工人的基本工资。

（2）工资性补贴。指按规定发放给生产工人的物价补贴，煤、燃气补贴，交通补贴，住房补贴，流动施工津贴等。

（3）生产工人辅助工资。指生产工人年有效施工天数以外非作业天数的工资，包括职工学习、培训期间的工资，调动工作、探亲、休假期间的工资，因气候影响的停工工资，女工哺乳时间的工资，病假在六个月以内的工资及婚、产、丧假期的工资。

（4）职工福利费。指按规定标准计提的职工福利费。

（5）生产工人劳动保护费。指按规定标准发放的劳动保护用品的购置费及修理费，徒工服装补贴，防暑降温费，在有碍身体健康环境中施工的保健费等。

（6）社会保障费。指包含在工资内，由工人交的养老保险费、失业保险费等。

2）材料费

材料费是指施工过程中耗用的构成工程实体，形成工程装饰效果的原材料、辅助材料、构配件、零件、半成品、成品的费用和周转材料的摊销（或租赁）费用。

3）施工机械使用费

施工机械使用费是指使用施工机械作业所发生的机械费用以及机械安、拆和进出场费等。

2. 措施费

措施费是指为完成工程项目施工，发生于该工程施工前和施工过程中的不能形成工程实体的各项费用。措施费包括 11 项内容。

（1）环境保护费指施工现场为达到环保部门要求所需要的各项费用。

（2）文明施工费指施工现场文明施工所需要的各项费用。

（3）安全施工费指施工现场安全施工所需要的各项费用。

（4）临时设施费指施工企业为进行建筑工程施工所必须搭设的生活和生产用的临时建筑物、构筑物和其他临时设施费用等。

临时设施包括：临时宿舍、文化福利及公用事业房屋与构筑物，仓库、办公室、加工厂以及规定范围内道路、水、电、管线等临时设施和小型临时设施。

临时设施费用包括：临时设施的搭设、维修、拆除费或摊销费。

（5）夜间施工费指因夜间施工所发生的夜班补助费、夜间施工降效、夜间施工照明设备摊销及照明用电等费用。

（6）二次搬运费指因施工场地狭小等特殊情况而发生的二次搬运费用。

（7）大型机械设备进出场及安、拆费指机械整体或分体自停放场地运至施工现场或由一个施工地点运至另一个施工地点，所发生的机械进出场运输及转移费用及机械在施工现场进行安装、拆卸所需的人工费、材料费、机械费、试运转费和安装所需的辅助设施的费用。

（8）混凝土、钢筋混凝土模板及支架费指混凝土施工过程中需要的各种钢模板、木模板、支架等的支、拆、运输费用及模板、支架的摊销（或租赁）费用。

（9）脚手架费指施工需要的各种脚手架搭、拆、运输费用及脚手架的摊销（或租赁）费用。

（10）已完工程及设备保护费指竣工验收前，对已完工程及设备进行保护所需费用。

（11）施工排水、降水费指为确保工程在正常条件下施工，采取各种排水、降水措施所发生的各种费用。

6.1.3　间接费的内容

间接费由规费、企业管理费组成。

1. 规　费

规费指政府和有关权力部门规定必须缴纳的费用（简称规费），主要包括几项内容。

（1）工程排污费。指施工现场按规定缴纳的工程排污费。

（2）社会保障费。包括养老保险费、失业保险费、医疗保险费。

① 养老保险费是指企业按规定标准为职工缴纳的基本养老保险费。

② 失业保险费是指企业按照国家规定标准为职工缴纳的失业保险费。

③ 医疗保险费是指企业按照规定标准为职工缴纳的基本医疗保险费。

（3）住房公积金。指企业按规定标准为职工缴纳的住房公积金。

（4）危险作业意外伤害保险。指按照建筑法规定，企业为从事危险作业的建筑安装施工人员支付的意外伤害保险费。

2. 企业管理费

企业管理费指建筑安装企业组织施工生产和经营管理所需的费用，由管理人员工资、办公费等费用组成。

（1）管理人员工资。指管理人员的基本工资、工资性补贴、职工福利费、劳动保护费等。

（2）办公费。指企业办公用的文具、纸张、贴表、印刷、邮电、书报、会议、水电、烧水和集体取暖（包括现场临时宿舍取暖）用煤等费用。

（3）差旅交通费。指职工因公出差、调动工作的差旅费、住勤补助费、市内交通费和误餐补助费，职工探亲路费，劳动力招募费，职工离退休、退职一次性路费，工伤人员就医路费，工地转移费以及管理部门使用的交通工具的油料、燃料、养路费及牌照费。

（4）固定资产使用费。指管理和试验部门及附属生产单位使用的属于固定资产的房屋、设备仪器等的折旧、大修、维修或租赁费。

（5）工具用具使用费。指管理使用的不属于固定资产的生产工具、器具、家具、交通工具和检验、试验、测绘、消防用具等的购置、维修和摊销费。

（6）劳动保险费。指由企业支付离退休职工的异地安家补助费、职工退职金、六个月以上的病假人员工资、职工死亡丧葬补助费、抚恤费、按规定支付给离休干部的各项经费。

（7）工会经费。指企业按职工工资总额计提的工会经费。

（8）职工教育经费。指企业为职工学习先进技术和提高文化水平，按职工工资总额计提的费用。

（9）财产保险费。指施工管理用财产、车辆保险。

（10）财务费。指企业为筹集资金而发生的各种费用。

（11）税金。指企业按规定缴纳的房产税、车船使用税、土地使用税、印花税等。

（12）其他。包括技术转让费、技术开发费、业务招待费、绿化费、广告费、公证费、法律顾问费、审计费、咨询费等。

6.1.4 利　润

利润是指施工企业完成所承包工程获得的盈利。

6.1.5 税　金

税金是指国家税法规定的应计入建筑安装工程造价内的营业税、城市维护建设税及教育费附加等。

6.1.6 利润、税金计算方法与费率确定方法

1. 利润的计算

（1）以直接费为计算基础：

$$利润 = (直接费 + 间接费) \times 利润率$$

（2）以人工费和机械费合计为计算基础：

$$利润 = (人工费 + 机械费) \times 利润率$$

（3）以人工费为计算基础：

$$利润 = 人工费 \times 利润率$$

2. 税金的计算

税金计算公式如下：

$$税金 = (税前造价 + 税金) \times 营业税税率（\%）$$

其中，营业税税率为 3%，以施工企业营业额为基础计算。

城市维护建设税 = 营业税 × 7%(纳税地点在市区)

教育费附加 = 营业税 × 3%

上述关于税率取值规定的计算式如下：
（1）纳税地点在市区的企业。

$$税率(\%) = \frac{1}{1 - 3\% - (3\% \times 7\%) - (3\% \times 3\%)} - 1$$

（2）纳税地点在县城、镇的企业。

$$税率(\%) = \frac{1}{1 - 3\% - (3\% \times 5\%) - (3\% \times 3\%)} - 1$$

（3）纳税地点不在市区、县城、镇的企业。

$$税率(\%) = \frac{1}{1 - 3\% - (3\% \times 1\%) - (3\% \times 3\%)} - 1$$

6.2 传统建筑工程费用的计算方法与程序

6.2.1 建筑工程费用计算方法

1. 建筑工程费用（造价）理论计算方法

建筑安装工程费用（造价）理论计算方法见表 6.2。

表 6.2 建筑安装工程费用（造价）理论计算方法

序 号	费用名称	计 算 式	
（1）	直接费	直接工程费 （定额直接费）	$\sum$(分项工程量 × 定额基价)
		措施费	直接工程费 × 有关措施费费率 或：定额人工费 × 有关措施费费率 或：按规定标准计算
（2）	间接费	（1）× 间接费费率 或：定额人工费 × 间接费费率	
（3）	利 润	[(1)+(2)] × 利润率 或：定额人工费 × 利润率	
（4）	税 金	营业税 = [(1) + (2) + (3)] × $\dfrac{营业税率}{1 - 营业税率}$ 城市维护建设税 = 营业税 × 税率 教育费附加 = 营业税 × 附加税率	
	工程造价	（1）+（2）+（3）+（4）	

2. 建筑工程费用计算的原则

直接工程费根据预算定额基价算出，这具有很强的规范性。按照这一思路，对于措施费、规费、企业管理费等有关费用的计算也必须遵循其规范性，以保证建筑安装工程造价符合社会必要劳动量的水平。为此，工程造价主管部门对各项费用计算作了明确的规定：

（1）建筑工程一般以定额直接费为基础计算各项费用。

（2）安装工程一般以定额人工费为基础计算各项费用。

（3）装饰工程一般以定额人工费为基础计算各项费用。

（4）材料价差不能作为计算间接费等费用的基础。

由于措施费、间接费等费用是按一定的取费基础乘上规定的费率确定的，因此当费率确定后，要求计算基础必须相对稳定。以定额直接费或定额人工费作为取费基础，具有相对稳定性，不管工程在定额执行范围内的什么地方施工，也不管由哪个施工单位施工，都能保证计算出水平较一致的各项费用。

以定额直接费作为取费基础，既考虑了人工消耗与管理费用的内在关系，又考虑了机械台班消耗量对施工企业提高机械化水平的推动作用。

安装工程、建筑装饰工程的材料、设备由于设计的要求不同，使材料费产生较大幅度的变化，而定额人工费具有相对稳定性，再加上措施费、间接费等费用与人员的管理幅度有直接联系，所以安装工程、装饰工程采用定额人工费为取费基础计算各项费用较合理。

6.2.2　建筑工程费用计算程序

建筑安装工程费用计算程序没有全国统一的格式，一般由省、市、自治区工程造价行政主管部门结合本地区具体情况确定。

1. 建筑安装工程费用计算程序的拟定

拟定建筑安装工程费用计算程序主要有两个方面的内容，一是拟定费用项目和计算顺序，二是拟定取费基础和各项费率。

（1）建筑安装工程费用项目及计算顺序的拟定：各地区参照国家主管部门规定的建筑安装工程费用项目和取费基础，结合本地区实际情况拟定费用项目和计算顺序，并颁布在本地区使用的建筑安装工程费用计算程序。

（2）费用计算基础和费率的拟定。

在拟定建筑安装工程费用计算基础时，应遵照国家的有关规定和工程造价的客观经济规律，使工程造价的计算结果较准确地反映本行业的生产力水平。

当取费基础和费用项目确定之后，就可以根据有关资料测算出各项费用的费率，以满足工程造价计算的需要。

2. 建筑安装工程费用计算程序实例

建筑安装工程费用计算程序实例见表 6.3。

表 6.3 建筑工程费用（造价）计算程序实例

费用名称	序号	费用项目		计算式	
				以直接工程费为计算基础	以定额人工费为计算基础
直接费	（一）	直接工程费		∑（分项工程量×定额基价）	∑（分项工程量×定额基价）
	（二）	人工费调整			
	（三）	单项材料价差调整		∑[单位工程某材料用量× （现行材料单价－定额材料单价）]	
	（四）	综合系数调整材料价差		定额材料费×综调系数	
	（五）	措施费	环境保护费	按规定计取	按规定计取
			文明施工费	定额人工费×费率	定额人工费×费率
			安全施工费	定额人工费×费率	定额人工费×费率
			临时设施费	（一）×费率	定额人工费×费率
			夜间施工费	（一）×费率	定额人工费×费率
			二次搬运费	（一）×费率	定额人工费×费率
			大型机械进出场及安拆费	按措施项目定额计算	
			混凝土、钢筋混凝土模板及支架费	按措施项目定额计算	
			脚手架费	按措施项目定额计算	
			已完工程及设备保护费	按措施项目定额计算	
			施工排水、降水费	按措施项目定额计算	
间接费	（六）	规费	工程排污费	按规定计算	
			社会保障费	定额人工费×费率	
			住房公积金	定额人工费×费率	
			危险作业意外伤害保险	定额人工费×费率	
	（七）	企业管理费		[（一）＋（五）]× 企业管理费费率	定额人工费× 企业管理费费率
利润	（八）	利润		[（一）＋（五）＋（七）]× 利润率	定额人工费×利润率
税金	（九）	营业税		[（一）~（八）之和]× 营业税率÷（1－营业税率）	
	（十）	城市维护建设税		（九）×城市维护建设税率	
	（十一）	教育费附加		（九）×教育费附加税率	
工程造价		工程造价		（一）~（十一）之和	

6.3 建筑工程费用计算程序设计方法

建标〔2003〕206 号文件规定的费用项目和《建设工程工程量清单计价规范》（GB 50500—2013）是当前计算工程造价的重要依据。如何根据本地区实际情况运用该费用项目设计出实用的计价程序是工程造价从业人员应该掌握的基本内容。一般来说，要掌握好应用新的费用项目设计出符合实际情况的工程造价计价程序，需要具备以下条件：

（1）工程造价费用项目构成的基本要求。

（2）工程造价费用计算基础及费率的确定方法。

（3）实用工程造价计价程序的设计方法。

6.3.1　工程造价费用项目构成的基本要求

我们知道，不管采用何种计价方式，即定额计价方式或清单计价方式，工程造价总是由直接费、间接费、利润和税金四部分费用构成。也就是不管采用何种费用划分的方法，它们总是可以重新归类为上述四个组成部分的费用。所以，工程造价费用项目构成的基本要求，就是由建标〔2003〕206号文件规定的费用项目和《建设工程工程量清单计价规范》（GB 50500—2013）规定的直接费、间接费、利润和税金构成。

6.3.2　工程造价有关费用的计算基础

工程造价费用计算基础一般有三种情况。其一，以直接费为计算基础；其二，以人工费为计算基础；其三，以人工费加机械费为计算基础。一般情况下，以什么为基础计算各项费用与下列问题有直接关系：① 选择具有相对稳定性的数据为计算基础；② 计算基础与所计算的费用有关联性。

1. 费用计算基础的稳定性特性

我们知道，在定额计价方式下计算间接费时，对同一工程而言，不管是甲承包商还是乙承包商承包工程，其费用总量应该是基本一致的；一个装饰工程不管是采用高档或低档装修材料，其企业管理费应该是基本相同的。因此，费用项目的取费基数应具有稳定性的特性。其稳定性分析如下：

（1）当采用定额基价计算直接费时，因为定额基价是固定不变的，所以，定额直接费具有相对稳定性。体现出了不管是哪个单位施工，哪个时候施工，在哪个地点施工，都具有相对稳定性。

（2）建筑装饰工程采用的装饰材料变化较大，因而其材料费的变化也很大，所以不能以包含材料费的直接费为计算各项费用的基础。这时，采用人工费为基础计算各项费用时，具有相对稳定性。

2. 费用计算基础的关联性

费用计算基础及关联性是指该项费用与计算基础的内容有关。例如，管理人员的工资与所管理的人数量多少有关。当被管理的人增加了，管理人员也需要增加。所以，管理费中的管理人员工资与人工费有关，这种关联性就可以按人工费为基础计算企业管理费。又如，工程排污费与采用的工程材料和施工工艺有关。例如，当设计为水磨石地面时，施工中就会产生水磨石浆的排污费用，所以，该项费用可以按材料费为基础计算。

6.3.3 费用项目费率的确定

当费用项目的计算基础确定后，还要确定对应费用项目的费率。

一般情况下，费用项目的费率是采用统计的方法来确定的。

1. 以直接工程费或直接费为计算基础的费用项目的费率确定

举例如下：

1）环境保护费费率的确定

$$环境保护费 = 直接工程费 \times 环境保护费费率（\%）$$

$$环境保护费费率 = \frac{本项费用年度平均支出}{全年建安产值 \times 直接工程费占总造价比例（\%）}$$

公式解释：

"本项费用年度平均支出"

本项目费用年度平均支出是指最近几年某个施工企业或若干个同类施工企业环境保护费年平均支出的数额。

"全年建安产值"

全年建安产值是指全年完成任务的工程造价数额。

"全年建安产值 × 直接工程费占总造价比例（%）"

"全年建安产值 × 直接工程费占总造价比例（%）"计算出的结果就是直接工程费。

2）企业管理费费率的确定

$$企业管理费费率（\%）= \frac{生产工人年平均管理费}{年有效施工天数 \times 人工单价} \times 人工费占直接费比例（\%）$$

公式解释：

"生产工人年平均管理费"

生产工人年平均管理费是指某个施工企业或若干个同类施工企业每个生产工人每年分摊到的企业管理费的数额。

"年有效施工天数 × 人工单价"

年有效施工天数 × 人工单价是指每个工人每年发生的平均人工费。

$$\frac{"生产工人年平均管理费"}{年有效施工天数 \times 人工单价}$$

（生产工人年平均管理费）÷（年有效施工天数 × 人工单价）的计算结果为：管理费占人工费的比例。

"管理费所占人工费比例 × 人工费所占直接费比例"

"管理费所占人工费比例 × 人工费所占直接费比例"后就转换成了管理费所占直接费的比例。即：

$$\frac{管理费}{人工费} \times \frac{人工费}{直接费} = \frac{管理费}{直接费}$$

2. 以人工费为计算基础的费用项目的费率确定

1）规费费率

$$规费费率（\%）=\frac{\sum 规费缴纳标准 \times 每万元发承包价计算基础}{每万元发承包价中的人工费含量} \times 100\%$$

公式解释：

"∑规费缴纳标准"

规费缴纳标准是指由行政主管部门规定的各有关规费缴纳的计算标准。

"每万元发承包价中的人工费含量"

每万元发承包价中的人工费含量是指每万元发承包价中的人工费数额。

分子的计算结果是指每万元发承包价发生的规费数额。

分数的计算结果是指每万元发承包价发生的规费占每万元发承包价中人工费的比例。

2）企业管理费

$$企业管理费费率（\%）=\frac{生产工人年平均管理费}{年有效施工天数 \times 人工单价} \times 100\%$$

公式解释：

"生产工人年平均管理费"

生产工人年平均管理费是指每个生产工人每年平均分摊管理费的数额。

"年有效施工天数×人工单价"

"年有效施工天数×人工单价"计算出的结果是每个生产工人每年平均人工费的支出数额。

分式的计算结果是企业管理费占人工费的比例。

6.3.4 确定费用项目有关费率的条件

施工图预算和工程量清单报价的费用计算一般按企业等级计取。

某地区费用定额规定，企业管理费根据工程类别确定费率，利润根据企业资质等级确定利润率。建筑工程的企业管理费以定额直接费为计算基础，见表6.4和表6.5。

表 6.4 企业管理费标准

企业等级	计算基础	企业管理费费率（%）
特级	定额直接费	8.0
一级	定额直接费	7.0
二级	定额直接费	6.0
三级	定额直接费	5.0

表 6.5　利润标准

取费级别	计算基础	利润率（%）
特级取费	直接费＋间接费	10
一级取费	直接费＋间接费	8
二级取费	直接费＋间接费	6
三级取费	直接费＋间接费	4

6.3.5　企业资质等级有关规定

2001 年 4 月 18 日建设部发布了第 87 号令，从 2001 年 7 月 1 日起实行《建筑业企业资质管理规定》。

在《建筑业企业资质管理规定》的第二章第五条中规定"建筑业企业资质分为施工总承包、专业承包和劳务分包三个序列"，第三条中规定"施工总承包资质、专业承包资质、劳务分包资质"序列按照工程性质和技术特点分别划分为若干资质类别。各资质类别按照规定的条件分为若干等级。

房屋建筑工程施工总承包企业资质分为特级、一级、二级、三级。

1. 特级资质标准

企业注册资本金 3 亿元以上。

企业净资产 3.6 亿元以上。

企业近三年年平均工程结算收入 15 亿元以上。

企业其他条件均达到一级资质标准。

2. 一级资质标准

（1）企业近五年承担过下列 6 项中的 4 项以上工程的施工总承包或主体工程承包，工程质量合格：

① 25 层以上的房屋建筑工程。

② 高度 100 米以上的构筑物或建筑物。

③ 单体建筑面积 3 万平方米以上的房屋建筑工程。

④ 单跨跨度 30 米以上的房屋建筑工程。

⑤ 建筑面积 10 万平方米以上的住宅小区或建筑群体。

⑥ 单项建安合同额 1 亿元以上的房屋建筑工程。

（2）企业经理具有 10 年以上从事工程管理工作经历或具有高级职称；总工程师具有 10 年以上从事建筑施工技术管理工作经历并具有本专业高级职称；总会计师具有高级会计职称；总经济师具有高级职称。

企业有职称的工程技术和经济管理人员不少于 300 人，其中工程技术人员不少于 200 人；工程技术人员中，具有高级职称的人员不少于 10 人，具有中级职称的人员不少于 60 人。

企业具有的一级资质项目经理不少于 12 人。

（3）企业注册资本金 5 000 万元以上，企业净资产 6 000 万元以上。

（4）企业近三年最高年工程结算收入 2 亿元以上。

（5）企业具有与承包工程范围相适应的施工机械和质量检测设备。

二级、三级资质标准（略）。

6.4　建标〔2013〕44 号文规定的建筑安装工程费用项目组成

6.4.1　按费用构成要素划分

建筑安装工程费按照费用构成要素划分由人工费、材料（包含工程设备，下同）费、施工机具使用费、企业管理费、利润、规费和税金组成。其中人工费、材料费、施工机具使用费、企业管理费和利润包含在分部分项工程费、措施项目费、其他项目费中（见附表）。

1. 人工费

是指按工资总额构成规定，支付给从事建筑安装工程施工的生产工人和附属生产单位工人的各项费用。内容包括：

1）计时工资或计件工资

是指按计时工资标准和工作时间或对已做工作按计件单价支付给个人的劳动报酬。

2）奖金

是指对超额劳动和增收节支支付给个人的劳动报酬。如节约奖、劳动竞赛奖等。

3）津贴补贴

是指为了补偿职工特殊或额外的劳动消耗和因其他特殊原因支付给个人的津贴，以及为了保证职工工资水平不受物价影响支付给个人的物价补贴。如流动施工津贴、特殊地区施工津贴、高温（寒）作业临时津贴、高空津贴等。

4）加班加点工资

是指按规定支付的在法定节假日工作的加班工资和在法定日工作时间外延时工作的加点工资。

5）特殊情况下支付的工资

是指根据国家法律、法规和政策规定，因病、工伤、产假、计划生育假、婚丧假、事假、探亲假、定期休假、停工学习、执行国家或社会义务等原因按计时工资标准或计时工资标准的一定比例支付的工资。

2. 材料费

是指施工过程中耗费的原材料、辅助材料、构配件、零件、半成品或成品、工程设备的费用。内容包括：

1）材料原价

是指材料、工程设备的出厂价格或商家供应价格。

2）运杂费

是指材料、工程设备自来源地运至工地仓库或指定堆放地点所发生的全部费用。

3）运输损耗费

是指材料在运输装卸过程中不可避免的损耗。

4）采购及保管费

是指为组织采购、供应和保管材料、工程设备的过程中所需要的各项费用。包括采购费、仓储费、工地保管费、仓储损耗。

工程设备是指构成或计划构成永久工程一部分的机电设备、金属结构设备、仪器装置及其他类似的设备和装置。

3. 施工机具使用费

是指施工作业所发生的施工机械、仪器仪表使用费或其租赁费。

1）施工机械使用费

以施工机械台班耗用量乘以施工机械台班单价表示，施工机械台班单价应由下列七项费用组成：

（1）折旧费。指施工机械在规定的使用年限内，陆续收回其原值的费用。

（2）大修理费。指施工机械按规定的大修理间隔台班进行必要的大修理，以恢复其正常功能所需的费用。

（3）经常修理费。指施工机械除大修理以外的各级保养和临时故障排除所需的费用。包括为保障机械正常运转所需替换设备与随机配备工具附具的摊销和维护费用，机械运转中日常保养所需润滑与擦拭的材料费用及机械停滞期间的维护和保养费用等。

（4）安拆费及场外运费。安拆费指施工机械（大型机械除外）在现场进行安装与拆卸所需的人工、材料、机械和试运转费用以及机械辅助设施的折旧、搭设、拆除等费用；场外运费指施工机械整体或分体自停放地点运至施工现场或由一施工地点运至另一施工地点的运输、装卸、辅助材料及架线等费用。

（5）人工费。指机上司机（司炉）和其他操作人员的人工费。

（6）燃料动力费。指施工机械在运转作业中所消耗的各种燃料及水、电等。

（7）税费。指施工机械按照国家规定应缴纳的车船使用税、保险费及年检费等。

2）仪器仪表使用费

是指工程施工所需使用的仪器仪表的摊销及维修费用。

4. 企业管理费

是指建筑安装企业组织施工生产和经营管理所需的费用。内容包括：

1）管理人员工资

是指按规定支付给管理人员的计时工资、奖金、津贴补贴、加班加点工资及特殊情况下支付的工资等。

2）办公费

是指企业管理办公用的文具、纸张、账表、印刷、邮电、书报、办公软件、现场监控、会议、水电、烧水和集体取暖降温（包括现场临时宿舍取暖降温）等费用。

3）差旅交通费

是指职工因公出差、调动工作的差旅费、住勤补助费，市内交通费和误餐补助费，职工探亲路费，劳动力招募费，职工退休、退职一次性路费，工伤人员就医路费，工地转移费以及管理部门使用的交通工具的油料、燃料等费用。

4）固定资产使用费

是指管理和试验部门及附属生产单位使用的属于固定资产的房屋、设备、仪器等的折旧、大修、维修或租赁费。

5）工具用具使用费

是指企业施工生产和管理使用的不属于固定资产的工具、器具、家具、交通工具和检验、试验、测绘、消防用具等的购置、维修和摊销费。

6）劳动保险和职工福利费

是指由企业支付的职工退职金、按规定支付给离休干部的经费，集体福利费、夏季防暑降温补贴、冬季取暖补贴、上下班交通补贴等。

7）劳动保护费

是指企业按规定发放的劳动保护用品的支出。如工作服、手套、防暑降温饮料以及在有碍身体健康的环境中施工的保健费用等。

8）检验试验费

是指施工企业按照有关标准规定，对建筑以及材料、构件和建筑安装物进行一般鉴定、检查所发生的费用，包括自设试验室进行试验所耗用的材料等费用。不包括新结构、新材料的试验费，对构件做破坏性试验及其他特殊要求检验试验的费用和建设单位委托检测机构进行检测的费用，对此类检测发生的费用，由建设单位在工程建设其他费用中列支。但对施工企业提供的具有合格证明的材料进行检测不合格的，该检测费用由施工企业支付。

9）工会经费

是指企业按《工会法》规定的全部职工工资总额比例计提的工会经费。

10）职工教育经费

是指按职工工资总额的规定比例计提，企业为职工进行专业技术和职业技能培训，专业技术人员继续教育、职工职业技能鉴定、职业资格认定以及根据需要对职工进行各类文化教育所发生的费用。

11）财产保险费

是指施工管理用财产、车辆等的保险费用。

12）财务费

是指企业为施工生产筹集资金或提供预付款担保、履约担保、职工工资支付担保等所发生的各种费用。

13）税金

是指企业按规定缴纳的房产税、车船使用税、土地使用税、印花税等。

14）其他

包括技术转让费、技术开发费、投标费、业务招待费、绿化费、广告费、公证费、法律顾问费、审计费、咨询费、保险费等。

5. 利　润

是指施工企业完成所承包工程获得的盈利。

6. 规　费

是指按国家法律、法规规定，由省级政府和省级有关权力部门规定必须缴纳或计取的费用。包括：

1）社会保险费

（1）养老保险费。是指企业按照规定标准为职工缴纳的基本养老保险费。

（2）失业保险费。是指企业按照规定标准为职工缴纳的失业保险费。

（3）医疗保险费。是指企业按照规定标准为职工缴纳的基本医疗保险费。

（4）生育保险费。是指企业按照规定标准为职工缴纳的生育保险费。

（5）工伤保险费。是指企业按照规定标准为职工缴纳的工伤保险费。

2）住房公积金

是指企业按规定标准为职工缴纳的住房公积金。

3）工程排污费

是指按规定缴纳的施工现场工程排污费。

其他应列而未列入的规费，按实际发生计取。

7. 税　金

是指国家税法规定的应计入建筑安装工程造价内的营业税、城市维护建设税、教育费附加以及地方教育附加。

6.4.2　按造价形成划分

建筑安装工程费按照工程造价形成由分部分项工程费、措施项目费、其他项目费、规费、税金组成。其中分部分项工程费、措施项目费、其他项目费包含人工费、材料费、施工机具使用费、企业管理费和利润（见附表）。

1. 分部分项工程费

是指各专业工程的分部分项工程应予列支的各项费用。

1）专业工程

是指按现行国家计量规范划分的房屋建筑与装饰工程、仿古建筑工程、通用安装工程、市政工程、园林绿化工程、矿山工程、构筑物工程、城市轨道交通工程、爆破工程等各类工程。

2）分部分项工程

指按现行国家计量规范对各专业工程划分的项目。如房屋建筑与装饰工程划分的土石方工程、地基处理与桩基工程、砌筑工程、钢筋及钢筋混凝土工程等。

各类专业工程的分部分项工程划分见现行国家或行业计量规范。

2. 措施项目费

是指为完成建设工程施工，发生于该工程施工前和施工过程中的技术、生活、安全、环境保护等方面的费用。内容包括：

1）安全文明施工费

（1）环境保护费。是指施工现场为达到环保部门要求所需要的各项费用。

（2）文明施工费。是指施工现场文明施工所需要的各项费用。

（3）安全施工费。是指施工现场安全施工所需要的各项费用。

（4）临时设施费。是指施工企业为进行建设工程施工所必须搭设的生活和生产用的临时建筑物、构筑物和其他临时设施费用。包括临时设施的搭设、维修、拆除、清理费或摊销费等。

2）夜间施工增加费

是指因夜间施工所发生的夜班补助费、夜间施工降效、夜间施工照明设备摊销及照明用电等费用。

3）二次搬运费

是指因施工场地条件限制而发生的材料、构配件、半成品等一次运输不能到达堆放地点，必须进行二次或多次搬运所发生的费用。

4）冬雨季施工增加费

是指在冬季或雨季施工需增加的临时设施、防滑、排除雨雪、人工及施工机械效率降低等费用。

5）已完工程及设备保护费

是指竣工验收前，对已完工程及设备采取的必要保护措施所发生的费用。

6）工程定位复测费

是指工程施工过程中进行全部施工测量放线和复测工作的费用。

7）特殊地区施工增加费

是指工程在沙漠或其边缘地区、高海拔、高寒、原始森林等特殊地区施工增加的费用。

8）大型机械设备进出场及安拆费

是指机械整体或分体自停放场地运至施工现场或由一个施工地点运至另一个施工地点，所发生的机械进出场运输及转移费用以及机械在施工现场进行安装、拆卸所需的人工费、材料费、机械费、试运转费和安装所需的辅助设施的费用。

9）脚手架工程费

是指施工需要的各种脚手架搭、拆、运输费用以及脚手架购置费的摊销（或租赁）费用。措施项目及其包含的内容详见各类专业工程的现行国家或行业计量规范。

3．其他项目费

1）暂列金额

是指建设单位在工程量清单中暂定并包括在工程合同价款中的一笔款项。用于施工合同签订时尚未确定或者不可预见的所需材料、工程设备、服务的采购，施工中可能发生的工程变更、合同约定调整因素出现时的工程价款调整以及发生的索赔、现场签证确认等的费用。

2）计日工

是指在施工过程中，施工企业完成建设单位提出的施工图纸以外的零星项目或工作所需的费用。

3）总承包服务费

是指总承包人为配合、协调建设单位进行的专业工程发包，对建设单位自行采购的材料、工程设备等进行保管以及施工现场管理、竣工资料汇总整理等服务所需的费用。

4．规　费

同费用构成要素划分定义。

5．税　金

同费用构成要素划分定义。

6.5　工程造价计价程序设计

工程造价计价程序的三项主要内容是：费用项目、计算标准和计价程序。

6.5.1　施工图预算工程造价计算程序设计

1．工程造价费用项目的确定

工程造价计价程序一般由该地区工程造价主管部门制定。各地区在确定工程造价的费用项目时，一般要根据上级主管部门的文件精神再结合本地区实际情况作出规定。例如，某地区根据建设部 206 号文件的精神规定的工程造价费用项目见表 6.6。

表 6.6　建筑工程造价费用项目构成

			人工费
建筑工程造价	直接费	直接工程费	材料费
			机械使用费
		措施费	文明施工费
			安全施工费
			环境保护费
			临时设施费
			二次搬运费
			脚手架费
			大型机械设备进出场及安拆费
			混凝土模板及支架费
	间接费	企业管理费	管理人员工资等
		规费	社会保障费
			住房公积金
			危险作业意外伤害险
			工程排污费
	利　润		
	税　金		城市维护建设税
			教育费附加
			营业税

2. 计算标准的确定

工程造价各项费用的计算标准主要包括两个方面，一是计算基数，二是对应的费率。当计算基数确定后，各项费用的费率一般通过历史数据采用统计的方法确定。

例如，某地区一级施工企业以直接费为计算基础的各项费用的费率确定见表 6.7。

表 6.7　某地区一级施工企业以直接费为计算基础的各项费用的费率

费用名称	计算基础	费率（%）
环境保护费	定额直接费	0.4
安全文明施工费	定额人工费	1.5
临时设施费	定额直接费	2.0
二次搬运费	定额直接费	0.3
企业管理费	定额直接费	7.0
社会保障费	定额人工费	16
住房公积金	定额人工费	6
利　润	直接费＋间接费	8.0
税　金	直接费＋间接费＋利润	3.48

3. 计价程序设计

上级主管部门有关文件规定的计价程序通常比较简略。要将该规定转换成本地区实用的工程造价计价程序，还需进一步细化。例如，将建标〔2003〕206 号文件规定的"工料单价法"中的直接工程费为计算基础的计价程序见表 6.8。

表 6.8　工料单价法计价程序

序　号	费用项目	计算方法	备　注
（1）	直接工程费 （定额直接费）	按预算表	
（2）	措施费	按规定标准计算	
（3）	小　计	（1）＋（2）	
（4）	间接费	（3）×相应费率	
（5）	利　润	[(3)＋(4)]×利润率	
（6）	合　计	（3）＋（4）＋（5）	
（7）	含税工程造价	（6）×（1＋税率）	

可以看出，上述计价程序显然不能满足本地区计算工程造价的需要。所以，我们要进一步设计细化的实用计价程序。

应该指出，在设计地区计价程序时，要贯彻主管部门文件规定的精神，要符合本地区的工程造价计算的客观情况，要符合基本经济理论的要求。

例如，根据上述地区费用项目、计算标准的具体情况和建标〔2003〕206 号文件精神，设计出的实用的计价程序见表 6.9（工料单价法）和表 6.10（单位估价法）。

表 6.9　建筑工程造价计价程序（工料单价法）

序　号	费用项目	计算方法	备　注
（1）	直接工程费 　其中 人工费： 　　　材料费： 　　　机械费：	按预算表	
（2）	安全施工费	（1）×对应费率	
（3）	文明施工费	（1）×对应费率	
（4）	临时设施费	（1）×对应费率	
（5）	二次搬运费	（1）×对应费率	
（6）	脚手架费	按有关标准计算	
（7）	大型机械设备进场及安拆费	按有关标准计算	
（8）	混凝土模板及支架费	按有关标准计算	
（9）	措施费小计	（2）~（9）之和	
（10）	企业管理费	[（1）＋（9）]×对应费率	
（11）	工程排污费	[（1）＋（9）]×对应费率	

序 号	费用项目	计算方法	备 注
（12）	社会保障费	[（1）＋（9）]×对应费率	
（13）	住房公积金	[（1）＋（9）]×对应费率	
（14）	危险作业意外伤害险	[（1）＋（9）]×对应费率	
（15）	规费小计	（11）＋（12）＋（13）＋（14）	
（16）	利 润	[（1）＋（9）＋（10）＋（15）]×对应费率	
（17）	合 计	（1）＋（9）＋（10）＋（15）＋（16）	
（18）	税 金	（17）×对应税率	
（19）	工程造价	（17）＋（18）	

表 6.10 建筑工程造价计价程序（单位估价法）

序 号	费用项目	计算方法	备 注
（1）	直接工程费 其中 人工费： 材料费： 机械费：	见定额直接费计算表	
（2）	人工费调整		
（3）	材料价差调整	见材料价差调整表	
（4）	安全施工费	（1）×对应费率	
（5）	文明施工费	（1）×对应费率	
（6）	临时设施费	（1）×对应费率	
（7）	二次搬运费	（1）×对应费率	
（8）	脚手架费	按有关标准计算	
（9）	大型机械设备进场及安拆费	按有关标准计算	
（10）	混凝土模板及支架费	按有关标准计算	
（11）	措施费小计	（4）～（10）之和	
（12）	企业管理费	（1）＋（11）×对应费率	
（13）	工程排污费	（1）＋（11）×对应费率	
（14）	社会保障费	定额人工费×对应费率	
（15）	住房公积金	定额人工费×对应费率	
（16）	危险作业意外伤害险	定额人工费×对应费率	
（17）	规费小计	（13）＋（14）＋（15）＋（16）	
（18）	利 润	[（1）＋（11）＋（12）＋（17）]× 对应费率	
（19）	合 计	（1）＋（2）＋（3）＋（11）＋ （12）＋（17）＋（18）	
（20）	税 金	（19）×对应税率	
（21）	工程造价	（19）＋（20）	

4. 工程造价计算实例

某地区某综合楼工程的有关条件和数据如下，根据这些资料和上述计算标准及计价程序计算该工程的工程造价。

企业等级：一级

定额人工费：750 000 元

定额材料费：5 250 000 元

定额机械费：420 000 元

材料价差：2 043 元

脚手架费：35 000 元

大型机械设备进场及安拆费：40 000 元

混凝土模板及支架费：88 000 元

按表 6.11 中的费用项目根据某地区文件规定计算各项费用。

某综合楼建筑工程造价计算见计算表 6.11。

表 6.11　某综合楼建筑工程预算造价计算表（单位估价法）

序　号	费用名称	计算式	金额（元）
（1）	直接工程费（定额直接费） 其中：人工费 750 000 材料费 5 250 000 机械费 420 000	见定额直接费计算表	6 420 000
（2）	人工费调整	—	
（3）	材料价差调整	见材料价差调整表	2 043
（4）	安全文明施工费	6 420 000×1.5%	96 300
（5）	临时设施费	6 420 000×2.5%	160 500
（6）	二次搬运费	6 420 000×1.0%	64 200
（7）	脚手架费	见计算表	35 000
（8）	大型机械设备进场及安拆费	见计算表	40 000
（9）	混凝土模板及支架费	见计算表	88 000
（10）	措施费小计	（4）~（9）之和	484 000
（11）	企业管理费	6 420 000×7%	449 400
（12）	社会保障费	750 000×16%	120 000
（13）	住房公积金	750 000×6%	45 000
（14）	规费小计	（12）+（13）	165 000
（15）	利　润	7 518 400×8.0%	601 472
（16）	合　计	（1）+（2）+（3）+（10）+（11）+（14）+（15）	8 119 872
（17）	税　金	8 119 872×3.48%	282 571.55
（18）	预算造价	（16）+（17）	8 402 443.55

6.5.2 工程量清单计价的工程造价程序设计

1. 工程量清单计价的工程造价费用项目确定

工程量清单计价工程造价费用项目计价程序由《建设工程工程量清单计价规范》确定。各地区根据上级主管部门的文件精神再结合本地区实际情况作出安全文明施工费和各种规费的计算基数及费率规定。例如，根据《建设工程工程量清单计价规范》（GB50500—2013）和建标〔2013〕44号文规定的工程量清单计价工程造价费用项目见表6.12。

表 6.12 工程量清单计价费用项目构成

建筑工程量清单计价	分部分项工程费		人工费
			材料费
			施工机具使用费
			企业管理费
			利润
			风险费
	措施项目费	总价措施项目费	安全文明施工费
			夜间施工增加费
			二次搬运费
			冬雨季施工增加费
			大型机械设备进出场及安拆费
			工程定位复测费
			特殊地区施工增加费
			已完工程及设备保护
		单价措施项目费	混凝土、钢筋混凝土模板及支架
			脚手架
			垂直运输费
			建筑物超高施工增加费
	其他项目费		暂列金额
			暂估价
			计日工
			总承包服务费
	规费		工程排污费
			社会保险费
			住房公积金
	税金		营业税
			城市维护建设税
			教育费附加
			地方教育附加

2. 计算标准的确定

建筑工程量清单报价的各项费用的计算标准主要包括两个方面，一是计算基数，二是对应的费率。

当计算基数确定后，各项费用的费率由各地区确定。

例如，某地区以计价定额人工费为计算基础的安全文明施工基本费费率表（工程在市区时）见表 6.13。

表 6.13　某地区安全文明施工基本费费率表（工程在市区时）

序　号	项目名称	工程类型	取费基础	计价定额费率（%）
一	环境保护费 基本费费率			0.5
二	文明施工 基本费费率	建筑工程	分部分项 工程量清 单项目定 额人工费	6.5
		单独装饰工程、单独安装工程		2
三	安全施工 基本费费率	建筑工程		9.5
		单独装饰工程、单独安装工程		3.5
四	临时设施 基本费费率	建筑工程		9.5
		单独装饰工程、单独安装工程		6.5

又如，某地区以计价定额人工费和措施项目清单定额人工费为计算基础的规费标准见表 6.14。

表 6.14　某地区规费标准

序　号	规费名称	计费基础	规费费率（%）
1	养老保险费	分部分项清单定额人工费 + 单价措施项目清单定额人工费	6.0～11.0
2	失业保险费	分部分项清单定额人工费 + 单价措施项目清单定额人工费	0.6～1.1
3	医疗保险费	分部分项清单定额人工费 + 单价措施项目清单定额人工费	3.0～4.5
4	生育保险费	分部分项清单定额人工费 + 单价措施项目清单定额人工费	0.2～0.4
5	工伤保险费	分部分项清单定额人工费 + 单价措施项目清单定额人工费	0.8～1.3
6	住房公积金	分部分项清单定额人工费 + 单价措施项目清单定额人工费	2.0～5.0
7	工程排污费	分部分项清单定额人工费 + 单价措施项目清单定额人工费	按地区规定

又如，某地区以"分部分项工程量清单费 + 措施项目清单费 + 其他项目清单费 + 规费"为计算基础的税金计算标准见表 6.15。

表 6.15　某地区税金计取标准

项　目	税　率	计 算 基 础
营业税、城市维护建设税、教育费附加、地方教育附加	1. 工程在市区时：3.48% 2. 工程在县城、镇时：3.41% 3. 工程不在市区、县城、镇时：3.28%	分部分项工程量清单费＋措施项目清单费＋其他项目清单费＋规费

6.5.3　按 44 号文设计的建筑安装工程施工图预算费用（造价）计算（程序）

根据建标〔2013〕44 号文设计的建筑安装工程施工图预算费用（造价）计算（程序）见表 6.16。

93

表 6.16　建筑安装工程施工图预算造价费用计算（程序）表

工程名称：　　　　　　　　　　　　　　　　　　　　　　　　　　　　第　页共　页

序号	费用名称		计算式（基数）	费率（%）	金额（元）	合计（元）
1	分部分项工程费	人工费	Σ（工程量×定额基价）			
		材料费				
		机械费				
		管理费	Σ（分部分项工程定额人工费+定额机械费）			
		利润	Σ（分部分项工程定额人工费+定额机械费）			
2	措施项目费	单价措施费	Σ（工程量×定额基价）			
			管理费、利润			
	总价措施费	安全文明施工费	分部分项工程、单价措施项目定额人工费			
		夜间施工增加费				
		二次搬运费				
		冬雨季施工增加费				
3	其他项目费	总承包服务费	招标人分包工程造价			
4	规费	社会保险费	分部分项工程定额人工费+单价措施项目定额人工费			
		住房公积金				
		工程排污费	按工程所在地规定计算（分部分项工程定额直接费）			
5	人工价差调整		定额人工费×调整系数			
6	材料价差调整		见材料价差计算表			
7	税金		（序1+序2+序3+序4+序5+序6）			
	预算造价		（序1+序2+序3+序4+序5+序6+序7）			

7 建筑面积计算

7.1 建筑面积的概念

建筑面积亦称建筑展开面积，是建筑物各层面积的总和。建筑面积包括附属于建筑物的室外阳台、雨篷、檐廊、室外走廊、室外楼梯等。

建筑面积包括使用面积、辅助面积和结构面积三部分。

7.1.1 使用面积

使用面积是指建筑物各层平面中直接为生产或生活使用的净面积之和。例如，住宅建筑中的居室、客厅、书房，卫生间、厨房等。

7.1.2 辅助面积

辅助面积是指建筑物各层平面中为辅助生产或辅助生活所占的净面积之和。例如，住宅建筑中的楼梯、走道等。使用面积与辅助面积之和称有效面积。

7.1.3 结构面积

结构面积是指建筑物各层平面中的墙、柱等结构所占的面积之和。

7.2 建筑面积的作用

7.2.1 重要管理指标

建筑面积是建设投资、建设项目可行性研究、建设项目勘察设计、建设项目评估、建设项目招标投标、建筑工程施工和竣工验收、建设工程造价管理、建筑工程造价控制等一系列管理工作的重要指标。

7.2.2 重要技术指标

建筑面积是计算开工面积、竣工面积、优良工程率、建筑装饰规模等重要的技术指标。

7.2.3 重要经济指标

建筑面积是计算建筑、装饰等单位工程或单项工程的单位面积工程造价、人工消耗指标、机械台班消耗指标、工程量消耗指标的重要经济指标。

各经济指标的计算公式如下：

$$每平方米工程造价 = \frac{工程造价}{建筑面积} \ (元/m^2)$$

$$每平方米人工消耗 = \frac{单位工程用工量}{建筑面积} \ (工日/m^2)$$

$$每平方米材料消耗 = \frac{单位工程某材料用量}{建筑面积} \ (kg/m^2 、m^3/m^2 等)$$

$$每平方米机械台班消耗 = \frac{单位工程某机械台班用量}{建筑面积} \ (台班/m^2等)$$

$$每平方米工程量 = \frac{单位工程某项工程量}{建筑面积} \ (m^2/m^2 、m/m^2 等)$$

7.2.4 重要计算依据

建筑面积是计算有关工程量的重要依据。例如，装饰用满堂脚手架工程量等。

综上所述，建筑面积是重要的技术经济指标，在全面控制建筑、装饰工程造价和建设过程中起着重要作用。

7.3 建筑面积计算规则

由于建筑面积是计算各种技术经济指标的重要依据，这些指标又起着衡量和评价建设规模、投资效益、工程成本等方面重要尺度的作用。因此，中华人民共和国住房和城乡建设部颁发了《建筑工程建筑面积计算规范》（GB/T 50353—2013），规定了建筑面积的计算方法。

《建筑工程建筑面积计算规范》主要规定了三个方面的内容：

（1）计算全部建筑面积的范围和规定；

（2）计算部分建筑面积的范围和规定；

（3）不计算建筑面积的范围和规定。

这些规定主要基于以下几个方面的考虑。

① 尽可能准确地反映建筑物各组成部分的价值量。例如：有柱雨篷应按其结构板水平投影面积的 1/2 计算建筑面积；建筑物间有围护结构的走廊（增加了围护结构的工料消耗）应按其围护结构外围水平面积计算全面积。又如：多层建筑坡屋顶内和场馆看台下的建筑空间，结构净高在 2.10 m 及以上的部位应计算全面积；结构净高在 1.20 m 及以上至 2.10 m 以下的部位应计算 1/2 面积；结构净高在 1.20 m 以下的部位不应计算建筑面积。

② 通过建筑面积计算规范的规定，简化建筑面积的计算过程。例如，附墙柱、垛等不计算建筑面积。

7.4 应计算建筑面积的范围

7.4.1 建筑物建筑面积计算

1. 计算规定

建筑物的建筑面积应按自然层外墙结构外围水平面积之和计算。结构层高在 2.20 m 及以上的，应计算全面积；结构层高在 2.20 m 以下的，应计算 1/2 面积。

2. 计算规定解读

（1）建筑物可以是民用建筑、公共建筑，也可以是工业厂房。

（2）建筑面积只包括外墙的结构面积，不包括外墙抹灰厚度、装饰材料厚度所占的面积。如图 7.1 所示，其建筑面积为 $S = a \times b$（外墙外边尺寸，不含勒脚厚度）。

（3）当外墙结构本身在一个层高范围内不等厚时，以楼地面结构标高处的外围水平面积计算。

7.4.2 局部楼层建筑面积计算

1. 计算规定

建筑物内设有局部楼层时，对于局部楼层的二层及以上楼层，有围护结构的应按其围护结构外围水平面积计算，无围护结构的应按其结构底板水平面积计算，且结构层高在 2.20 m 及以上的，应计算全面积，结构层高在 2.20 m 以下的，应计算 1/2 面积。

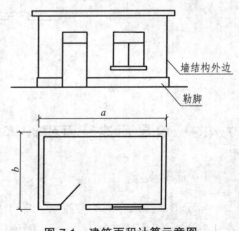

图 7.1 建筑面积计算示意图

2. 计算规定解读

（1）单层建筑物内设有部分楼层的例子见图 7.2。这时，局部楼层的围护结构墙厚应包括在楼层面积内。

（2）本规定没有说不算建筑面积的部位，我们可以理解为局部楼层层高一般不会低于 1.20 m。

例 7.1：根据图 7.2 计算该建筑物的建筑面积（墙后均为 240 mm）。

解：

$$底层建筑面积 = (6.0 + 4.0 + 0.24) \times (3.30 + 2.70 + 0.24)$$
$$= 10.24 \times 6.24$$
$$= 63.90 \text{ m}^2$$

$$楼隔层建筑面积 = (4.0 + 0.24) \times (3.30 + 0.24)$$
$$= 4.24 \times 3.54$$
$$= 15.01 \text{ m}^2$$

$$全部建筑面积 = 63.90 + 15.01 = 78.91 \text{ m}^2$$

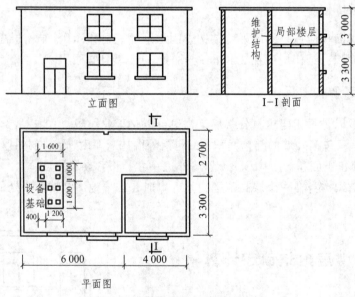

图 7.2　建筑物局部楼层示意图

7.4.3　坡屋顶建筑面积计算

1. 计算规定

对于形成建筑空间的坡屋顶，结构净高在 2.10 m 及以上的部位应计算全面积；结构净高在 1.20 m 及以上至 2.10 m 以下的部位应计算 1/2 面积；结构净高在 1.20 m 以下的部位不应计算建筑面积。

2. 计算规定解读

多层建筑坡屋顶内和场馆看台下的空间应视为坡屋顶内的空间，设计加以利用时，应按其结构净高确定其建筑面积的计算；设计不利用的空间，不应计算建筑面积，其示意图见图7.3。

例7.2： 根据图7.3中所示尺寸，计算坡屋顶内的建筑面积。

解：

·应计算1/2面积：（A$_轴$ ~ B$_轴$）

$$S_1 = (2.70 - 0.40) \times \overset{坡屋面长}{5.34} \times 0.50 = 6.15 \ \text{m}^2$$
$$\overset{符合1.2m高的宽}{}$$

·应计算全部面积：（B$_轴$ ~ C$_轴$）

$$S_2 = 3.60 \times 5.34 = 19.22 \ \text{m}^2$$

小计：$S_1 + S_2 = 6.15 + 19.22 = 25.37 \ \text{m}^2$

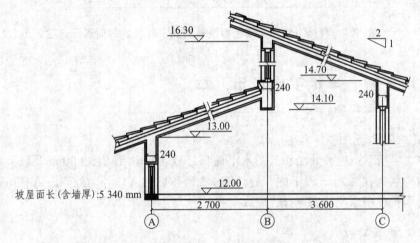

图7.3　利用坡屋顶空间应计算建筑面积示意图

7.4.4　看台下的建筑空间悬挑看台建筑面积计算

1. 计算规定

对于场馆看台下的建筑空间，结构净高在2.10 m及以上的部位应计算全面积；结构净高在1.20 m及以上至2.10 m以下的部位应计算1/2面积；结构净高在1.20 m以下的部位不应计算建筑面积。室内单独设置的有围护设施的悬挑看台，应按看台结构底板水平投影面积计算建筑面积。有顶盖无围护结构的场馆看台应按其顶盖水平投影面积的1/2计算面积。

2. 计算规定解读

场馆看台下的建筑空间因其上部结构多为斜（或曲线）板，所以采用净高的尺寸划定建筑面积的计算范围和对应规则,其示意图见图 7.4。

室内单独设置的有围护设施的悬挑看台,因其看台上部设有顶盖且可供人使用,所以按看台板的结构底板水平投影计算建筑面积。这一规定与建筑物内阳台的建筑面积计算规定是一致的。

室内单独设置的有围护设施的悬挑看台,应按看台结构底板水平投影面积计算建筑面积。

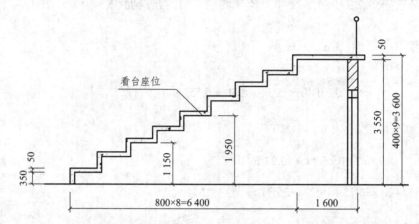

图 7.4　看台下空间(场馆看台剖面图)计算建筑面积示意图

7.4.5　地下室、半地下室及出入口

1. 计算规定

地下室、半地下室应按其结构外围水平面积计算。结构层高在 2.20 m 及以上的,应计算全面积;结构层高在 2.20 m 以下的,应计算 1/2 面积。出入口外墙外侧坡道有顶盖的部位,应按其外墙结构外围水平面积的 1/2 计算面积。

2. 计算规定解读

(1)地下室采光井是为了满足地下室的采光和通风要求设置的。一般在地下室围护墙上口开设一个矩形或其他形状的竖井,井的上口一般设有铁栅,井的一个侧面安装采光和通风用的窗子。见图 7.5。

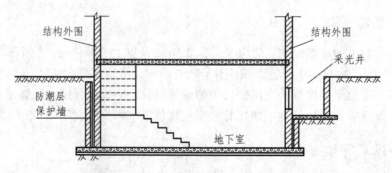

图 7.5　地下室建筑面积计算示意图

（2）以前的计算规则规定：按地下室、半地室上口外墙外围水平面积计算，文字上不甚严密，"上口外墙"容易被理解成为地下室、半地下室的上一层建筑的外墙。因为通常情况下，上一层建筑外墙与地下室墙的中心线不一定完全重叠，多数情况是凹进或凸出地下室外墙中心线。所以要明确规定地下室、半地下室应以其结构外围水平面积计算建筑面积。

（3）出入口坡道分有顶盖出入口坡道和无顶盖出入口坡道，出入口坡道顶盖的挑出长度，为顶盖结构外边线至外墙结构外边线的长度；顶盖以设计图纸为准，对后增加及建设单位自行增加的顶盖等，不计算建筑面积。顶盖不分材料种类（如钢筋混凝土顶盖、彩钢板顶盖、阳光板顶盖等）。地下室出入口见图 7.6。

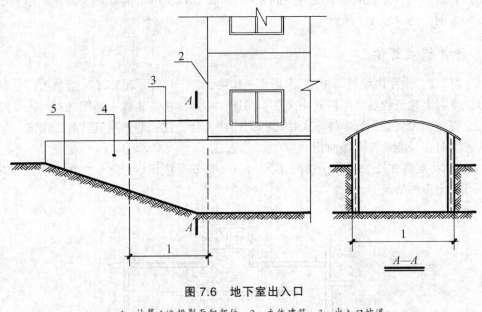

图 7.6　地下室出入口

1—计算 1/2 投影面积部位；2—主体建筑；3—出入口坡道；
4—封闭出入口侧墙；5—出入口坡道

7.4.6　建筑物架空层及坡地建筑物吊脚架空层建筑面积计算

1. 计算规定

建筑物架空层及坡地建筑物吊脚架空层，应按其顶板水平投影计算建筑面积。结构层高在 2.20 m 及以上的，应计算全面积；结构层高在 2.20 m 以下的，应计算 1/2 面积。

2. 计算规定解读

（1）建于坡地的建筑物吊脚架空层示意见图 7.7。

（2）本规定既适用于建筑物吊脚架空层、深基础架空层建筑面积的计算，也适用于目前部分住宅、学

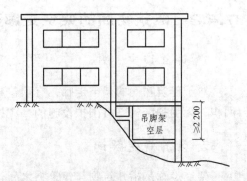

图 7.7　坡地建筑物吊脚架空层示意图

校教学楼等工程在底层架空或在二楼或以上某个甚至多个楼层架空，作为公共活动、停车、绿化等空间的建筑面积的计算。架空层中有围护结构的建筑空间按相关规定计算。

7.4.7 门厅、大厅及设置的走廊建筑面积计算

1. 计算规定

建筑物的门厅、大厅应按一层计算建筑面积，门厅、大厅内设置的走廊应按走廊结构底板水平投影面积计算建筑面积。结构层高在 2.20 m 及以上的，应计算全面积；结构层高在 2.20 m 以下的，应计算 1/2 面积。

2. 计算规定解读

（1）"门厅、大厅内设置的走廊"，是指建筑物大厅、门厅的上部（一般该大厅、门厅占二个或二个以上建筑物层高）四周向大厅、门厅、中间挑出的走廊。如图 7.8。

（2）宾馆、大会堂、教学楼等大楼内的门厅或大厅，往往要占建筑物的二层或二层以上的层高，这时也只能计算一层面积。

（3）"结构层高在 2.20 m 以下的，应计算 1/2 面积"应该指门厅、大厅内设置的走廊结构层高可能出现的情况。

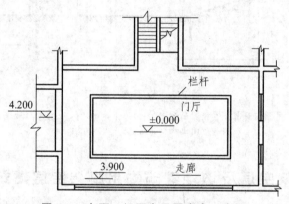

图 7.8 大厅、门厅内设置走廊示意图

7.4.8 建筑物间的架空走廊建筑面积计算

1. 计算规定

对于建筑物间的架空走廊，有顶盖和围护设施的，应按其围护结构外围水平面积计算全面积；无围护结构、有围护设施的，应按其结构底板水平投影面积计算 1/2 面积。

2. 计算规定解读

架空走廊是指建筑物与建筑物之间，在二层或二层以上专门为水平交通设置的走廊。无

维护结构架空走廊示意见图 7.9。有维护结构架空走廊示意见图 7.10。

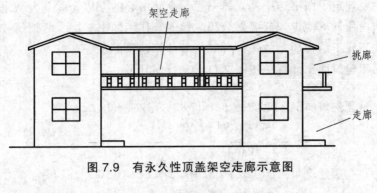

图 7.9　有永久性顶盖架空走廊示意图

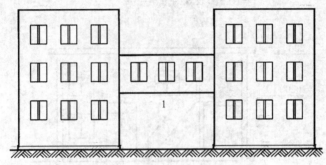

图 7.10　有围护结构的架空走廊

1—架空走廊

7.4.9　建筑物内门厅、大厅

计算规定

建筑物的门厅、大厅按一层计算建筑面积。门厅、大厅内设有回廊时，应按其结构底板水平面积计算。层高在 2.20 m 及以上者应计算全面积；层高不足 2.20 m 者应计算 1/2 面积。

7.4.10　立体书库、立体仓库、立体车库建筑面积计算

1. 计算规定

对于立体书库、立体仓库、立体车库，有围护结构的，应按其围护结构外围水平面积计算建筑面积；无围护结构、有围护设施的，应按其结构底板水平投影面积计算建筑面积。无结构层的应按一层计算，有结构层的应按其结构层面积分别计算。结构层高在 2.20 m 及以上的，应计算全面积；结构层高在 2.20 m 以下的，应计算 1/2 面积。

2. 计算规定解读

（1）本条主要规定了图书馆中的立体书库、仓储中心的立体仓库、大型停车场的立体车库等建筑的建筑面积计算规定。起局部分隔、存储等作用的书架层、货架层或可升降的立体钢结构停车层均不属于结构层，故该部分隔层不计算建筑面积。

（2）立体书库建筑面积计算（按图7.11计算）如下：

$$底层建筑面积 = (2.82 + 4.62) \times (2.82 + 9.12) + \overset{楼梯}{3.0 \times 1.20}$$
$$= 7.44 \times 11.94 + 3.60$$
$$= 92.43 \text{ m}^2$$

$$结构层建筑面积 = (4.62 + 2.82 + 9.12) \times 2.82 \times 0.50(层高2 \text{ m})$$
$$= 16.56 \times 2.82 + 0.50$$
$$= 23.35 \text{ m}^2$$

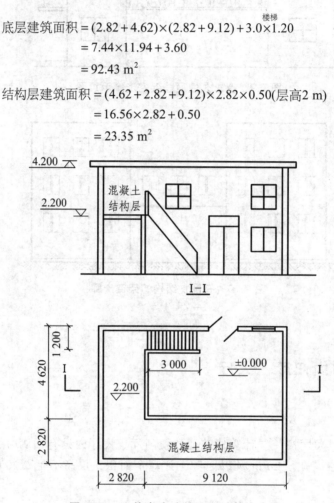

图 7.11 立体书库建筑面积计算示意图

7.4.11 舞台灯光控制室

1. 计算规定

有围护结构的舞台灯光控制室，应按其围护结构外围水平面积计算。结构层高在2.20 m及以上的，应计算全面积；结构层高在2.20 m以下的，应计算1/2面积。

2. 计算规定解读

如果舞台灯光控制室有围护结构且只有一层，那么就不能另外计算面积。因为整个舞台的面积计算已经包含了该灯光控制室的面积。

7.4.12 落地橱窗建筑面积计算

1. 计算规定

附属在建筑物外墙的落地橱窗，应按其围护结构外围水平面积计算。结构层高在 2.20 m 及以上的，应计算全面积；结构层高在 2.20 m 以下的，应计算 1/2 面积。

2. 计算规定解读

落地橱窗是指突出外墙面，根基落地的橱窗。

7.4.13 飘窗建筑面积计算

1. 计算规定

窗台与室内楼地面高差在 0.45 m 以下且结构净高在 2.10 m 及以上的凸（飘）窗，应按其围护结构外围水平面积计算 1/2 面积。

2. 计算规定解读

飘窗是突出建筑物外墙四周有维护结构的采光窗（见图 7.12）。2005 年建筑面积计算规范是不计算建筑面积的。由于实际飘窗的结构净高可能要超过 2.1 m，体现了建筑物的价值量，所以规定了"窗台与室内楼地面高差在 0.45 m 以下且结构净高在 2.10 m 及以上的凸（飘）窗"应按其围护结构外围水平面积计算 1/2 面积。

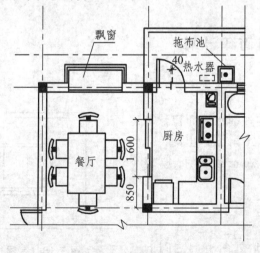

图 7.12 飘窗示意图

7.4.14　走廊（挑廊）建筑面积计算

1. 计算规定

有围护设施的室外走廊（挑廊），应按其结构底板水平投影面积计算 1/2 面积；有围护设施（或柱）的檐廊，应按其围护设施（或柱）外围水平面积计算 1/2 面积。

2. 计算规定解读

（1）走廊指建筑物底层的水平交通空间，见图 7.14。
（2）挑廊是指挑出建筑物外墙的水平交通空间，见图 7.13。
（3）檐廊是指设置在建筑物底层檐下的水平交通空间，见图 7.14。

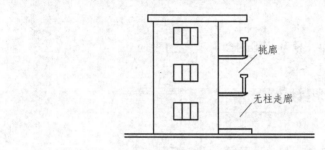

图 7.13　挑廊、无柱走廊示意图

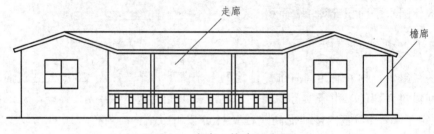

图 7.14　走廊、檐廊示意图

7.4.15　门斗建筑面积计算

1. 计算规定

门斗应按其围护结构外围水平面积计算建筑面积，且结构层高在 2.20 m 及以上的，应计算全面积；结构层高在 2.20 m 以下的，应计算 1/2 面积。

2. 计算规定解读

门斗是指建筑物入口处两道门之间的空

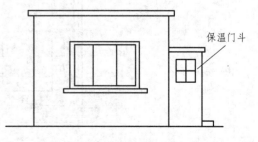

图 7.15　有围护结构门斗示意图

间，在建筑物出入口设置的起分隔、挡风、御寒等作用的建筑过渡空间。保温门斗一般有围护结构，见图 7.15。

7.4.16 门廊、雨篷建筑面积计算

1. 计算规定

门廊应按其顶板的水平投影面积的 1/2 计算建筑面积；有柱雨篷应按其结构板水平投影面积的 1/2 计算建筑面积；无柱雨篷的结构外边线至外墙结构外边线的宽度在 2.10 m 及以上的，应按雨篷结构板的水平投影面积的 1/2 计算建筑面积。

2. 计算规定解读

（1）门廊是在建筑物出入口，三面或二面有墙，上部有板（或借用上部楼板）围护的部位。见图 7.16。

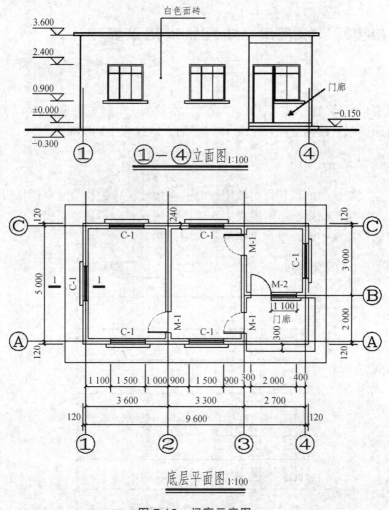

图 7.16 门廊示意图

107

（2）雨篷分为有柱雨篷和无柱雨篷。有柱雨篷，没有出挑宽度的限制，也不受跨越层数的限制，均计算建筑面积。无柱雨篷，其结构板不能跨层，并受出挑宽度的限制，设计出挑宽度大于或等于 2.10 m 时才计算建筑面积。出挑宽度，系指雨篷结构外边线至外墙结构外边线的宽度，弧形或异形时，取最大宽度。

有柱的雨篷、无柱的雨篷见图 7.17、图 7.18。

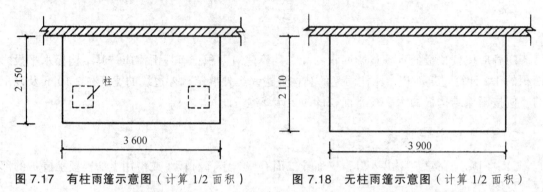

图 7.17　有柱雨篷示意图（计算 1/2 面积）　　　图 7.18　无柱雨篷示意图（计算 1/2 面积）

7.4.17　楼梯间、水箱间、电梯机房建筑面积计算

1. 计算规定

设在建筑物顶部的、有围护结构的楼梯间、水箱间、电梯机房等，结构层高在 2.20 m 及以上的应计算全面积；结构层高在 2.20 m 以下的，应计算 1/2 面积。

2. 计算规定解读

（1）如遇建筑物屋顶的楼梯间是坡屋顶时，应按坡屋顶的相关规定计算面积。

（2）单独放在建筑物屋顶上的混凝土水箱或钢板水箱，不计算面积。

（3）建筑物屋顶水箱间、电梯机房见示意图 7.19。

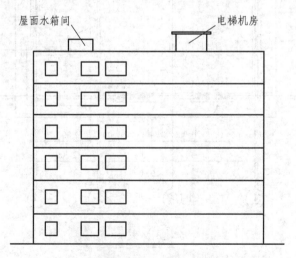

图 7.19　屋面水箱间、电梯机房示意图

108

7.4.18 围护结构不垂直于水平面楼层建筑物建筑面积计算

1. 计算规定

围护结构不垂直于水平面的楼层，应按其底板面的外墙外围水平面积计算。结构净高在2.10 m 及以上的部位，应计算全面积；结构净高在 1.20 m 及以上至 2.10 m 以下的部位，应计算 1/2 面积；结构净高在 1.20 m 以下的部位，不应计算建筑面积。

2. 计算规定解读

设有围护结构不垂直于水平面而超出底板外沿的建筑物，是指向外倾斜的墙体超出地板外沿的建筑物（见图7.20）。若遇有向建筑物内倾斜的墙体，应视为坡屋面，应按坡屋顶的有关规定计算面积。

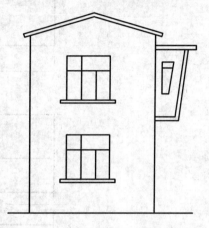

图 7.20　不垂直于水平面

7.4.19 室内楼梯、电梯井、提物井、管道井等建筑面积计算

1. 计算规定

建筑物的室内楼梯、电梯井、提物井、管道井、通风排气竖井、烟道，应并入建筑物的自然层计算建筑面积。有顶盖的采光井应按一层计算面积，且结构净高在 2.10 m 及以上的，应计算全面积；结构净高在 2.10 m 以下的，应计算 1/2 面积。

2. 计算规定解读

（1）室内楼梯间的面积计算，应按楼梯依附的建筑物的自然层数计算，合并在建筑物面积内。若遇跃层建筑，其共用的室内楼梯应按自然层计算面积；上下两错层户室共用的室内楼梯，应选上一层的自然层计算面积，见图7.21。

（2）电梯井是指安装电梯用的垂直通道，见图 7.22。

例 7.3：某建筑物共 12 层，电梯井尺寸（含壁厚）如图 7.21，求电梯井面积。

解：$S = 2.80 \times 3.40 \times 12$层$= 114.24$ m^2

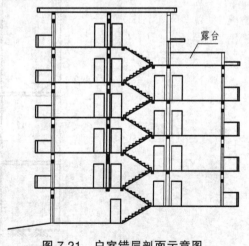

图 7.21　户室错层剖面示意图

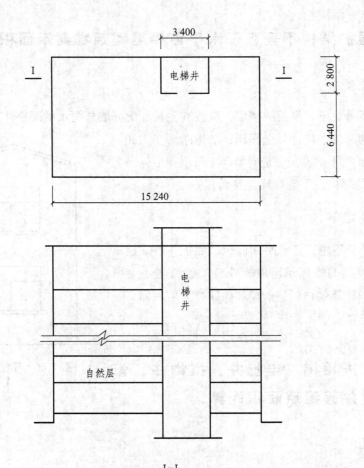

图 7.22　电梯井示意图

（3）有顶盖的采光井包括建筑物中的采光井和地下室采光井（见图7.23）。

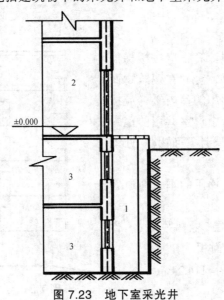

图 7.23　地下室采光井

1—采光井；2—室内；3—地下室

（4）提物井是指图书馆提升书籍、酒店提升食物的垂直通道。

（5）垃圾道是指写字楼等大楼内，每层设垃圾倾倒口的垂直通道。

（6）管道井是指宾馆或写字楼内集中安装给排水、采暖、消防、电线管道用的垂直通道。

7.4.20　室外楼梯建筑面积计算

1. 计算规定

室外楼梯应并入所依附建筑物自然层，并应按其水平投影面积的1/2计算建筑面积。

2. 计算规定解读

（1）室外楼梯作为连接该建筑物层与层之间交通不可缺少的基本部件，无论从其功能还是工程计价的要求来说，均需计算建筑面积。层数为室外楼梯所依附的楼层数，即梯段部分投影到建筑物范围的层数。利用室外楼梯下部的建筑空间不得重复计算建筑面积；利用地势砌筑的为室外踏步，不计算建筑面积。

（2）室外楼梯示意见图7.24。

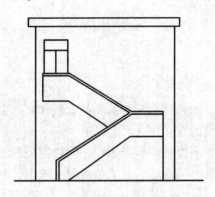

图 7.24　室外楼梯示意图

7.4.21　阳台建筑面积计算

1. 计算规定

在主体结构内的阳台，应按其结构外围水平面积计算全面积；在主体结构外的阳台，应按其结构底板水平投影面积计算1/2面积。

2. 计算规定解读

（1）建筑物的阳台，不论是凹阳台、挑阳台、封闭阳台均按其是否在主体结构内外来划分，在主体结构外的阳台才能按其结构底板水平投影面积计算1/2建筑面积。

（2）主体结构外阳台、主体结构内阳台示意图见图7.25、图7.26。

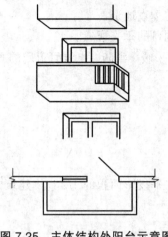

图 7.25　主体结构外阳台示意图

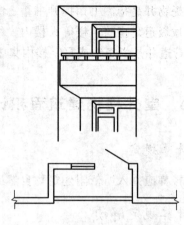

图 7.26　主体结构内阳台示意图

7.4.22　车棚、货棚、站台、加油站等建筑面积计算

1. 计算规定

有顶盖无围护结构的车棚、货棚、站台、加油站、收费站等，应按其顶盖水平投影面积的 1/2 计算建筑面积。

2. 计算规定解读

（1）车棚、货棚、站台、加油站、收费站等的面积计算，由于建筑技术的发展，出现许多新型结构，如柱不再是单纯的直立柱，而出现正 V 形、倒 ∧ 形等不同类型的柱，给面积计算带来许多争议。为此，我们不以柱来确定面积，而依据顶盖的水平投影面积计算面积。

（2）在车棚、货棚、站台、加油站、收费站内设有带围护结构的管理房间、休息室等，应另按有关规定计算面积。

（3）站台示意图见图 7.27，其面积为：

$$S = 2.0 \times 5.50 \times 0.5 = 5.50 \ \text{m}^2$$

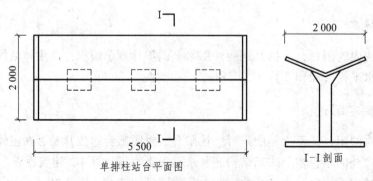

单排柱站台平面图

图 7.27　单排柱站台示意图

7.4.23　幕墙作为围护结构的建筑面积计算

1. 计算规定

以幕墙作为围护结构的建筑物，应按幕墙外边线计算建筑面积。

2. 计算规定解读

（1）幕墙以其在建筑物中所起的作用和功能来区分，直接作为外墙起围护作用的幕墙，按其外边线计算建筑面积。

（2）设置在建筑物墙体外起装饰作用的幕墙，不计算建筑面积。

7.4.24　建筑物的外墙外保温层建筑面积计算

1. 计算规定

建筑物的外墙外保温层，应按其保温材料的水平截面积计算，并计入自然层建筑面积。

2. 计算规定解读

建筑物外墙外侧有保温隔热层的，保温隔热层以保温材料的净厚度乘以外墙结构外边线长度按建筑物的自然层计算建筑面积，其外墙外边线长度不扣除门窗和建筑物外已计算建筑面积构件（如阳台、室外走廊、门斗、落地橱窗等部件）所占长度。

当建筑物外已计算建筑面积的构件（如阳台、室外走廊、门斗、落地橱窗等部件）有保温隔热层时，其保温隔热层也不再计算建筑面积。外墙是斜面者按楼面楼板处的外墙外边线长度乘以保温材料的净厚度计算。外墙外保温以沿高度方向满铺为准，某层外墙外保温铺设高度未达到全部高度时（不包括阳台、室外走廊、门斗、落地橱窗、雨篷、飘窗等），不计算建筑面积。保温隔热层的建筑面积是以保温隔热材料的厚度来计算的，不包含抹灰层、防潮层、保护层（墙）的厚度。建筑外墙外保温层见图7.28。

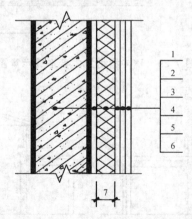

图 7.28　建筑外墙外保温层

1—墙体；2—粘结胶浆；3—保温材料；4—标准网；
5—加强网；6—抹面胶浆；7—计算建筑面积部位

7.4.25 变形缝建筑面积计算

1．计算规定

与室内相通的变形缝，应按其自然层合并在建筑物建筑面积内计算。对于高低联跨的建筑物，当高低跨内部连通时，其变形缝应计算在低跨面积内。

2．计算规定解读

（1）变形缝是指在建筑物因温差、不均匀沉降以及地震而可能引起结构破坏变形的敏感部位或其他必要的部位，预先设缝将建筑物断开，令断开后建筑物的各部分成为独立的单元，或者是划分为简单、规则的段，并令各段之间的缝达到一定的宽度，以能够适应变形的需要。根据外界破坏因素的不同，变形缝一般分为伸缩缝、沉降缝、抗震缝三种。

（2）本条规定所指建筑物内的变形缝是与建筑物相联通的变形缝，即暴露在建筑物内，可以看得见的变形缝。

（3）室内看得见的变形缝如示意图 7.29 所示。

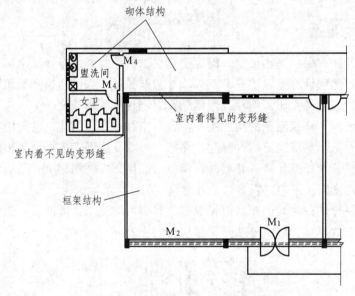

图 7.29　室内看得见的变形缝示意图

（4）高低联跨建筑物示意见图 7.30。

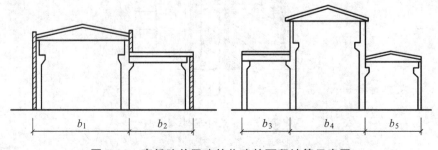

图 7.30　高低跨单层建筑物建筑面积计算示意图

（5）建筑面积计算示例。

例 7.4：图 7.30 当建筑物长为 L 时，求其建筑面积。

解：

$$S_{高1} = b_1 \times L$$

$$S_{高2} = b_4 \times L$$

$$S_{低1} = b_2 \times L$$

$$S_{低2} = (b_3 + b_5) \times L$$

7.4.26 建筑物内的设备层、管道层、避难层等建筑面积计算

1. 计算规定

对于建筑物内的设备层、管道层、避难层等有结构层的楼层，结构层高在 2.20 m 及以上的，应计算全面积；结构层高在 2.20 m 以下的，应计算 1/2 面积。

2. 计算规定解读

（1）高层建筑的宾馆、写字楼等，通常在建筑物高度的中间部位分设置管道、设备层等，主要用于集中放置水、暖、电、通风管道及设备。这一设备管道层应计算建筑面积，如图 7.31 所示。

（2）设备层、管道层虽然其具体功能与普通楼层不同，但在结构上及施工消耗上并无本质区别，且本规范定义自然层为"按楼地面结构分层的楼层"，因此设备、管道楼层归为自然层，其计算规则与普通楼层相同。在吊顶空间内设置管道的，则吊顶空间部分不能被视为设备层、管道层。

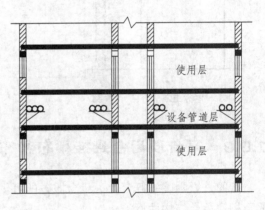

图 7.31 设备管道层示意图

7.5 不计算建筑面积的范围

7.5.1 与建筑物不相连的建筑部件不计算建筑面积

指的是依附于建筑物外墙外不与户室开门连通，起装饰作用的敞开式挑台（廊）、平台，

以及不与阳台相通的空调室外机搁板（箱）等设备平台部件。

7.5.2　建筑物的通道不计算建筑面积

1. 计算规定

骑楼、过街楼底层的开放公共空间和建筑物通道，不应计算建筑面积。

2. 计算规定解读

（1）骑楼是指楼层部分跨在人行道上的临街楼房，见图7.32。
（2）过街楼是指有道路穿过建筑空间的楼房。见图7.33。

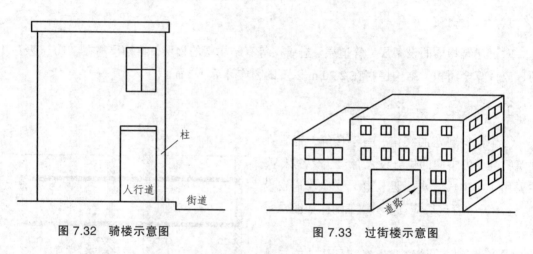

图 7.32　骑楼示意图　　　　　　　　图 7.33　过街楼示意图

7.5.3　舞台及后台悬挂幕布和布景的天桥、挑台等不计算建筑面积

指的是影剧院的舞台及为舞台服务的可供上人维修、悬挂幕布、布置灯光及布景等搭设的天桥和挑台等构件设施。

7.5.4　露台、露天游泳池、花架、屋顶的水箱及装饰性结构构件不计算建筑面积

7.5.5　建筑物内的操作平台、上料平台、安装箱和罐体的平台不计算建筑面积

建筑物内不构成结构层的操作平台、上料平台（包括：工业厂房、搅拌站和料仓等建筑中的设备操作控制平台、上料平台等），其主要作用为室内构筑物或设备服务的独立上

人设施，因此不计算建筑面积。建筑物内操作平台示意见图 7.34。

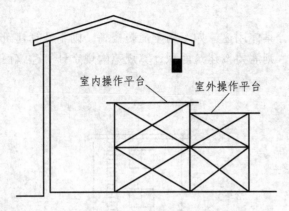

图 7.34　建筑物内操作平台示意图

7.5.6　勒脚、附墙柱、垛、台阶、墙面抹灰、装饰面、镶贴块料面层、装饰性幕墙，主体结构外的空调室外机搁板（箱）、构件、配件，挑出宽度在 2.10 m 以下的无柱雨篷和顶盖高度达到或超过两个楼层的无柱雨篷不计算建筑面积

附墙柱、垛示意见图 7.35。

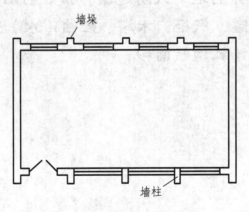

图 7.35　附墙柱、垛示意图

7.5.7　窗台与室内地面高差在 0.45 m 以下且结构净高在 2.10 m以下的凸（飘）窗，窗台与室内地面高差在 0.45 m 及以上的凸（飘）窗不计算建筑面积

7.5.8 室外爬梯、室外专用消防钢楼梯不计算建筑面积

室外钢楼梯需要区分具体用途，如专用于消防楼梯，则不计算建筑面积，如果是建筑物唯一通道，兼用于消防，则需要按建筑面积计算规范的规定计算建筑面积。室外消防钢梯示意见图 7.36。

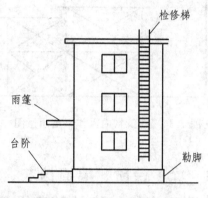

图 7.36　室外消防钢梯示意图

7.5.9　无围护结构的观光电梯不计算建筑面积

7.5.10　建筑物以外的地下人防通道，独立的烟囱、烟道、地沟、油（水）罐、气柜、水塔、贮油（水）池、贮仓、栈桥等构筑物不计算建筑面积

8 工程量计算

8.1 工程量计算规则概述

8.1.1 工程量计算规则有什么用

1. 工程量的概念

工程量是指用物理计量单位或自然计量单位表示的分项工程的实物数量。

物理计量单位系指用公制度量表示的"m、m²、m³、t、kg"等单位。例如，楼梯扶手以"m"为单位，水泥砂浆抹地面以"m²"为单位，预应力空心板以"m³"为单位，钢筋制作安装以"t"为单位等。

自然计量单位系指个、组、件、套等具有自然属性的单位。例如，砖砌拖布池以"套"为单位，雨水斗以"个"为单位，洗脸盆以"组"为单位，日光灯安装以"套"为单位等。

2. 工程量计算规则的作用

工程量计算规则是计算分项工程项目工程量时，确定施工图尺寸数据、内容取定、工程量调整系数、工程量计算方法的重要规定。工程量计算规则是具有权威性的规定，是确定工程消耗量的重要依据，主要作用如下：

1）确定工程量项目的依据

例如，工程量计算规则规定，建筑场地挖填土方厚度在±30 cm以内及找平，算人工平整场地项目，超过±30 cm就要按挖土方项目计算了。

2）施工图尺寸数据取定，内容取舍的依据

例如，外墙墙基按外墙中心线长度计算，内墙墙基按内墙净长计算，基础大放脚T形接头处的重叠部分、0.3 m²以内洞口所占面积不予扣除，但靠墙暖气沟的挑檐亦不增加。又如，计算墙体工程量时，应扣除门窗洞口，嵌入墙身的圈梁、过梁体积，不扣除梁头、外墙板头、加固钢筋及每个面积在0.3 m²以内孔洞等所占的体积，突出墙面的窗台虎头砖、压顶线、三皮砖以内的腰线亦不增加。

3）工程量调整系数

例如，计算规则规定，木百叶门油漆工程量按单面洞口面积乘以系数1.25。

4）工程量计算方法

例如，计算规则规定，满堂脚手架增加层的计算方法为：

$$满堂脚手架增加层 = \frac{室内净高 - 5.2\ m}{1.2\ m}$$

8.1.2 制定工程量计算规则有哪些考虑

我们知道，工程量计算规则是与预算定额配套使用的。当计算规则作出了规定后，那么编制预算定额就要考虑这些规定的各项内容，两者是统一的。工程量计算规则有哪些考虑呢？

1. 力求工程量计算的简化

工程量计算规则制定时，要尽量考虑工程造价人员在编制施工图预算时，简化工程量计算过程。例如，砖墙体积内不扣除梁头板头体积，也不增加突出墙面虎头砖、压顶线的体积的计算规则规定，就符合这一精神。

2. 计算规则与定额消耗量的对应关系

凡是工程量计算规则指出不扣除或不增加的内容，在编制预算定额时都进行了处理。因为在编制预算定额时，都要通过典型工程相关工程量统计分析后，进行抵扣处理。也就是说，计算规则注明不扣的内容，编制定额时已经扣除；计算规则说不增加的内容，在编制预算定额时已经增加了。所以，定额的消耗量与工程量的计算规则是相对应的。

3. 制定工程量计算规则应考虑定额水平的稳定性

虽然编制预算定额是通过若干个典型工程，测算定额项目的工程实物消耗量。但是，也要考虑制定工程量计算规则变化幅度大小的合理性，使计算规则在编制施工图预算确定工程量时具有一定的稳定性，从而使预算定额水平具有一定的稳定性。

8.1.3 如何运用好工程量计算规则

工程量计算规则就像体育运动比赛规则一样，具有事先约定的公开性、公平性和权威性。凡是使用预算定额编制施工图预算的，就必须按此规则计算工程量。因为，工程量计算规则与预算定额项目之间有着严格的对应关系。运用好工程量计算规则是保证施工图预算准确性的基本保证。

1. 全面理解计算规则

我们知道，定额消耗量的取舍与工程量计算规则是相对应的，所以，全面理解工程量计算规则是正确计算工程量的基本前提。

工程量计算规则中贯穿着一个规范工程量计算和简化工程量计算的精神。

所谓规范工程量计算，是指不能以个人的理解来运用计算规则，也不能随意改变计算规则。例如，楼梯水泥砂浆面层抹灰，包括休息平台在内，不能认为只算楼梯踏步。

简化工程量计算的原则，包括以下几个方面：

（1）计算较烦琐但数量又较小的内容，计算规则处理为不计算或不扣除。但是在编制定额时都作为扣除或增加处理，这样，计算工程量就简化了。例如，砖墙工程量计算中，规定不扣除梁头、板头所占体积，也不增加挑出墙外窗台线和压顶线的体积等。

（2）工程量不计算，但定额消耗量已包括。例如，方木屋架的夹板、垫木已包括在相应屋架制作定额项目中，工程量不再计算。此方法，也简化了工程量计算。

（3）精简了定额项目。例如，各种木门油漆的定额消耗量之间有一定的比例关系。于是，预算定额只编制单层木门的油漆项目，其他门，例如，双层木门、百叶木门的油漆工程量通过计算规则规定的工程量乘以系数的方法来实现定额的套用。所以，这种方法精简了预算定额项目。

2. 领会精神，灵活处理

领会了制定工程量计算规则的精神后，我们就能较灵活地处理实际工作中的一些问题。

（1）按实际情况分析工程量计算范围。

工程量计算规则规定，楼梯面层按水平投影面积计算。具体做法是，将楼梯段和休息平台综合为投影面积计算，不需要按展开面积计算。这种规定，简化了工程量计算。但是，遇到单元式住宅时，怎样计算楼梯面积，需要具体分析。

例如，某单元式住宅，每层2跑楼梯，包括了一个休息平台和一个楼层平台。这时，楼层平台是否算入楼梯面积，需要判断。通过分析，我们知道，连接楼梯的楼层平台有内走廊、外走廊、大厅和单元式住宅楼等几种形式。显然，单元式住宅的楼层平台是众多楼层平台中的特殊形式，而楼梯面层定额项目是针对各种楼层平台情况编制的。所以，单元式住宅的楼层平台不应算入楼梯面层内。

（2）领会简化计算精神，处理工程量计算过程。

领会了工程量计算规则制定的精神，知道了要规范工程量计算，还要领会简化工程量计算的精神。在工程量计算过程中灵活处理一些实际问题，使计算过程既符合一定准确性要求，也达到了简化计算的目的。

例如，计算抗震结构钢筋混凝土构件中钢筋的箍筋用量，可以按正规的计算方法计算，即按规定扣除保护层尺寸，加上弯钩的长度计算。但也可以采用按构件矩形截面的外围周长尺寸确定箍筋的长度。因为，通过分析，我们发现，采用后一种方法计算梁、柱箍筋时，$\phi 6.5$的箍筋每个多算了 20 mm，$\phi 8$ 箍筋每个少算了 22 mm，在一个框架结构的建筑物中，要计算很多$\phi 6.5$的箍筋，也要计算很多 $\phi 8$ 的箍筋。这样，这两种规格在计算过程中不断抵消了多算或少算的数量。而采用后一种方法确定，简化了计算过程，且数量误差又不会太大。

8.1.4　工程量计算规则的发展趋势

（1）工程量计算规则的制定有利于工程量的自动计算。

使用了计算机，人们可以从烦琐的计算工作中解放出来。所以，用计算机计算工程量是一个发展趋势。那么，用计算机计算工程量，计算规则的制定就要符合计算机处理的要求，包括：通过建立数学模型来描述工程量计算规则；各计算规则之间的界定要明晰；要总结计算规则的规律性等。

（2）工程量计算规则宜粗不宜细。

工程量计算规则要简化，宜粗不宜细，尽量做到将方便让给使用者。这一思路并不影响工程消耗量的准确性，因为可以通过统计分析的方法，将复杂因素处理在预算定额消耗量内。

8.2 土方工程量计算

土石方工程量包括平整场地，挖掘沟槽、基坑，挖土，回填土，运土和井点降水等内容。

8.2.1 土石方工程量计算的有关规定

计算土石方工程量前，应确定下列各项资料：

（1）土壤及岩石类别的确定。

土石方工程土壤及岩石类别的划分，依工程勘测资料与"土壤及岩石分类表"对照后确定（该表在建筑工程预算定额中）。

（2）地下水位标高及排（降）水方法。

（3）土方、沟槽、基坑挖（填）土起止标高、施工方法及运距。

（4）岩石开凿、爆破方法、石砟清运方法及运距。

（5）其他有关资料。

土方体积，均以挖掘前的天然密实体积为准计算。如遇有必须以天然密实体积折算时，可按表 8.1 所列数值换算。

表 8.1 土方体积折算表

虚方体积	天然密实度体积	夯实后体积	松填体积
1.00	0.77	0.67	0.83
1.30	1.00	0.87	1.08
1.50	1.15	1.00	1.25
1.20	0.92	0.80	1.00

注：查表方法实例，已知挖天然密实 4 m^3 土方，求虚方体积 V。

解： $V = 4.0 \times 1.30 = 5.20 \text{ m}^3$

挖土一律以设计室外地坪标高为准计算。

8.2.2 平整场地

人工平整场地，是指建筑场地挖、填土方厚度在 ±30 cm 以内及找平（见图 8.1）。挖、填土方厚度超过 ±30 cm 以外时，按场地土方平衡竖向布置图另行计算。

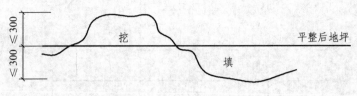

图 8.1　平整场地示意图

说明：

（1）人工平整场地的计算示意见图 8.2，超过 ±30 cm 的按挖、填土方计算工程量。

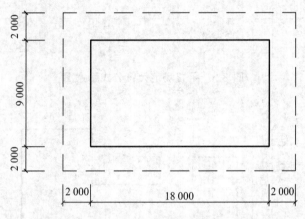

图 8.2　人工平整场地

（2）场地土方平衡竖向布置，是将原有地形划分成 20 m×20 m 或 10 m×10 m 若干个方格网，将设计标高和自然地形标高分别标注在方格点的右上角和左下角，再根据这些标高数据计算出零线位置，然后确定挖方区和填方区的精度较高的土方工程量计算方法。

平整场地工程量按建筑物外墙外边线（用 $L_{外}$ 表示）每边各加 2 m，以平方米计算。

例 8.1：根据图 8.2 计算人工平整场地工程量。

解： $S_{平} = (9.0 + 2.0 \times 2) \times (18.0 + 2.0 \times 2) = 286 \text{ m}^2$

根据例 8.1 可以整理出平整场地工程量计算公式：

$$
\begin{aligned}
S_{平} &= (9.0 + 2.0 \times 2) \times (18.0 + 2.0 \times 2) \\
&= 9.0 \times 18.0 + 9.0 \times 2.0 \times 2 + 2.0 \times 2 \times 18 + 2.0 \times 2 \times 2.0 \times 2 \\
&= 9.0 \times 18.0 + (9.0 \times 2 + 18.0 \times 2) \times 2.0 + 2.0 \times 2.0 \times 4 \text{（个角）} \\
&= 162 + 54 \times 2.0 + 16 \\
&= 286 \text{ m}^2
\end{aligned}
$$

上式中：9.0×18.0 为底面积，用 $S_{底}$ 表示；54 为外墙外边周长，用 $L_{外}$ 表示。故可以归纳为：

$$ S_{平} = S_{底} + L_{外} \times 2 + 16 $$

上述公式示意图见图 8.3。

123

例 8.2： 根据图 8.4 计算人工平整场地工程量。

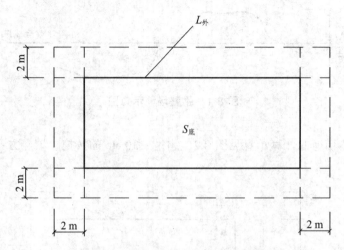

图 8.3　平整场地计算公式示意图

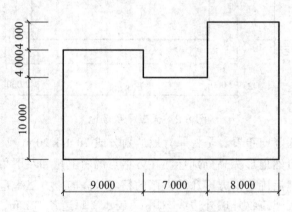

图 8.4　人工平整场地实例图示

解： $S_{底} = (10.0 + 4.0) \times 9.0 + 10.0 \times 7.0 + 18.0 \times 8.0 = 340 \text{ m}^2$

$L_{外} = (18 + 24 + 4) \times 2 = 92 \text{ m}$

$S_{平} = 340 + 92 \times 2 + 16 = 540 \text{ m}^2$

注：上述平整场地工程量计算公式只适合于由矩形组成的建筑物平面布置的场地平整工程量计算，如遇其他形状，还需按有关方法计算。

8.2.3　沟槽、基坑划分

（1）凡图示沟槽底宽在 3 m 以内，且沟槽长大于槽宽 3 倍以上的，为沟槽，见图 8.5。

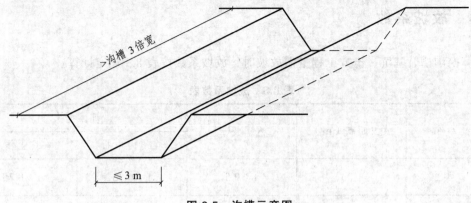

图 8.5　沟槽示意图

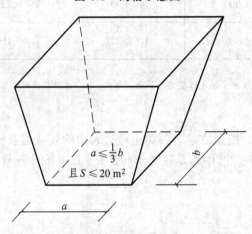

图 8.6　基坑示意图

（2）凡图示基坑底面积在 20 m² 以内为基坑，见图 8.6。

（3）凡图示沟槽底宽 3 m 以外，坑底面积 20 m² 以外，平整场地挖土方厚度在 30 cm 以外，均按挖土方计算。

说明：

（1）图示沟槽底宽和基坑底面积的长、宽均不含两边工作面的宽度。

（2）根据施工图判断沟槽、基坑、挖土方的顺序是：先根据尺寸判断沟槽是否成立，若不成立再判断是否属于基坑，若还不成立，就一定是挖土方项目。

例 8.3：根据表 8.2 中各段挖方的长宽尺寸，分别确定挖土项目。

表 8.2　挖土方项目

位置	长（m）	宽（m）	挖土项目	位置	长（m）	宽（m）	挖土项目
A 段	3.0	0.8	沟槽	D 段	20.0	3.05	挖土方
B 段	3.0	1.0	基坑	E 段	6.1	2.0	沟槽
C 段	20.0	3.0	沟槽	F 段	6.0	2.0	基坑

8.2.4　放坡系数

计算挖沟槽、基坑、土方工程量需放坡时，放坡系数按表 8.3 规定计算。

表 8.3　放坡系数表

土壤类别	放坡起点（m）	人工挖土	机械挖土	
			在坑内作业	在坑上作业
一、二类土	1.20	1：0.5	1：0.33	1：0.75
三类土	1.50	1：0.33	1：0.25	1：0.67
四类土	2.00	1：0.25	1：0.10	1：0.33

注：1. 沟槽、基坑中土壤类别不同时，分别按其放坡起点、放坡系数，依不同土壤厚度加权平均计算。
　　2. 计算放坡时，在交接处的重复工程量不予扣除，原槽、坑作基础垫层时，放坡从垫层上表面开始计算。

说明：

（1）放坡起点深是指，挖土方时，各类土超过表中的放坡起点深时，才能按表中的系数计算放坡工程量。例如，图 8.7 中若是三类土时，$H > 1.50$ m 才能计算放坡。

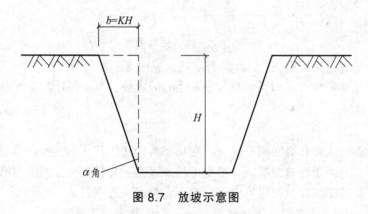

图 8.7　放坡示意图

（2）表 8.3 中，人工挖四类土超过 2 m 深时，放坡系数为 1：0.25，含义是每挖深 1 m，放坡宽度 b 就增加 0.25 m。

（3）从图 8.7 中可以看出，放坡宽度 b 与深度 H 和放坡角度 α 之间的关系是正切函数关系，即 $\tan\alpha = \dfrac{b}{H}$，不同的土壤类别取不同的角度值，所以不难看出，放坡系数就是根据 $\tan\alpha$ 来确定的。例如，三类土的 $\tan\alpha = \dfrac{b}{H} = 0.33$。我们用 $\tan\alpha = K$ 来表示放坡系数，故放坡宽度 $b = KH$。

（4）沟槽放坡时，交接处重复工程量不予扣除，示意图见图 8.8。

126

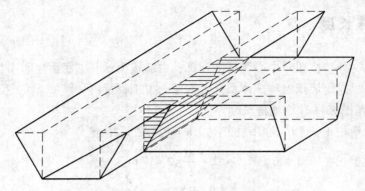

图 8.8 沟槽放坡时，交接处重复工程量示意图

（5）原槽、坑作基础垫层时，放坡自垫层上表面开始，示意图见图 8.9。

8.2.5 支挡土板

挖沟槽、基坑需支挡土板时，其挖土宽度按图 8.10 所示沟槽、基坑底宽，单面加 10 cm，双面加 20 cm 计算。挡土板面积，按槽、坑垂直支撑面积计算。支挡土板后，不得再计算放坡。

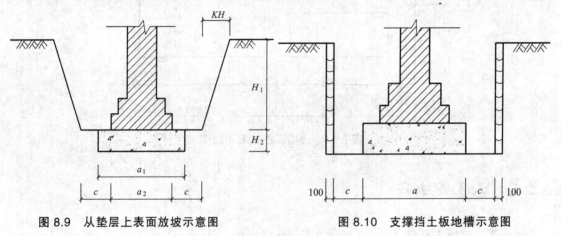

图 8.9 从垫层上表面放坡示意图　　　　　**图 8.10 支撑挡土板地槽示意图**

8.2.6 基础施工所需工作面

基础施工所需工作面按表 8.4 规定计算。

表 8.4 基础施工所需工作面宽度计算表

基础材料	每边各增加工作面宽度（mm）	基础材料	每边各增加工作面宽度（mm）
砖基础	200	混凝土基础支模板	300
浆砌毛石、条石基础	150	基础垂直面做防水层	800
混凝土基础垫层支模板	300		

127

8.2.7　沟槽长度

挖沟槽长度，外墙按图示中心线长度计算；内墙按图示基础底面之间净长线长度计算；内外突出部分（垛、附墙烟囱等）体积并入沟槽土方工程量内计算。

例 8.4：根据图 8.11 计算地槽长度。

解：外墙地槽长（宽 1.0 m）$= (12 + 6 + 8 + 12) \times 2 = 76$ m

内墙地槽长（宽 0.9 m）$= 6 + 12 - \dfrac{1.0}{2} \times 2 = 17$ m

内墙地槽长（宽 0.8 m）$= 8 - \dfrac{1.0}{2} - \dfrac{0.9}{2} = 7.05$ m

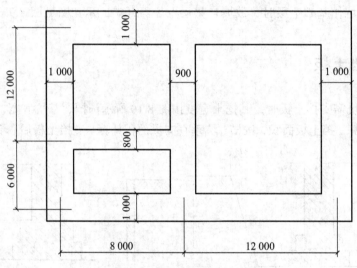

图 8.11　地槽及槽底宽平面图

8.2.8　人工挖土方

人工挖土方深度超过 1.5 m 时按表 8.5 的规定增加工日。

表 8.5　人工挖土方超深增加工日表　　　　　单位：100 m³

深 2 m 以内	深 4 m 以内	深 6 m 以内
5.55 工日	17.60 工日	26.16 工日

8.2.9　挖管道沟槽土方

挖管道沟槽按图示中心线长度计算，沟底宽度，设计有规定的，按设计规定尺寸计算，设计无规定时，可按表 8.6 规定的宽度计算。

表 8.6　管道地沟沟底宽度计算表　　　　单位：m

管径（mm）	铸铁管、钢管、石棉水泥管	混凝土、钢筋混凝土、预应力混凝土管	陶土管
50～70	0.60	0.80	0.70
100～200	0.70	0.90	0.80
250～350	0.80	1.00	0.90
400～450	1.00	1.30	1.10
500～600	1.30	1.50	1.40
700～800	1.60	1.80	
900～1 000	1.80	2.00	
1 100～1 200	2.00	2.30	
1 300～1 400	2.20	2.60	

注：1. 按上表计算管道沟土方工程量时，各种井类及管道（不含铸铁给排水管）接口等处需加宽增加的土方量不另行计算，底面面积大于 20 m² 的井类，其增加工程量并入管沟土方内计算。
　　2. 铺设铸铁给排水管道时其接口等处土方增加量，可按铸铁给排水管道地沟土方总量的 2.5% 计算。

8.2.10　沟槽、基坑、管道地沟深度

沟槽、基坑深度，按图示槽、坑底面至室外地坪深度计算；管道地沟按图示沟底至室外地坪深度计算。

8.2.11　土方工程量计算

1. 地槽（沟）土方

1）有放坡地槽（见图 8.12）

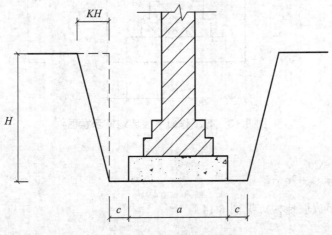

图 8.12　有放坡地槽示意图

129

计算公式：$V = (a + 2c + KH)HL$

式中　a——基础垫层宽度；

　　　c——工作面宽度；

　　　H——地槽深度；

　　　K——放坡系数；

　　　L——地槽长度。

例 8.5：某地槽长 15.50 m，槽深 1.60 m，混凝土基础垫层宽 0.90 m，有工作面，三类土，计算人工挖地槽工程量。

解：已知：$a = 0.90$ m

　　　　　$c = 0.30$ m（查表 8.4）

　　　　　$H = 1.60$ m

　　　　　$L = 15.50$ m

　　　　　$K = 0.33$（查表 10.3）

故　　　　$V = (a + 2c + KH)HL$

　　　　　$= (0.90 + 2 \times 0.30 + 0.33 \times 1.60) \times 1.60 \times 15.50$

　　　　　$= 2.028 \times 1.60 \times 15.50 = 50.29$ m^3

2）支撑挡土板地槽

　　计算公式：$V = (a + 2c + 2 \times 0.10)HL$

式中变量含义同上。

3）有工作面不放坡地槽（见图 8.13）

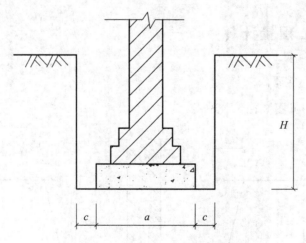

图 8.13　有工作面不放坡地槽示意图

计算公式：

$$V = (a + 2c)HL$$

4）无工作面不放坡地槽（见图 8.14）

计算公式：

130

$$V = aHL$$

5）自垫层上表面放坡地槽（见图 8.15）

计算公式：

$$V = [a_1 H_2 + (a_2 + 2c + KH_1)H_1]L$$

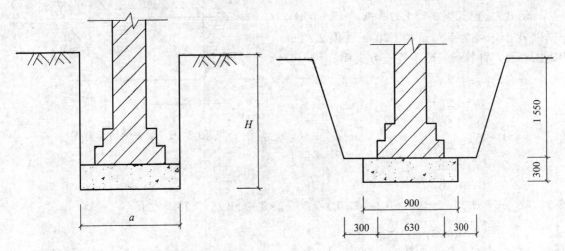

图 8.14　无工作面不放坡地槽示意图　　图 8.15　自垫层上表面放坡实例

例 8.6：根据图中的数据计算 12.8 m 长地槽的土方工程量（三类土）。

解：已知：　$a_1 = 0.90$ m

　　　　　　$a_2 = 0.63$ m

　　　　　　$c = 0.30$ m

　　　　　　$H_1 = 1.55$ m

　　　　　　$H_2 = 0.30$ m

　　　　　　$K = 0.33$（查表 8.3）

故

$$V = [0.9 \times 0.30 + (0.63 + 2 \times 0.30 + 0.33 \times 1.55) \times 1.55] \times 12.8$$

$$= (0.27 + 2.70) \times 12.80 = 2.97 \times 12.80 = 38.02 \text{ m}^3$$

2. 地坑土方

1）矩形不放坡地坑

计算公式：

$$V = abH$$

2）矩形放坡地坑（见图 8.16）

计算公式：

$$V = (a + 2c + KH)(b + 2c + KH)H + \frac{1}{3}K^2 H^3$$

131

式中　a——基础垫层宽度；

　　　b——基础垫层长度；

　　　c——工作面宽度；

　　　H——地坑深度；

　　　K——放坡系数。

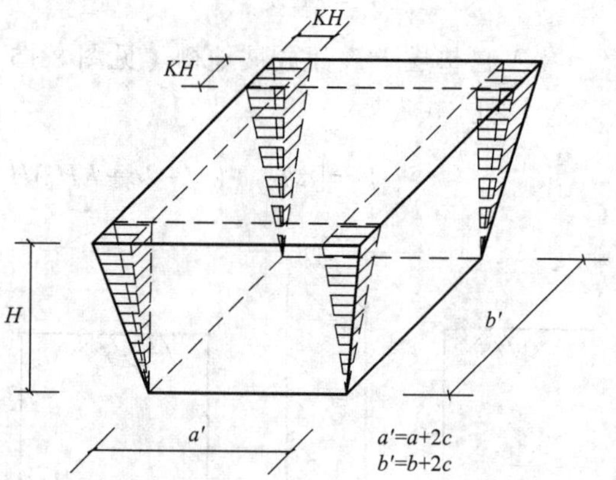

例 8.7： 已知某基础土方为四类土，混凝土基础垫层长、宽为 1.50 m 和 1.20 m，深度 2.20 m，有工作面，计算该基础工程土方工程量。

解： 已知：

$$a = 1.20 \text{ m}$$

$$b = 1.50 \text{ m}$$

$$H = 2.20 \text{ m}$$

$$K = 0.25$$

$$c = 0.30 \text{ m}$$

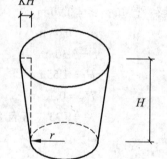

图 8.16　放坡地坑示意图

故　$V = (1.20 + 2 \times 0.30 + 0.25 \times 2.20) \times (1.50 + 2 \times 0.30 + 0.25 \times 2.20) \times 2.20 +$

$$\frac{1}{3} \times (0.25)^2 \times (2.20)^3$$

$$= 2.35 \times 2.65 \times 2.20 + 0.22 = 13.92 \text{ m}^3$$

3）圆形不放坡地坑

计算公式：

$$V = \pi r^2 H$$

4）圆形放坡地坑（见图 8.17）

计算公式：

$$V = \frac{1}{3} \pi H [r^2 + (r + KH)^2 + r(r + KH)]$$

式中　r——坑底半径（含工作面）；

　　　H——坑深度；

　　　K——放坡系数。

图 8.17　圆形放坡地坑示意图

例 8.8： 已知一圆形放坡地坑，混凝土基础垫层半径 0.40 m，坑深 1.65 m，二类土，有工作面，计算其土方工程量。

解： 已知：$c = 0.30$ m（查表 8.4）

$$r = 0.40 + 0.30 = 0.70 \text{ m}$$

$$H = 1.65$$

$$K = 0.50 \text{（查表 8.3）}$$

故　$V = \dfrac{1}{3} \times 3.141\ 6 \times 1.65 \times [0.70^2 + (0.70 + 0.50 \times 1.65)^2 + 0.70 \times (0.70 + 0.50 \times 1.65)]$

$$= 1.728 \times (0.49 + 2.326 + 1.068) = 1.728 \times 3.884 = 6.71 \text{ m}^3$$

3．挖孔桩土方

人工挖孔桩土方应按图示桩断面面积乘以设计桩孔中
线深度计算。

挖孔桩的底部一般是球冠体（见图8.18）。

球冠体的体积计算公式为：

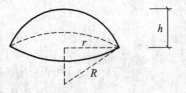

图 8.18　球冠示意图

$$V = \pi h^2 \left(R - \frac{h}{3} \right)$$

由于施工图中一般只标注 r 的尺寸，无 R 尺寸，所以需变换一下求 R 的公式：

已知　　　$r^2 = R^2 - (R - h)^2$

故　　　　$r^2 = 2Rh - h^2$

$$R = \frac{r^2 + h^2}{2h}$$

例 8.9： 根据图 8.19 中的有关数据和上述计算公式，计算挖孔桩土方工程量。

解：（1）桩身部分：

$$V = 3.141\,6 \times \left(\frac{1.15}{2} \right)^2 \times 10.90 = 11.32 \ \mathrm{m}^3$$

（2）圆台部分：

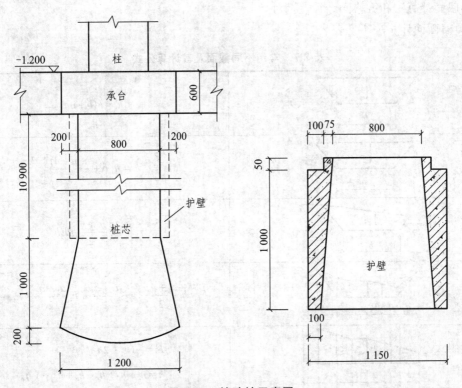

图 8.19　挖孔桩示意图

133

$$V = \frac{1}{3}\pi h(r^2 + R^2 + rR)$$

$$= \frac{1}{3} \times 3.141\,6 \times 1.0 \times \left[\left(\frac{0.80}{2}\right)^2 + \left(\frac{1.20}{2}\right)^2 + \frac{0.80}{2} \times \frac{1.20}{2}\right]$$

$$= 1.047 \times (0.16 + 0.36 + 0.24)$$

$$= 1.047 \times 0.76 = 0.80 \text{ m}^3$$

（3）球冠部分：

$$R = \frac{\left(\frac{1.20}{2}\right)^2 + (0.2)^2}{2 \times 0.2} = \frac{0.40}{0.4} = 1.0 \text{ m}$$

$$V = \pi h^2\left(R - \frac{h}{3}\right) = 3.141\,6 \times (0.20)^2 \times \left(1.0 - \frac{0.20}{3}\right) = 0.12 \text{ m}^3$$

故 　　　　　挖孔桩体积 $= 11.32 + 0.80 + 0.12 = 12.24 \text{ m}^3$

4. 挖土方

挖土方是指不属于沟槽、基坑和平整场地厚度超过 ±30 cm 按土方平衡竖向布置图的挖方。建筑工程中竖向布置平整场地，常有大规模土方工程。所谓大规模土方工程系指一个单位工程的挖方或填方工程分别在 2 000 m³ 以上的及无砌筑管道沟的挖土方。其土方量，常用的方法有横截面计算法和方格网计算法两种。

1）横截面计算法（见表 8.7）

表 8.7　常用不同截面及其计算公式

截面	计算公式
	$F = h(b + nh)$
	$F = h\left[b + \frac{h(m+n)}{2}\right]$
	$F = b\frac{h_1 + h_2}{2}nh_1h_2$
	$F = h_1\frac{a_1 + a_2}{2} + h_2\frac{a_2 + a_3}{2} + h_3\frac{a_3 + a_4}{2} + h_4\frac{a_4 + a_5}{2}$
	$F = \frac{a}{2}(h_0 + 2h + h_n)$ $h = h_1 + h_2 + h_3 + h_4 + h_5 \cdots + h_n$

计算土方量，按照计算的各截面面积，根据相邻两截面间距离，计算出土方量，其计算公式如下：

$$V = \frac{F_1 + F_2}{2} \times L$$

式中 V——相邻两截面间土方量（m^3）；

      F_1，F_2——相邻两截面的填、挖方截面（m^2）；

      L——相邻两截面的距离（m）。

2）方格网计算法

在一个方格网内同时有挖土和填土时（挖土地段冠以"＋"号，填土地段冠以"－"号），应求出零点（即不填不挖点），零点相连就是划分挖土和填土的零界线（见图 8.20）。计算零点可采用以下公式：

$$x = \frac{h_1}{h_1 + h_4} \times a$$

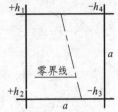

图 8.20 零界线

式中 x——施工标高至零界点的距离；

      h_1，h_4——挖土和填土的施工标高；

      a——方格网的每边长度。

方格网内的土方工程量计算，有下列几个公式：

① 四点均为填土或挖土（见图 8.21）。

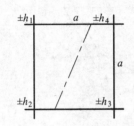 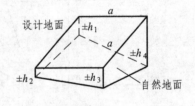

图 8.21 四点均为填土或挖土

公式为：

$$\pm V = \frac{h_1 + h_2 + h_3 + h_4}{4} \times a^2$$

式中 $\pm V$——填土或挖土的工程量（m^3）；

      h_1, h_2, h_3, h_4——施工标高（m）；

      a——方格网的每边长度（m）。

② 二点为挖土和二点为填土（见图 8.22）。

公式为：

$$+V = \frac{(h_1 + h_2)^2}{4(h_1 + h_2 + h_3 + h_4)} \times a^2$$

$$-V = \frac{(h_3 + h_4)^2}{4(h_1 + h_2 + h_3 + h_4)} \times a^2$$

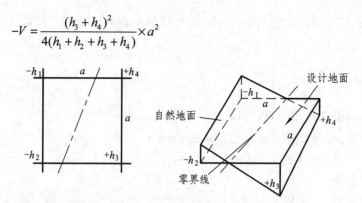

图 8.22　二点为挖土，二点为填土

③ 三点挖土和一点填土或三点填土一点挖土（见图 8.23）。

公式为：

$$+V = \frac{h_2{}^3}{6(h_1 + h_2)(h_2 + h_3)} \times a^2$$

$$-V = +V + \frac{a^2}{b}(2h_1 + 2h_2 + h_4 - h_3)$$

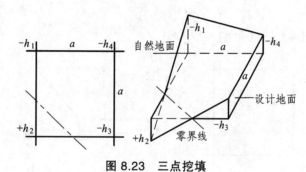

图 8.23　三点挖填

④ 二点挖土和二点填土成对角形（见图 8.24）。

中间一块即四周为零界线，就不挖不填，所以只要计算四个三角锥体，公式为：

$$\pm V = \frac{1}{6} \times 底面面积 \times 施工标高$$

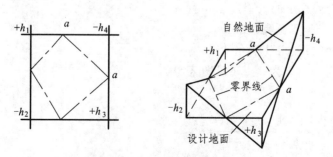

图 8.24　二点挖填对角形

以上土方工程量计算公式，是假设在自然地面和设计地面都是平面的条件，但自然地面很少符合实际情况的，因此计算出来的土方工程量会有误差，为了提高计算的精确度，应检查一下计算的精确程度，用 K 值表示：

$$K = \frac{h_2 + h_4}{h_1 + h_3}$$

上式即方格网的二对角点的施工标高总和的比例。当 $K = 0.75 \sim 1.35$ 时，计算精确度为 5%；$K = 0.80 \sim 1.20$ 时，计算精确度为 3%；一般土方工程量计算的精确度为 5%。

例 8.10：某建设工程场地大型土方方格网图（见图 8.25）。

$a = 30\ \text{m}$，括号内为设计标高，无括号为地面实测标高，单位均为 m。

（1）求施工标高。

施工标高 = 地面实测标高 − 设计标高（见图 8.26）

(43.24)		(43.44)		(43.64)		(43.84)		(44.04)	
1	43.24	2	43.72	3	43.93	4	44.09	5	44.56
	I		II		III		IV		
(43.14)		(43.34)		(43.54)		(43.74)		(43.94)	
6	42.79	7	43.34	8	43.70	9	44.00	10	44.25
	V		VI		VII		VIII		
(43.04)		(43.24)		(43.44)		(43.64)		(43.84)	
11	42.35	12	42.36	13	43.18	14	43.43	15	43.89

图 8.25　土方方格网

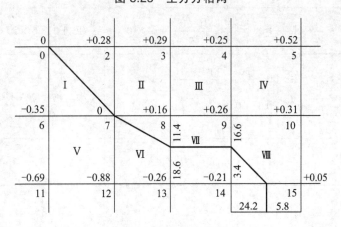

图 8.26　求施工标高

（2）求零线。

先求零点，图中已知 1 和 7 为零点，尚需求 8 ~ 13，9 ~ 14，14 ~ 15 线上的零点，如 8 ~ 13 线上的零点为：

$$x = \frac{ah_1}{h_1 + h_2} = \frac{30 \times 0.16}{0.26 + 0.16} = 11.4$$

另一段为：

$$a - x = 30 - 11.4 = 18.6$$

求出零点后，连接各零点即为零线，图上折线为零线，以上为挖方区，以下为填方区。

（3）求土方量：计算见表 8.8。

表 8.8　土方工程量计算表

方格编号	挖方（＋）	填方（－）
Ⅰ	$\dfrac{1}{2} \times 30 \times 30 \times \dfrac{0.28}{3} = 42$	$\dfrac{1}{2} \times 30 \times 30 \dfrac{0.35}{3} = 52.5$
Ⅱ	$30 \times 30 \times \dfrac{0.29 + 0.16 + 0.28}{4} = 164.25$	
Ⅲ	$30 \times 30 \times \dfrac{0.25 + 0.26 + 0.16 + 0.29}{4} = 216$	
Ⅳ	$30 \times 30 \times \dfrac{0.52 + 0.31 + 0.26 + 0.25}{4} = 301.5$	
Ⅴ		$30 \times 30 \times \dfrac{0.88 + 0.69 + 0.35}{4} = 432$
Ⅵ	$\dfrac{1}{2} \times 30 \times 11.4 \times \dfrac{0.16}{3} = 9.12$	$\dfrac{1}{2}(30 + 18.6) \times 30 \times \dfrac{0.88 + 0.26}{4} = 207.77$
Ⅶ	$\dfrac{1}{2} \times (11.4 + 16.6) \times 30 \times \dfrac{0.16 + 0.26}{4} = 44.10$	$\dfrac{1}{2}(13.4 + 18.6) \times 30 \times \dfrac{0.21 + 0.26}{4} = 56.40$
Ⅸ	$\left[30 \times 30 - \dfrac{(30 - 5.8)(30 - 16.6)}{2} \right] \times \dfrac{0.26 + 0.31 + 0.05}{5} = 91.49$	$\dfrac{1}{2} \times 13.4 \times 24.2 \times \dfrac{0.21}{3} = 11.35$
合　计	868.46	760.02

5. 回填土

回填土分夯填和松填，按图示尺寸和下列规定计算：

1）沟槽、基坑回填土

沟槽、基坑回填土体积以挖方体积减去设计室外地坪以下埋设砌筑物（包括：基础垫层、基础等）体积计算，见图 8.27。

计算公式：

$$V = 挖方体积 - 设计室外地坪以下埋设砌筑物$$

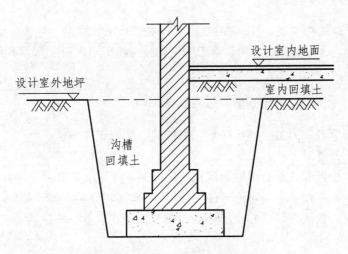

图 8.27　沟槽及室内回填土示意图

说明：如图 8.27 所示，在减去沟槽内砌筑的基础时，不能直接减去砖基础的工程量，因为砖基础与砖墙的分界线在设计室内地面，而回填土的分界线在设计室外地坪，所以要注意调整两个分界线之间相差的工程量。

即：　　回填土体积 = 挖方体积 − 基础垫层体积 − 砖基础体积 +
　　　　　高出设计室外地坪砖基础体积

2）房心回填土

房心回填土即室内回填土，按主墙之间的面积乘以回填土厚度计算，见图 8.27。
计算公式：

$$V = 室内净面积 × （设计室内地坪标高 − 设计室外地坪标高 −$$
$$地面面层厚 − 地面垫层厚）$$
$$= 室内净面积 × 回填土厚$$

3）管道沟槽回填土

管道沟槽回填土，以挖方体积减去管道所占体积计算。管径在 500 mm 以下的不扣除管道所占体积；管径超过 500 mm 以上时，按表 8.9 的规定扣除管道所占体积。

表 8.9　管道扣除土方体积表　　　　　单位：m³

管道名称	管道直径（mm）					
	501～600	601～800	801～1000	1001～1200	1201～1400	1401～1600
钢　管	0.21	0.44	0.71			
铸铁管	0.24	0.49	0.77			
混凝土管	0.33	0.60	0.92	1.15	1.35	1.55

6. 运　土

运土包括余土外运和取土。当回填土方量小于挖方量时，需余土外运，反之，需取土。各地区的预算定额规定，土方的挖、填、运工程量均按自然密实体积计算，不换算为虚方体积。

计算公式：

$$运土体积 = 总挖方量 - 总回填量$$

式中计算结果为正值时，为余土外运体积；负值时，为取土体积。

土方运距按下列规定计算：

推土机运距：按挖方区重心至回填区重心之间的直线距离计算。

铲运机运土距离：按挖方区重心至卸土区重心加转向距离 45 m 计算。

自卸汽车运距：按挖方区重心至填土区（或堆放地点）重心的最短距离计算。

8.3　桩基及脚手架工程量计算

8.3.1　预制钢筋混凝土桩

1. 打　桩

打预制钢筋混凝土桩的体积，按设计桩长（包括桩尖，不扣除桩尖虚体积）乘以桩截面面积计算。管桩的空心体积应扣除。如管桩的空心部分按设计要求灌注混凝土或其他填充材料时，应另行计算。预制桩、桩靴示意图见图 8.28。

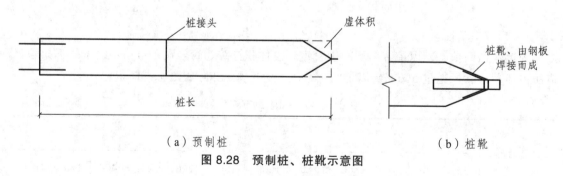

（a）预制桩　　　　　　　　　　　　　（b）桩靴

图 8.28　预制桩、桩靴示意图

2. 接　桩

电焊接桩按设计接头，以个计算（见图 8.29）；硫黄胶泥接桩按桩断面面积以平方米计算（见图 8.30）。

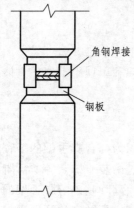

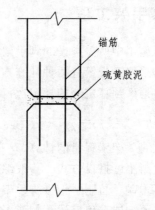

图 8.29　电焊接桩示意图　　　　图 8.30　硫黄胶泥接桩示意图

3. 送　桩

送桩按桩截面面积乘以送桩长度（即打桩架底至桩顶面高度或自桩顶至自然地坪面另加 0.5 m）计算。

8.3.2　钢板桩

打拔钢板桩按钢板桩重量以吨计算。

8.3.3　灌注桩

1. 打孔灌注桩

（1）混凝土桩、砂桩、碎石桩的体积，按设计规定的桩长（包括桩尖，不扣除桩尖虚体积）乘以钢管管箍外径截面面积计算。

（2）扩大桩的体积按单桩体积乘以次数计算。

（3）打孔后先埋入预制混凝土桩尖，再灌注混凝土者，桩尖按钢筋混凝土章节规定计算体积，灌注桩按设计长度（自桩尖顶面至桩顶面高度）乘以钢管管箍外径截面面积计算。

2. 钻孔灌注桩

钻孔灌注桩，按设计桩长（包括桩尖，不扣除桩尖虚体积）增加 0.25 m 乘以设计断面面积计算。

3. 灌注桩钢筋

灌注混凝土桩的钢筋笼制作依设计规定，按钢筋混凝土章节相应项目以吨计算。

4. 泥浆运输

灌注桩的泥浆运输工程量按钻孔体积以立方米计算。

8.3.4　脚手架工程

建筑工程施工中所需搭设的脚手架，应计算工程量。

目前，脚手架工程量有两种计算方法，即综合脚手架和单项脚手架。具体采用哪种方法计算，应按本地区预算定额的规定执行。

1. 综合脚手架

为了简化脚手架工程量的计算，一些地区以建筑面积为综合脚手架的工程量。

综合脚手架不管搭设方式，一般综合了砌筑、浇注、吊装、抹灰等所需脚手架材料的摊销量；综合了木制、竹制、钢管脚手架等，但不包括浇灌满堂基础等脚手架的项目。

综合脚手架一般按单层建筑物或多层建筑物分不同檐口高度来计算工程量，若是高层建筑还须计算高层建筑超高增加费。

2. 单项脚手架

单项脚手架是根据工程具体情况按不同的搭设方式搭设的脚手架，一般包括：单排脚手架、双排脚手架、里脚手架、满堂脚手架、悬空脚手架、挑脚手架、防护架、烟囱（水塔）脚手架、电梯井脚手架、架空运输道等。

单项脚手架的项目应根据批准了的施工组织设计或施工方案确定。如施工方案无规定，应根据预算定额的规定确定。

1）单项脚手架工程量计算一般规则

（1）建筑物外墙脚手架：凡设计室外地坪至檐口（或女儿墙上表面）的砌筑高度在 15 m 以下的按单排脚手架计算；砌筑高度在 15 m 以上的或砌筑高度虽不足 15 m，但外墙门窗及装饰面积超过外墙表面面积 60% 以上时，均按双排脚手架计算。采用竹制脚手架时，按双排计算。

（2）建筑物内墙脚手架：凡设计室内地坪至顶板下表面（或山墙高度的 1/2 处）的砌筑高度在 3.6 m 以下的（含 3.6 m），按里脚手架计算；砌筑高度超过 3.6 m 以上时，按单排脚手架计算。

（3）石砌墙体，凡砌筑高度超过 1.0 m 以上时，按外脚手架计算。

（4）计算内、外墙脚手架时，均不扣除门窗洞口、空圈洞口等所占的面积。

（5）同一建筑物高度不同时，应按不同高度分别计算。

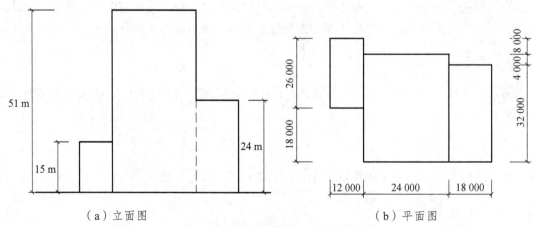

（a）立面图　　　　　　　　（b）平面图

图 8.31　计算外墙脚手架工程量示意图

142

例 8.11：根据图 8.31 图示尺寸，计算建筑物外墙脚手架工程量。

解：单排脚手架（15 m 高）= (26 + 12 × 2 + 8) × 15 = 870 m²

双排脚手架（24 m 高）= (18 × 2 + 32) × 24 = 1 632 m²

双排脚手架（27 m 高）= 32 × 27 = 864 m²

双排脚手架（36 m 高）= (26 − 8) × 36 = 648 m²

双排脚手架（51 m 高）= (18 + 24 × 2 + 4) × 51 = 3 570 m²

（6）现浇钢筋混凝土框架柱、梁按双排脚手架计算。

（7）围墙脚手架：凡室外自然地坪至围墙顶面的砌筑高度在 3.6 m 以下的，按里脚手架计算；砌筑高度超过 3.6 m 以上时，按单排脚手架计算。

（8）室内顶棚装饰面距设计室内地坪在 3.6 m 以上时，应计算满堂脚手架。计算满堂脚手架后，墙面装饰工程则不再计算脚手架。

（9）滑升模板施工的钢筋混凝土烟囱、筒仓，不另计算脚手架。

（10）砌筑贮仓，按双排外脚手架计算。

2）砌筑脚手架工程量计算

（1）外脚手架按外墙外边线长度，乘以外墙砌筑高度以平方米计算，突出墙面宽度在 24 cm 以内的墙垛、附墙烟囱等不计算脚手架；宽度超过 24 cm 以外时按图示尺寸展开计算，并入外脚手架工程量之内。

（2）里脚手架按墙面垂直投影面积计算。

（3）独立柱按图示柱结构外围周长另加 3.6 m，乘以砌筑高度以平方米计算，套用相应外脚手架定额。

3）现浇钢筋混凝土框架脚手架计算

（1）现浇钢筋混凝土柱，按柱图示周长尺寸另加 3.6 m，乘以柱高以平方米计算，套用外脚手架定额。

（2）现浇钢筋混凝土梁、墙，按设计室外地坪或楼板上表面至楼板底之间的高度，乘以梁、墙净长以平方米计算，套用相应双排外脚手架定额。

4）装饰工程脚手架工程量计算

（1）满堂脚手架，按室内净面积计算，其高度在 3.6 ~ 5.2 m 时，计算基本层。超过 5.2 m 时，每增加 1.2 m 按增加 1 层计算，不足 0.6m 的不计，算式表示如下：

$$满堂脚手架增加层 = \frac{室内净高 - 5.2 \text{ m}}{1.2 \text{ m}}$$

例 8.12：某大厅室内净高 9.50 m，试计算满堂脚手架增加层数。

解：满堂脚手架增加层 = $\frac{9.50 - 5.2}{1.2}$ = 3层余0.7m = 4层

（2）挑脚手架，按搭设长度和层数以延长米计算。

（3）悬空脚手架，按搭设水平投影面积以平方米计算。

（4）高度超过 3.6 m 的墙面装饰不能利用原砌筑脚手架时，可以计算装饰脚手架。装饰脚手架按双排脚手架乘以 0.3 计算。

5）其他脚手架工程量计算

（1）水平防护架，按实际铺板的水平投影面积，以平方米计算。

（2）垂直防护架，按自然地坪至最上一层横杆之间的搭设高度，乘以实际搭设长度，以平方米计算。

（3）架空运输脚手架，按搭设长度以延长米计算。

（4）烟囱、水塔脚手架，区别不同搭设高度以座计算。

（5）电梯井脚手架，按单孔以座计算。

（6）斜道，区别不同高度，以座计算。

（7）砌筑贮仓脚手架，不分单筒或贮仓组，均按单筒外边线周长乘以设计室外地坪至贮仓上口之间高度，以平方米计算。

（8）贮水（油）池脚手架，按外壁周长乘以室外地坪至池壁顶面之间高度，以平方米计算。

（9）大型设备基础脚手架，按其外形周长乘以地坪至外形顶面边线之间高度，以平方米计算。

（10）建筑物垂直封闭工程量，按封闭面的垂直投影面积计算。

6）安全网工程量计算

（1）立挂式安全网按网架部分的实挂长度乘以实挂高度计算。

（2）挑出式安全网，按挑出的水平投影面积计算。

8.4　砌筑工程量计算

8.4.1　砖墙的一般规定

1. 计算墙体的规定

（1）计算墙体时，应扣除门窗洞口、过人洞、空圈、嵌入墙身的钢筋混凝土柱、梁（包括过梁、圈梁及埋入墙内的挑梁）、砖平碹（见图 8.32）、平砌砖过梁和暖气包壁龛（见图 8.33）及内墙板头（见图 8.34）的体积，不扣除梁头、外墙板头（见图 8.35）、檩头、垫木、木楞头、沿椽木、木砖、门窗框走头（见图 8.36）、砖墙内的加固钢筋、木筋、铁件、钢管及每个面积在 0.3 m² 以下的孔洞等所占的体积，突出墙面的窗台虎头砖（见图 8.37）、压顶线（见图 8.38）、山墙泛水（见图 8.39）、烟囱根（见图 8.40、图 8.41）、门窗套（见图 8.42）及三皮砖以内的腰线和挑檐（见图 8.43 和图 8.44）等体积亦不增加。

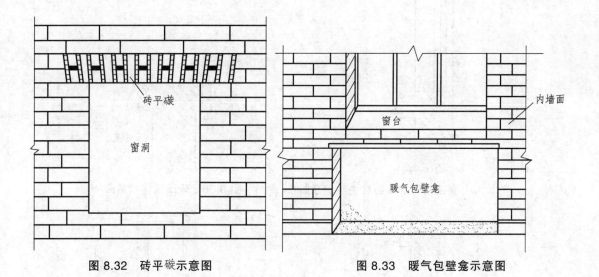

图 8.32 砖平碹示意图

图 8.33 暖气包壁龛示意图

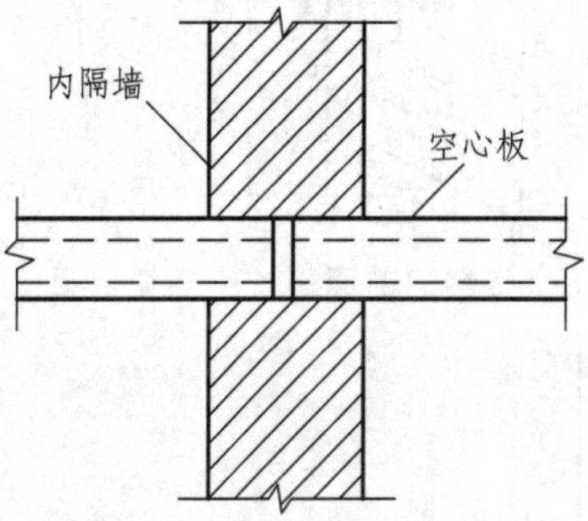

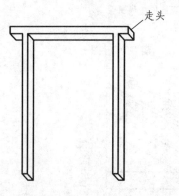

图 8.34 内墙板头示意图

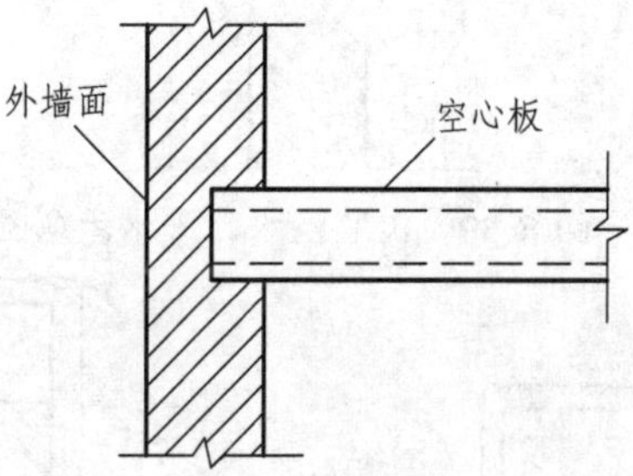

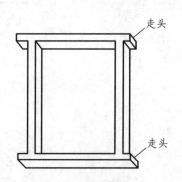

图 8.35 外墙板头示意图

（a）木门框走头   （b）木窗框走头

图 8.36 木门窗走头示意图

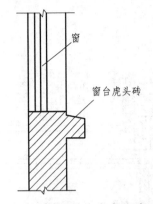

图 8.37 突出墙面的窗台虎头砖示意图

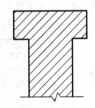

图 8.38 砖压顶线示意图

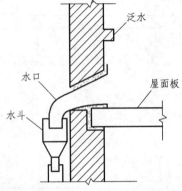

图 8.39 山墙泛水、排水示意图

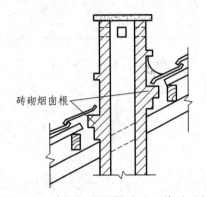

图 8.40 砖烟囱剖面图（平瓦坡屋面）

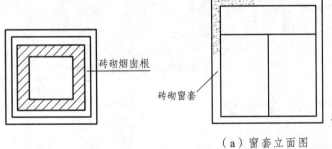

图 8.41 砖烟囱平面图

（a）窗套立面图　　（b）窗套剖面图

图 8.42 窗套示意图

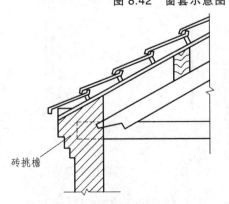

图 8.43 坡屋面砖挑檐示意图

（2）砖垛、三皮砖以上的腰线和挑檐等体积，并入墙身体积内计算（见图 8.44）。

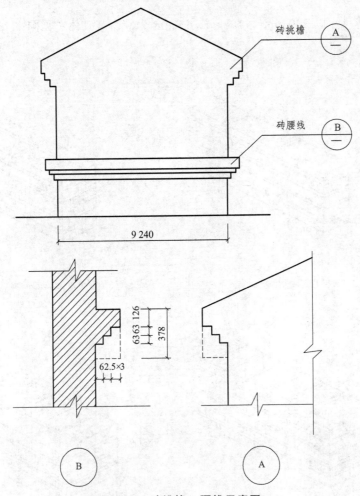

图 8.44　砖挑檐、腰线示意图

（3）附墙烟囱（包括附墙通风道、垃圾道）按其外形体积计算，并入所依附的墙体内，不扣除每一个孔洞横截面在 0.1 m² 以下的体积，但孔洞内的抹灰工程量亦不增加。

（4）女儿墙（见图 8.45）高度，自外墙顶面至图示女儿墙顶面高度，不同墙厚分别并入外墙计算。

（5）砖平碹、平砌砖过梁按图示尺寸以立方米计算。如设计无规定时，砖平碹 按门窗洞口宽度两端共加 100 mm，乘以高度计算（门窗洞口宽小于 1 500 mm 时，高度为 240 mm；大于 1 500 mm 时，高度为 365 mm）；平砌砖过梁按门窗洞口宽度两端共加 500 mm，高按 440 mm 计算。

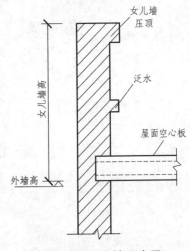

图 8.45　女儿墙示意图

2. 砌体厚度的规定

（1）标准砖尺寸以 240 mm×115 mm×53 mm 为准，其砌体（见图 8.46）计算厚度按表 8.10 计算。

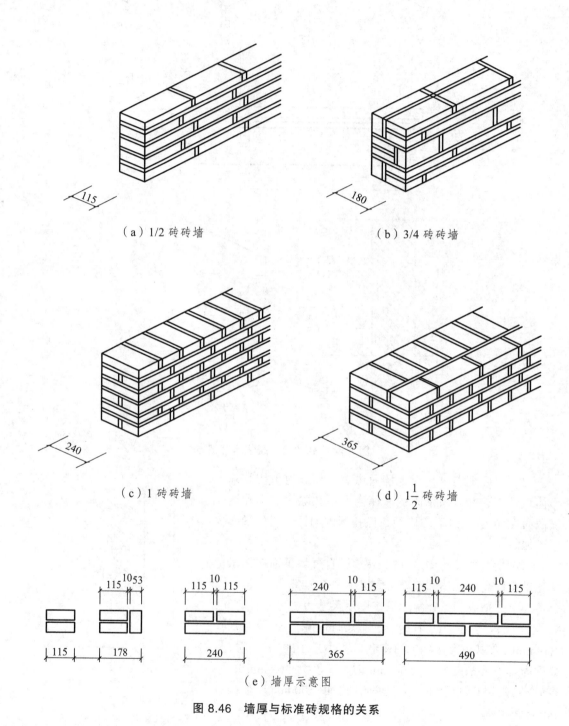

（a）1/2 砖砖墙

（b）3/4 砖砖墙

（c）1 砖砖墙

（d）$1\frac{1}{2}$ 砖砖墙

（e）墙厚示意图

图 8.46　墙厚与标准砖规格的关系

表 8.10　标准砖砌体计算厚度表

砖数（厚度）	1/4	1/2	3/4	1	1.5	2	2.5	3
计算厚度（mm）	53	115	180	240	365	490	615	740

（2）使用非标准砖时，其砌体厚度应按砖实际规格和设计厚度计算。

8.4.2　砖基础

1. 基础与墙身（柱身）的划分

（1）基础与墙（柱）身（见图 8.47）使用同一种材料时，以设计室内地面为界；有地下室者，以地下室室内设计地面为界（见图 8.48），以下为基础，以上为墙（柱）身。

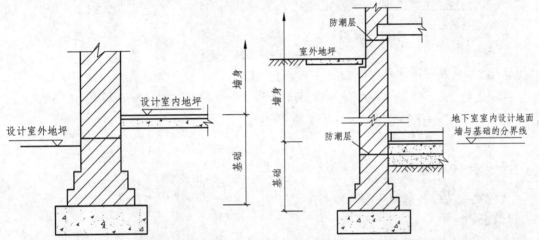

图 8.47　基础与墙身划分示意图　　　　图 8.48　地下室的基础与墙身划分示意图

（2）基础与墙身使用不同材料时，位于设计室内地面 ±300 mm 以内时，以不同材料为分界线；超过 ±300 mm 时，以设计室内地面为分界线。

（3）砖、石围墙，以设计室外地坪为界线，以下为基础，以上为墙身。

2. 基础长度

外墙墙基按外墙中心线长度计算；内墙墙基按内墙基净长计算。基础大放脚 T 形接头处的重叠部分以及嵌入基础的钢筋、铁件、管道、基础防潮层及单个面积在 0.3 m² 以内孔洞所占体积不予扣除，但靠墙暖气沟的挑檐亦不增加。附墙垛基础宽出部分体积应并入基础工程量内。

砖砌挖孔桩护壁工程量按实砌体积计算。

例 8.13： 根据图 8.49 基础施工图的尺寸，计算砖基础的长度（基础墙均为 240 厚）。

解：（1）外墙砖基础长（$L_{中}$）：

$$L_{中} = [(4.5+2.4+5.7)+(3.9+6.9+6.3)]\times 2$$
$$= (12.6+17.1)\times 2 = 59.40 \text{ m}$$

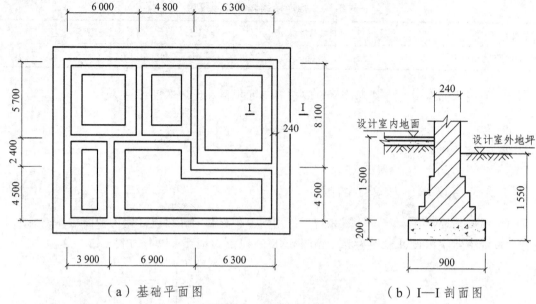

（a）基础平面图 （b）Ⅰ—Ⅰ剖面图

图 8.49　砖基础施工图

（2）内墙砖基础净长（$l_{内}$）：

$$l_{内} = (5.7 - 0.24) + (8.1 - 0.24) + (4.5 + 2.4 - 0.24) + (6.0 + 4.8 - 0.24) + 6.3$$
$$= 5.46 + 7.86 + 6.66 + 10.56 + 6.30$$
$$= 36.84 \text{ m}$$

3. 有放脚砖墙基础

1）等高式放脚砖基础[见图 8.50(a)]

计算公式：

$$V_{基} = (基础墙厚 \times 基础墙高 + 放脚增加面积) \times 基础长$$
$$= (d \times h + \Delta S) \times l$$
$$= [dh + 0.126 \times 0.062\ 5\ n(n + 1)]l$$
$$= [dh + 0.007\ 875\ n(n + 1)]l$$

式中　$0.007\ 875$——一个放脚标准块面积；

　　　$0.007\ 875n(n + 1)$——全部放脚增加面积；

　　　n——放脚层数；

　　　d——基础墙厚；

　　　h——基础墙高；

　　　l——基础长。

例 8.14：某工程砌筑的等高式标准砖放脚基础如图 8.50(a)所示，当基础墙高 $h = 1.4$ m，基础长 $l = 25.65$ m 时，计算砖基础工程量。

解：已知：$d = 0.365$，$h = 1.4$ m，$l = 25.65$ m，$n = 3$

$$V_{砖基} = (0.365 \times 1.40 + 0.007\ 875 \times 3 \times 4) \times 25.65$$
$$= 0.605\ 5 \times 25.65 = 15.53 \text{ m}^3$$

150

2）不等高式放脚砖基础[见图 8.50（b）]

计算公式：

$$V_{基} = \{dh + 0.007\,875[n(n+1) - \sum 半层放脚层数值]\} \times l$$

式中　半层放脚层数值——半层放脚（0.063 m 高）所在放脚层的值。如图 8.50（b）中为

$$1 + 3 = 4 。$$

其余字母含义同上公式。

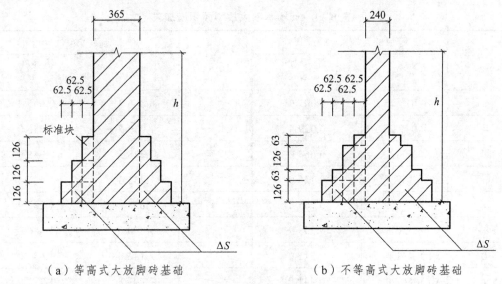

（a）等高式大放脚砖基础　　　　　　（b）不等高式大放脚砖基础

图 8.50　大放脚砖基础示意图

3）基础放脚 T 形接头重复部分（见图 8.51）

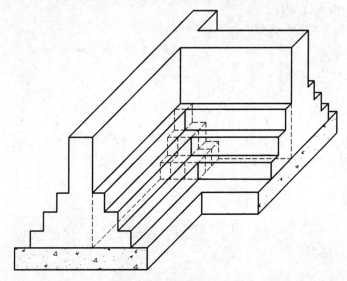

图 8.51　基础放脚 T 形接头重复部分示意图

例 8.15：某工程大放脚砖基础的尺寸见图 8.50（b），当 $h = 1.56$ m，基础长 $L = 18.5$ m 时，计算砖基础工程量。

解 已知：$d = 0.24\,\text{m}$，$h = 1.56\,\text{m}$，$L = 18.5\,\text{m}$，$n = 4$

$$
\begin{aligned}
V_{\text{砖基}} &= \{0.24 \times 1.56 + 0.007\,875 \times [4 \times 5 - (1 + 3)]\} \times 18.5 \\
&= (0.374\,4 + 0.007\,875 \times 16) \times 18.5 \\
&= 0.500\,4 \times 18.5 \\
&= 9.26\,\text{m}^3
\end{aligned}
$$

标准砖大放脚基础，放脚面积 ΔS 见表 8.11。

表 8.11　砖墙基础大放脚面积增加表

放脚层数 （n）	增加断面积 ΔS（m^2）		放脚层数 （n）	增加断面积 ΔS（m^2）	
	等高	不等高 （奇数层为半层）		等高	不等高 （奇数层为半层）
一	0.015 75	0.007 9	十	0.866 3	0.669 4
二	0.047 25	0.039 4	十一	1.039 5	0.756 0
三	0.094 5	0.063 0	十二	1.228 5	0.945 0
四	0.157 5	0.126 0	十三	1.433 3	1.047 4
五	0.236 3	0.165 4	十四	1.653 8	1.267 9
六	0.330 8	0.259 9	十五	1.890 0	1.386 0
七	0.441 0	0.315 0	十六	2.142 0	1.638 0
八	0.567 0	0.441 0	十七	2.409 8	1.771 9
九	0.708 8	0.511 9	十八	2.693 3	2.055 4

注：1. 等高式 $\Delta S = 0.007\,875\,n(n+1)$；

　　2. 不等高式 $\Delta S = 0.007\,875[n(n+1) - \sum 半层层数值]$。

4）毛石基础断面

毛石基础断面见图 8.52。

4. 有放脚砖柱基础

有放脚砖柱基础工程量计算分为两部分，一是将柱的体积算至基础底，二是将柱四周放脚体积算出（见图 8.53 和图 8.54）。

计算公式：

$$
\begin{aligned}
V_{\text{柱基}} &= abh + \Delta V \\
&= abh + n(n+1)[0.007\,875(a+b) + 0.000\,328\,125(2n+1)]
\end{aligned}
$$

式中　a——柱断面长；

　　　b——柱断面宽；

　　　h——柱基高；

　　　n——放脚层数；

　　　ΔV——砖柱四周放脚体积。

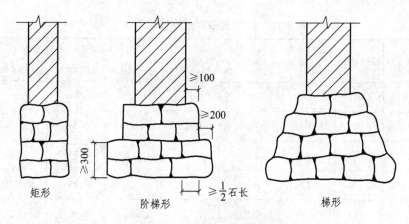

图 8.52　毛石基础断面形状

矩形　　　　　　　阶梯形　　　　　　　梯形

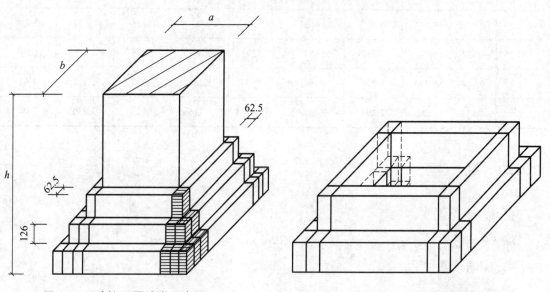

图 8.53　砖柱四周放脚示意图　　　　图 8.54　砖柱基四周放脚体积 ΔV 示意图

例 8.16： 某工程有 5 个等高式放脚砖柱基础，根据下列条件计算砖基础工程量：

柱 断 面　　0.365 m×0.365 m

柱 基 高　　1.85 m

放脚层数　　5 层

解： 已知 $a = 0.365$ m，$b = 0.365$ m，$h = 1.85$ m，$n = 5$

$$
\begin{aligned}
V_{柱基} &= 5 根柱基 \times \{0.365 \times 0.365 \times 1.85 + 5 \times 6 \times [0.007\ 875 \times (0.365 + 0.365) + \\
&\quad 0.000\ 328\ 125 \times (2 \times 5 + 1)]\} \\
&= 5 \times (0.246 + 0.281) \\
&= 5 \times 0.527 \\
&= 2.64\ \text{m}^3
\end{aligned}
$$

153

砖柱基四周放脚体积见表8.12。

表 8.12　砖柱基四周放脚体积表　　　　　　　　单位：m^3

$a \times b$　　放脚层数	0.24×0.24	0.24×0.365	0.365×0.365 0.24×0.49	0.365×0.49 0.24×0.615	0.49×0.49 0.365×0.165	0.49×0.615 0.365×0.74	0.365×0.865 0.615×0.615	0.615×0.74 0.49×0.865	0.74×0.74 0.615×0.865
一	0.010	0.011	0.013	0.015	0.017	0.019	0.021	0.024	0.025
二	0.033	0.038	0.045	0.050	0.056	0.062	0.068	0.074	0.080
三	0.073	0.085	0.097	0.108	0.120	0.132	0.144	0.156	0.167
四	0.135	0.154	0.174	0.194	0.213	0.233	0.253	0.272	0.292
五	0.221	0.251	0.281	0.310	0.340	0.369	0.400	0.428	0.458
六	0.337	0.379	0.421	0.462	0.503	0.545	0.586	0.627	0.669
七	0.487	0.543	0.597	0.653	0.708	0.763	0.818	0.873	0.928
八	0.674	0.745	0.816	0.887	0.957	1.028	1.095	1.170	1.241
九	0.910	0.990	1.078	1.167	1.256	1.344	1.433	1.521	1.61
十	1.173	1.282	1.390	1.498	1.607	1.715	1.823	1.930	2.04

8.4.3　砖　墙

1. 墙的长度

外墙长度按外墙中心线长度计算，内墙长度按内墙净长线计算。

墙长计算方法如下：

1）墙长在转角处的计算

墙体在90°转角时，用中轴线尺寸计算墙长，就能算准墙体的体积。例如，图8.55的Ⓐ图中，按箭头方向的尺寸算至两轴线的交点时，墙厚方向的水平断面面积重复计算的矩形部分正好等于没有计算到的矩形面积。因而，凡是 90°转角的墙，算到中轴线交叉点时，就算够了墙长。

2）T形接头的墙长计算

当墙体处于T形接头时，T形上部水平墙拉通算完长度后，垂直部分的墙只能从墙内边算净长。例如，图8.55中的Ⓑ图，当③轴上的墙算完长度后，Ⓑ轴墙只能从③轴墙内边起计算Ⓑ轴的墙长，故内墙应按净长计算。

3）十字形接头的墙长计算

当墙体处于十字形接头时，计算方法基本同T形接头，见图8.55中Ⓒ图的示意。因此，十字形接头处分断的二道墙也应算净长。

例8.17：根据图8.55，计算内、外墙长（墙厚均为240）。

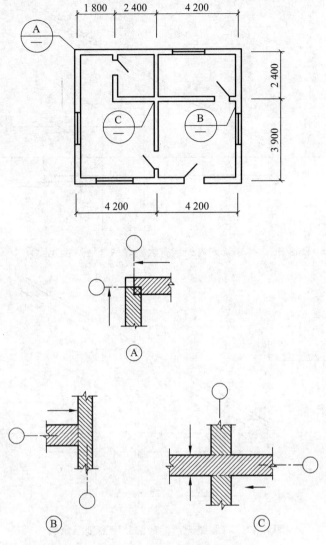

图 8.55 墙长计算示意图

解：（1）240 厚外墙长：

$$l_{中} = [(4.2 + 4.2) + (3.9 + 2.4)] \times 2 = 29.40 \text{ m}$$

（2）240 厚内墙长：

$$l_{中} = (3.9 + 4.2 - 0.24) + (4.2 - 0.24) + (2.4 - 0.12) + (2.4 - 0.12)$$
$$= 14.58 \text{ m}$$

2. 墙身高度的规定

1）外墙墙身高度

斜（坡）屋面无檐口顶棚者算至屋面板底；有屋架，且室内外均有顶棚者（见图 8.56），算至屋架下弦底面另加 200 mm；无顶棚者算至屋架下弦底面另加 300 mm（见图 8.57），出檐宽度超过 600 mm 时，应按实砌高度计算；平屋面算至钢筋混凝土板底（见图 8.58）。

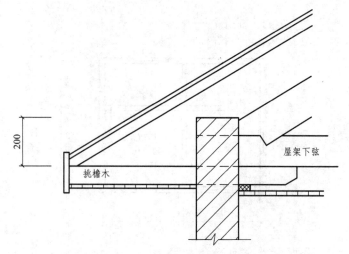

图 8.56　有屋架室内外均有顶棚时的外墙高度示意图

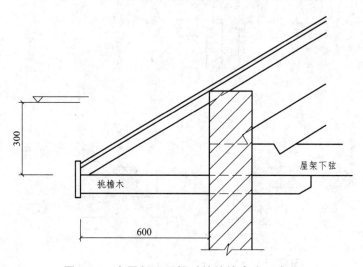

图 8.57　有屋架无顶棚时的外墙高度示意图

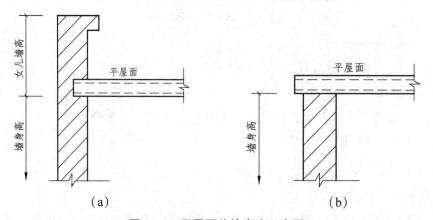

（a）　　　　　　　　　　　　（b）

图 8.58　平屋面外墙高度示意图

2）内墙墙身高度

内墙位于屋架下弦者（见图 8.59），其高度算至屋架底；无屋架者（见图 8.60）算至顶棚底另加 100 mm；有钢筋混凝土楼板隔层者（见图 8.61）算至板底；有框架梁时（见图 8.62）算至梁底面。

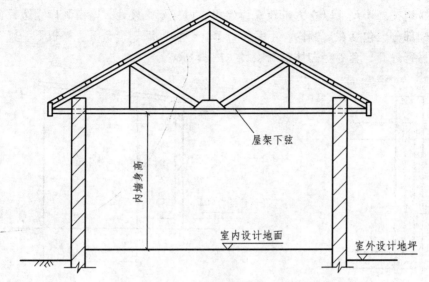

图 8.59　屋架下弦的内墙墙身高度示意图

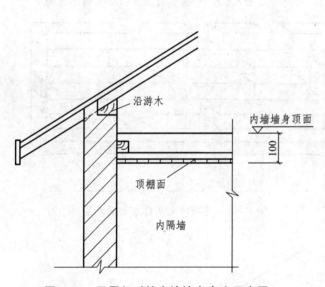

图 8.60　无屋架时的内墙墙身高度示意图

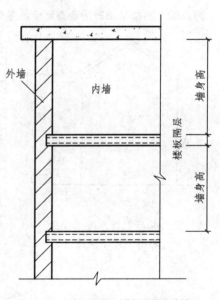

图 8.61　有混凝土楼板隔层时的内墙墙身高度示意图

3）内、外山墙墙身高度

按其平均高计算（见图 8.63 和图 8.64）。

3. 计算规则

（1）框架间砌体，分内、外墙以框架间的净空面积（见图 8.62）乘以墙厚计算。框架外表镶贴砖部分亦并入框架间砌体工程量内计算。

空花墙按空花部分外形体积以立方米计算，空花部分不予扣除，其中实体部分另行计算（见图8.65）。

（2）空斗墙按外形尺寸以立方米计算，墙角、内外墙交接处，门窗洞口立边，窗台砖及屋檐处的实砌部分已包括在定额内，不另行计算，但窗间墙、窗台下、楼板下、梁头下等实砌部分，应另行计算，套零星砌体定额项目（见图8.66）。

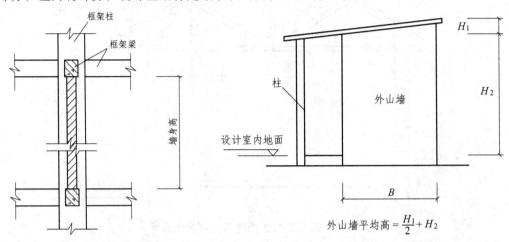

图 8.62　有框架梁时的墙身高度示意图　　图 8.63　一坡水屋面外山墙墙高示意图

$$外山墙平均高 = \frac{H_1}{2} + H_2$$

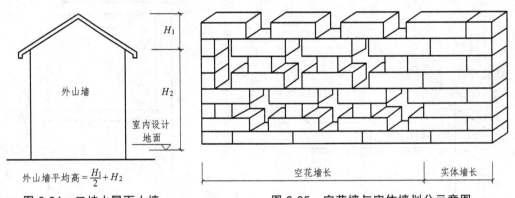

图 8.64　二坡水屋面山墙
墙身高度示意图

$$外山墙平均高 = \frac{H_1}{2} + H_2$$

图 8.65　空花墙与实体墙划分示意图

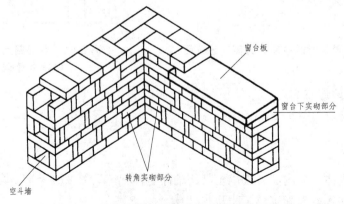

图 8.66　空斗墙转角及窗台下实砌部分示意图

（3）多孔砖、空心砖按图示厚度以立方米计算，不扣除其孔、空心部分体积。

（4）填充墙按外形尺寸以立方米计算，其中实砌部分已包括在定额内，不另计算（见图 8.66）。

（5）加气混凝土墙、硅酸盐砌块墙、小型空心砌块墙，按图示尺寸以立方米计算，按设计规定需要镶嵌砖砌体部分已包括在定额内，不另计算。

8.4.4　其他砌体

（1）砖砌锅台、炉灶，不分大小，均按图示外形尺寸以立方米计算，不扣除各种空洞的体积。

说明：

① 锅台一般指大食堂、餐厅里用的锅灶。

② 炉灶一般指住宅里每户用的灶台。

（2）砖砌台阶（不包括梯带）（见图 8.67）按水平投影面积以平方米计算。

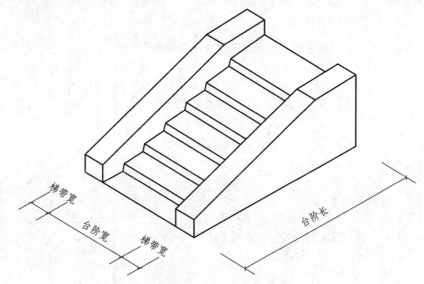

图 8.67　砖砌台阶示意图

（3）厕所蹲位、水槽腿、灯箱、垃圾箱、台阶挡墙或梯带、花台、花池、地垄墙及支撑地楞木的砖墩，房上烟囱、屋面架空隔热层砖墩及毛石墙的门窗立边、窗台虎头砖等实砌体积，以立方米计算，套用零星砌体定额项目（见图 8.68～8.73）。

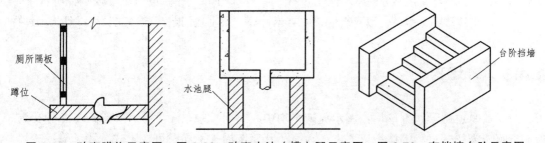

图 8.68　砖砌蹲位示意图　图 8.69　砖砌水池（槽）腿示意图　图 8.70　有挡墙台阶示意图

159

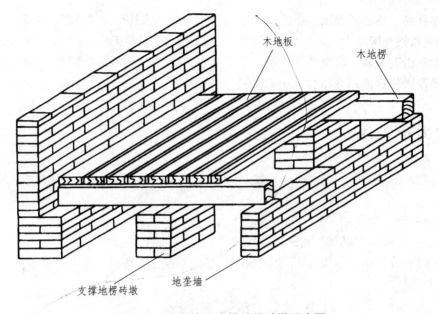

图 8.71 地垄墙及支撑地楞砖墩示意图

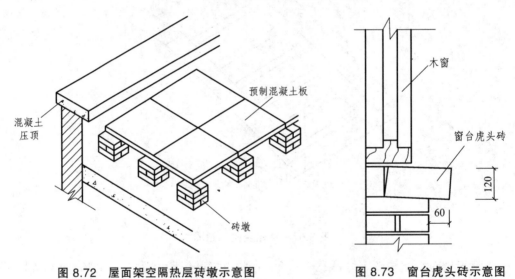

图 8.72 屋面架空隔热层砖墩示意图

图 8.73 窗台虎头砖示意图
注：石墙的窗台虎头砖单独计算工程量。

（4）检查井及化粪池不分壁厚均以立方米计算，洞口上的砖平拱碳等并入砌体体积内计算。

（5）砖砌地沟不分墙基、墙身合并以立方米计算。石砌地沟按其中心线长度以延长米计算。

8.4.5 砖烟囱

（1）筒身：圆形、方形均按图示筒壁平均中心线周长乘以厚度，并扣除筒身各种孔洞、钢筋混凝土圈梁、过梁等体积以立方米计算。其筒壁周长不同时可按下式分段计算：

$$V = \sum (H \times C \times \pi D)$$

160

式中　V——筒身体积；

　　　H——每段筒身垂直高度；

　　　C——每段筒壁厚度；

　　　D——每段筒壁中心线的平均直径。

例 8.18：根据图 8.74 中的有关数据和上述公式计算砖砌烟囱和圈梁工程量。

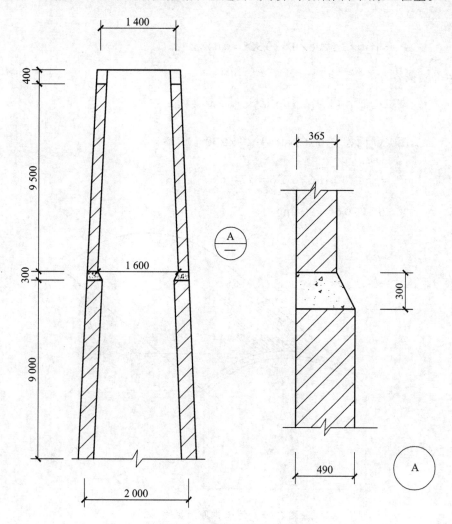

图 8.74　有圈梁砖烟囱示意图

解：（1）砖砌烟囱工程量

① 上段

已知：$H = 9.50$ m，$C = 0.365$ m

求：$D = (1.40 + 1.60 + 0.365) \times \dfrac{1}{2} = 1.68$ m

故：$V_{上} = 9.50 \times 0.365 \times 3.141\,6 \times 1.68 = 18.30$ m³

② 下段

已知：$H = 9.0$ m，$C = 0.490$ m

161

求：
$$D = (2.0 + 1.60 + 0.365 \times 2 - 0.49) \times \frac{1}{2} = 1.92 \text{ m}$$

因为
$$V_{\text{下}} = 9.0 \times 0.49 \times 3.141\,6 \times 1.92 = 26.60 \text{ m}^3$$

所以
$$V = 18.30 + 26.60 = 44.90 \text{ m}^3$$

（2）混凝土圈梁工程量

① 上部圈梁：
$$V_{\text{上}} = 1.40 \times 3.141\,6 \times 0.4 \times 0.365 = 0.64 \text{ m}^3$$

② 中部圈梁：
$$\text{圈梁中心直径} = 1.60 + 0.365 \times 2 - 0.49 = 1.84 \text{ m}$$

$$\text{圈梁断面积} = (0.365 + 0.49) \times \frac{1}{2} \times 0.30 = 0.128 \text{ m}^2$$

$$V_{\text{中}} = 1.84 \times 3.141\,6 \times 0.128 = 0.74 \text{ m}^3$$

故
$$V = 0.74 + 0.64 = 1.38 \text{ m}^3$$

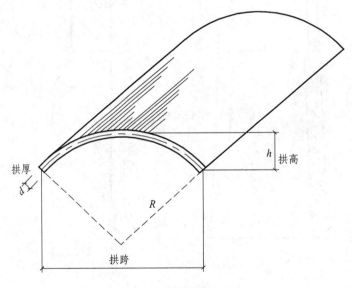

图 8.75　烟道拱顶示意图

（2）烟道、烟囱内衬按不同材料，扣除孔洞后，以图示实体积计算。

（3）烟囱内壁表面隔热层，按筒身内壁并扣除各种孔洞后的面积以平方米计算；填料按烟囱内衬与筒身之间的中心线平均周长乘以图示宽度和筒高，并扣除各种孔洞所占体积（但不扣除连接横砖及防沉带的体积）后以立方米计算。

（4）烟道砌砖：烟道与炉体的划分以第一道闸门为界，炉体内的烟道部分列入炉体工程量计算。

烟道拱顶（见图 8.75）按实体积计算，其计算方法有两种：

方法一：按矢跨比公式计算

162

计算公式： V = 中心线拱跨×弧长系数×拱厚×拱长

$$= b \times P \times d \times L$$

注：烟道拱顶弧长系数表见表 8.13。表中弧长系数 P 的计算公式为（当 $h=1$ 时）：

$$P = \frac{1}{90}\left(\frac{0.5}{b} + 0.125b\right)\pi \arcsin \frac{b}{1+0.25b^2}$$

当矢跨比 $\frac{h}{l} = \frac{1}{7}$ 时，弧长系数 P 为：

$$P = \frac{1}{90}\left(\frac{0.5}{7} + 0.125 \times 7\right) \times 3.141\,6 \times \arcsin \frac{7}{1+0.25 \times 7^2}$$
$$= 1.054$$

例 8.19： 已知矢高为 1，拱跨为 6，拱厚为 0.15 m，拱长 7.8 m，求拱顶体积。

解： 查表 8.13 知弧长系数 P 为 1.07。

表 8.13　烟道拱顶弧长系数表

矢跨比 $\dfrac{h}{b}$	$\dfrac{1}{2}$	$\dfrac{1}{3}$	$\dfrac{1}{4}$	$\dfrac{1}{5}$	$\dfrac{1}{6}$	$\dfrac{1}{7}$	$\dfrac{1}{8}$	$\dfrac{1}{9}$	$\dfrac{1}{10}$
弧长系数 P	1.57	1.27	1.16	1.10	1.07	1.05	1.04	1.03	1.02

故　　　　　　$V = 6 \times 1.07 \times 0.15 \times 7.8 = 7.51 \text{ m}^3$

方法二： 按圆弧长公式计算

计算公式：

$$V = 圆弧长 \times 拱厚 \times 拱长$$
$$= l \times d \times L$$

式中　　　　$l = \frac{\pi}{180} R\theta$

例 8.20： 某烟道拱顶厚 0.18 m，半径 4.8 m，θ 角为 180°，拱长 10 m，求拱顶体积。

解： 已知： $d = 0.18$ m，$R = 4.8$ m，$\theta = 180°$，$L = 10$ m

故

$$V = \frac{3.141\,6}{180} \times 4.8 \times 180 \times 0.18 \times 10$$
$$= 27.14 \text{ m}^3$$

8.4.6　砖砌水塔

砖砌水塔见图 8.76。

（1）水塔基础与塔身划分：以砖基础的扩大部分顶面为界，以上为塔身，以下为基础，分别套用相应基础砌体定额。

（2）塔身以图示实砌体积计算，并扣除门窗洞口和混凝土构件所占的体积，砖平拱碹及砖出檐等并入塔身体积内计算，套水塔砌筑定额。

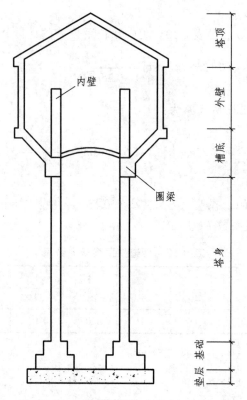

图 8.76　水塔构造及各部分划分示意图

（3）砖水箱内外壁，不分壁厚，均以图示实砌体积计算，套相应的内、外砖墙定额。

8.4.7　砌体内钢筋加固

砌体内钢筋加固根据设计规定，以吨计算，套用钢筋混凝土章节相应项目（见图 8.77 ~ 图 8.80 ）。

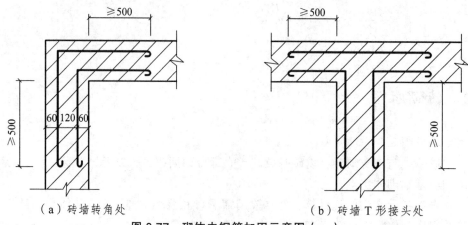

（a）砖墙转角处　　　　　　　（b）砖墙 T 形接头处

图 8.77　砌体内钢筋加固示意图（一）

164

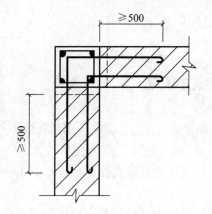
（a）有构造柱的墙转角处

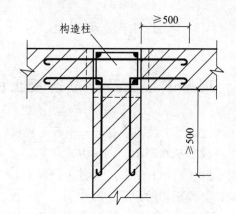
（b）有构造柱的 T 形墙接头处

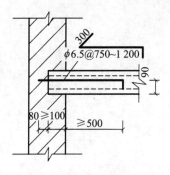
（c）板端与外墙连接

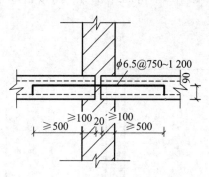
（d）板端内墙连接

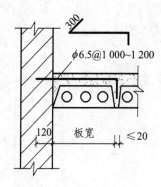
（e）板与纵墙连接

图 8.78　砌体内钢筋加固示意图（二）

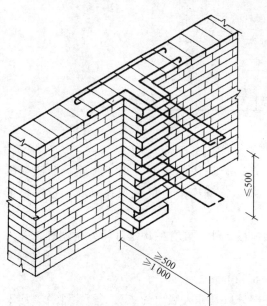
图 8.79　T 形接头钢筋加固示意图

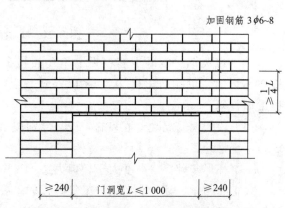
图 8.80　钢筋砖过梁

8.5 混凝土及钢筋混凝土工程量计算

8.5.1 现浇混凝土及钢筋混凝土模板工程量

（1）现浇混凝土及钢筋混凝土模板工程量，除另有规定者外，均应区别模板的不同材质，按混凝土与模板接触面积，以平方米计算。

说明：除了底面有垫层、构件（侧面有构件）及上表面不需支撑模板外，其余各个方向的面均应计算模板接触面积。

（2）现浇钢筋混凝土柱、梁、板、墙的支模高度（即室外地坪至板底或板面至板底之间的高度）以 3.6 m 以内为准，超过 3.6 m 以上部分，另按超过部分计算增加支撑工程量（见图 8.81）。

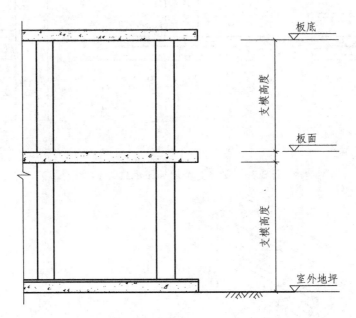

图 8.81 支模高度示意图

（3）现浇钢筋混凝土墙、板上单孔面积在 0.3 m² 以内的孔洞，不予扣除，洞侧壁模板亦不增加，单孔面积在 0.3 m² 以外时，应予扣除，洞侧壁模板面积并入墙、板模板工程量内计算。

（4）现浇钢筋混凝土框架的模板，分别按梁、板、柱、墙有关规定计算，附墙柱，并入墙内工程量计算。

（5）杯形基础杯口高度大于杯口大边（见图 8.82）。

（6）柱与梁、柱与墙、梁与梁等连接的重叠部分以及伸入墙内的梁头、板头部分，均不计算模板面积。

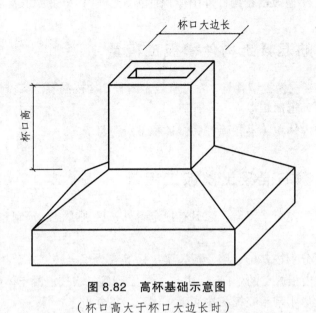

图 8.82　高杯基础示意图

（杯口高大于杯口大边长时）

（7）构造柱外露面均应按图示外露部分计算模板面积，构造柱与墙接触部分不计算模板面积（见图 8.83）。

（8）现浇钢筋混凝土悬挑板（雨篷、阳台）按图示外挑部分尺寸的水平投影面积计算。挑出墙外的牛腿梁及板边模板不另计算。

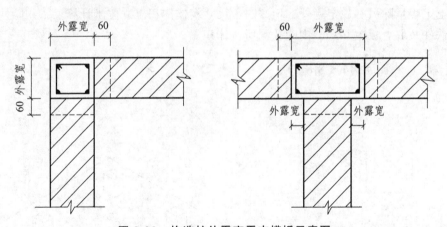

图 8.83　构造柱外露宽需支模板示意图

说明："挑出墙外的牛腿梁及板边模板"在实际施工时需支模板，为了简化工程量计算，在编制该项定额时已经将该因素考虑在定额消耗内，所以工程量就不单独计算了。

（9）现浇钢筋混凝土楼梯，以图示露明面尺寸的水平投影面积计算，不扣除小于 500 mm 楼梯井所占面积。楼梯的踏步、踏步板、平台梁等侧面模板，不另计算。

（10）混凝土台阶不包括梯带，按图示台阶尺寸的水平投影面积计算，台阶端头两侧不另计算模板面积。

（11）现浇混凝土小型池槽按构件外围体积计算，池槽内、外侧及底部的模板不应另计算。

8.5.2　预制钢筋混凝土构件模板工程量

（1）预制钢筋混凝土模板工程量，除另有规定者外，均按混凝土实体体积以立方米计算。

（2）小型池槽按外形体积以立方米计算。

（3）预制桩尖按虚体积（不扣除桩尖虚体积部分）计算。

8.5.3　构筑物钢筋混凝土模板工程量

（1）构筑物工程的模板工程量，除另有规定者外，区别现浇、预制和构件类别，分别按有关规定计算。

（2）大型池槽等分别按基础、墙、板、梁、柱等有关规定计算并套相应定额项目。

（3）液压滑升钢模板施工的烟囱、水塔、身、贮仓等，均按混凝土体积，以立方米计算。

（4）预制倒圆锥形水塔罐壳模板按混凝土体积，以立方米计算。

（5）预制倒圆锥形水塔罐壳组装、提升、就位，按不同容积以座计算。

8.5.4　现浇混凝土工程量

1. 计算规定

混凝土工程量除另有规定者外，均按图示尺寸实体体积以立方米计算。不扣除构件内钢筋、预埋铁件及墙、板中 $0.3 \ \mathrm{m}^2$ 内的孔洞所占体积。

2. 基础（见图 8.84～8.88）

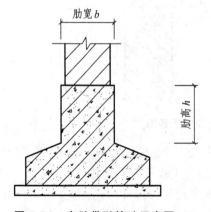

图 8.84　有肋带形基础示意图

（$h/b>4$ 时，肋按墙计算）

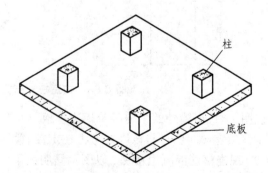

图 8.85　板式（筏形）满堂基础示意图

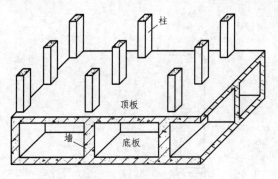

图 8.86　箱式满堂基础示意图

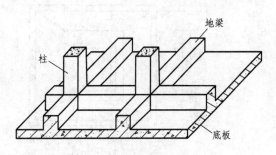

图 8.87　梁板式满堂基础示意图

（1）有肋带形混凝土基础（见图 8.84），其肋高与肋宽之比在 4：1 以内的按有肋带形基础计算。超过 4：1 时，其基础底板按板式基础计算（见图 8.85），以上部分按墙计算。

（2）箱式满堂基础应分别按无梁式满堂基础、柱、墙、梁、板有关规定计算，套相应定额项目（见图 8.86）。

（3）设备基础除块体外，其他类型设备基础分别按基础、梁、柱、板、墙等有关规定计算，套相应的定额项目。

（4）独立基础。钢筋混凝土独立基础与柱在基础上表面分界，见图 8.88。

例 8.21：根据图 8.89 计算 3 个钢筋混凝土独立柱基工程量。

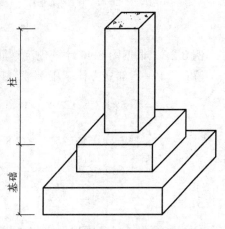

图 8.88　钢筋混凝土独立基础示意图

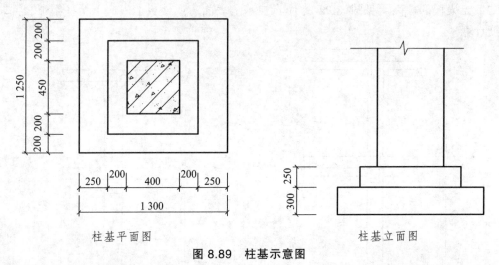

柱基平面图　　　　　　柱基立面图

图 8.89　柱基示意图

解： $V = [1.30 \times 1.25 \times 0.30 + (0.2 + 0.4 + 0.2) \times (0.2 + 0.45 + 0.2) \times 0.25] \times 3$ 个
$$= (0.488 + 0.170) \times 3 = 1.97 \ \text{m}^3$$

（5）杯形基础。现浇钢筋混凝土杯形基础（见图 8.90）的工程量分四个部分计算：① 底部立方体；② 中部棱台体；③ 上部立方体；④ 最后扣除杯口空心棱台体。

169

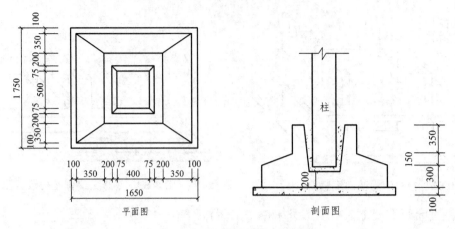

图 8.90　杯形基础示意图

例 8.22：根据图 8.90 计算现浇钢筋混凝土杯形基础工程量。

解：　$V =$ 下部立方体 + 中部棱台体 + 上部立方体 − 杯口空心棱台体

$$= 1.65 \times 1.75 \times 0.30 + \frac{1}{3} \times 0.15 \times [1.65 \times 1.75 + 0.95 \times 1.05 + \sqrt{(1.65 \times 1.75) \times (0.95 \times 1.05)}] +$$

$$0.95 \times 1.05 \times 0.35 - \frac{1}{3} \times (0.8 - 0.2) \times [0.4 \times 0.5 + 0.55 \times 0.65 + \sqrt{(0.4 \times 0.5) \times (0.55 \times 0.65)}]$$

$$= 0.866 + 0.279 + 0.349 - 0.165 = 1.33 \ \text{m}^3$$

3. 柱

柱按图示断面尺寸乘以柱高以立方米计算。柱高按下列规定确定：

（1）有梁板的柱高（见图 8.91），应自柱基上表面（或楼板上表面）至柱顶高度计算。

（2）无梁板的柱高（见图 8.92），应自柱基上表面（或楼板上表面）至柱帽下表面之间的高度计算。

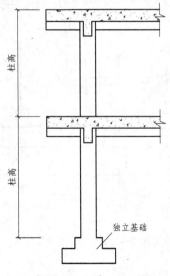

图 8.91　有梁板柱高示意图

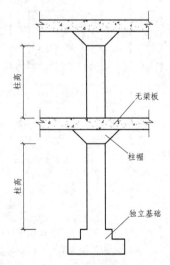

图 8.92　无梁板柱高示意图

（3）框架柱的柱高（见图 8.93）应自柱基上表面至柱顶高度计算。

（4）构造柱按全高计算，与砖墙嵌接部分的体积并入柱身体积内计算。

（5）依附柱上的牛腿，并入柱身体积计算。

构造柱的形状、尺寸示意图见图 8.94 ~ 8.96。

构造柱体积计算公式：

当墙厚为 240 时：

$$V = 构造柱高 \times (0.24 \times 0.24 + 0.03 \times 0.24 \times 马牙槎边数)$$

例 8.23： 根据下列数据计算构造柱体积。

90°转角型：墙厚 240，柱高 12.0 m

T 形接头：墙厚 240，柱高 15.0 m

十字形接头：墙厚 365，柱高 18.0 m

一字形：墙厚 240，柱高 9.5 m

解：（1）90°转角

$$V = 12.0 \times (0.24 \times 0.24 + 0.03 \times 0.24 \times 2 边)$$

$$= 0.864 \text{ m}^3$$

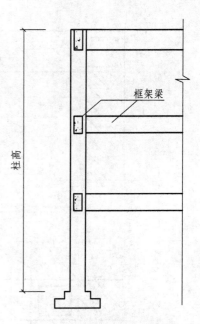

图 8.93　框架柱柱高示意图

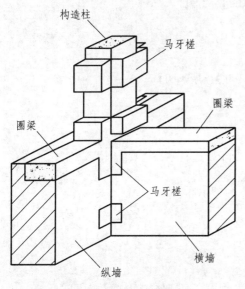

图 8.94　构造柱与砖墙嵌接部分体积（马牙槎）示意图

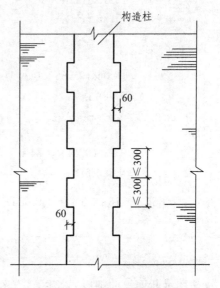

图 8.95　构造柱立面示意图

171

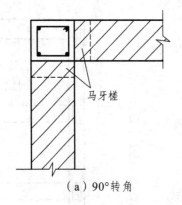

（a）90°转角

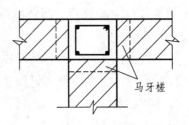

（b）T形接头

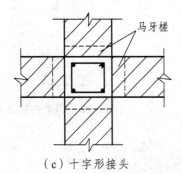

（c）十字形接头

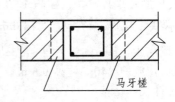

（d）一字形

图 8.96　不同平面形状构造柱示意图

（2）T形

$$V = 15.0 \times (0.24 \times 0.24 + 0.03 \times 0.24 \times 3 \,边)$$
$$= 1.188 \text{ m}^3$$

（3）十字形

$$V = 18.0 \times (0.365 \times 0.365 + 0.03 \times 0.365 \times 4 \,边)$$
$$= 3.186 \text{ m}^3$$

（4）一字形

$$V = 9.5 \times (0.24 \times 0.24 + 0.03 \times 0.24 \times 2 \,边)$$
$$= 0.684 \text{ m}^3$$

小计：0.864 + 1.188 + 3.186 + 0.684 = 5.92 m³

4. 梁

见图 8.97 ~ 8.99。

梁按图示断面尺寸乘以梁长以立方米计算，梁长按下列规定确定：

（1）梁与柱连接时，梁长算至柱侧面。

（2）主梁与次梁连接时，次梁长算至主梁侧面。

（3）伸入墙内梁头、梁垫体积并入梁体积内计算。

172

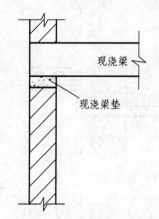

图 8.97　现浇梁垫并入现浇梁
体积内计算示意图

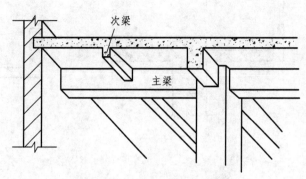

图 8.98　主梁、次梁示意图

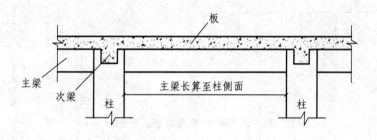

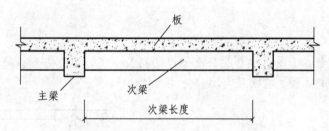

图 8.99　主梁、次梁计算长度示意图

5. 板

现浇板按图示面积乘以板厚以立方米计算。

（1）有梁板包括主、次梁与板，按梁板体积之和计算。

（2）无梁板按板和柱帽体积之和计算。

（3）平板按板实体积计算。

（4）现浇挑檐、天沟与板（包括屋面板、楼板）连接时，以外墙为分界线，与圈梁（包括其他梁）连接时，以梁外边线为分界线。外墙边线以外或梁外边线以外为挑檐、天沟（见图 8.100）。

173

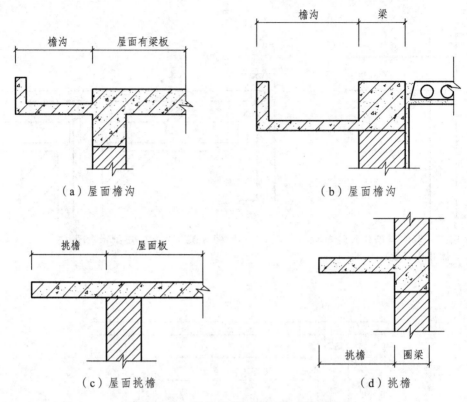

（a）屋面檐沟　　　　　　　　　（b）屋面檐沟

（c）屋面挑檐　　　　　　　　　（d）挑檐

图 8.100　现浇挑檐天沟与板、梁划分

（5）各类板伸入墙内的板头并入板体积内计算。

6. 墙

现浇钢筋混凝土墙按图示中心线长度乘以墙高及厚度，以立方米计算。应扣除门窗洞口及 0.3 m² 以外孔洞的体积，墙垛及突出部分并入墙体积内计算。

7. 整体楼梯

现浇钢筋混凝土整体楼梯，包括休息平台、平台梁、斜梁及楼梯的连接梁，按水平投影面积计算，不扣除宽度小于 500 mm 的楼梯井，伸入墙内部分不另增加。

说明：平台梁、斜梁比楼梯板厚，好像少算了；不扣除宽度小于 500 mm 楼梯井，好像多算了；伸入墙内部分不另增加等。这些因素在编制定额时已经作了综合考虑。

例 8.24：某工程现浇钢筋混凝土楼梯（见图 8.101）包括休息平台至平台梁，试计算该楼梯工程量（建筑物 4 层，共 3 层楼梯）。

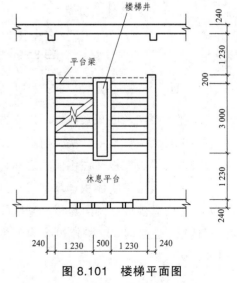

图 8.101　楼梯平面图

174

解： $S = (1.23 + 0.50 + 1.23) \times (1.23 + 3.00 + 0.20) \times 3$

$= 2.96 \times 4.43 \times 3 = 13.113 \times 3 = 39.34 \text{ m}^2$

8. 阳台、雨篷（悬挑板）

按伸出外墙的水平投影面积计算，伸出外墙的牛腿不另计算。带反挑檐的雨篷按展开面积并入雨篷内计算。见图 8.102 和图 8.103。

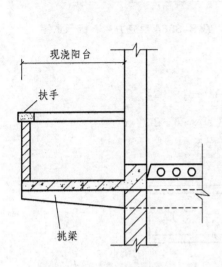

图 8.102　有现浇挑梁的现浇阳台

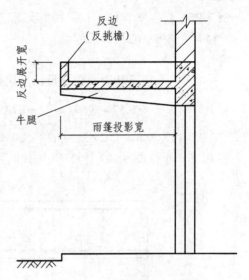

图 8.103　带反边雨篷示意图

9. 栏杆、栏板

栏杆按净长度以延长米计算。伸入墙内的长度已综合在定额内。栏板以立方米计算，伸入墙内的栏板，合并计算。

10. 预制板

预制板补现浇板缝时，按平板计算，见图 8.104。

11. 接　头

预制钢筋混凝土框架柱现浇接头（包括梁接头）按设计规定断面和长度以立方米计算，见图 8.105。

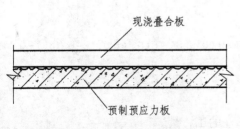

图 8.104　叠合板示意图

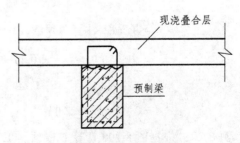

图 8.105　叠合梁示意图

175

8.5.5 预制混凝土工程量

（1）预制混凝土工程量均按图示尺寸实体体积以立方米计算，不扣除构件内钢筋、铁件及小于 300 mm × 300 mm 以内孔洞面积。

例 8.25： 根据图 8.106 计算 20 块 YKB-3364 预应力空心板的工程量。

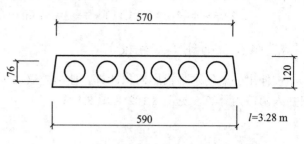

图 8.106　YKB-3364 预应力空心板示意图

解：

$$V = 空心板净断面面积 \times 板长 \times 块数$$

$$= [0.12 \times (0.57 + 0.59) \times \frac{1}{2} - 0.785\,4 \times (0.076)2 \times 6] \times 3.28 \times 20$$

$$= (0.069\,6 - 0.027\,2) \times 3.28 \times 20 = 0.042\,4 \times 3.28 \times 20 = 2.78\ \text{m}^3$$

例 8.26： 根据图 8.107 计算 18 块预制天沟板的工程量。

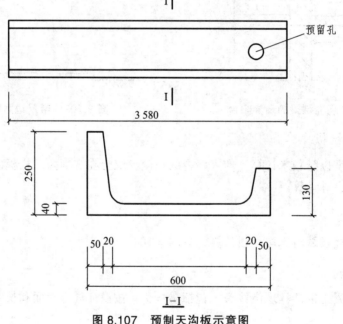

图 8.107　预制天沟板示意图

解：

$$V = 断面积 \times 长度 \times 块数$$

$$= \left[(0.05 + 0.07) \times \frac{1}{2} \times (0.25 - 0.04) + 0.60 \times 0.04 + (0.05 + 0.07) \times \frac{1}{2} \times (0.13 - 0.04) \right] \times$$

$$3.58 \times 18块$$

$$= 0.150 \times 18 = 2.70\ \text{m}^3$$

例 8.27： 根据图 8.108 计算 6 根预制工字形柱的工程量。

解： $\qquad V = (上柱体积 + 牛腿部分体积 + 下柱外形体积 - 工字形槽口体积) \times 根数$

$$= \left\{ (0.40 \times 0.40 \times 2.40) + \left[0.40 \times (1.0 + 0.80) \times \frac{1}{2} \times 0.20 + 0.40 \times 1.0 \times 0.40 \right] + \right.$$

$$\left. (10.8 \times 0.80 \times 0.40) - \frac{1}{2} \times (8.5 \times 0.50 + 8.45 \times 0.45) \times 0.15 \times 2 \text{边} \right\} \times 6 \text{根}$$

$$= (0.384 + 0.232 + 3.456 - 1.208) \times 6$$

$$= 2.864 \times 6 = 17.18 \text{ m}^3$$

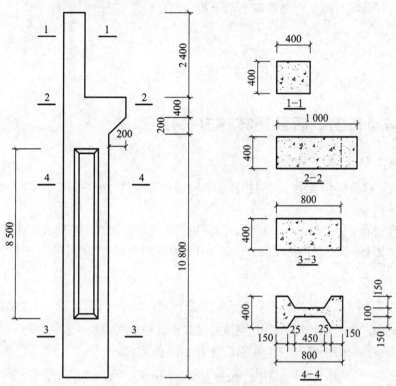

图 8.108 预制工字形柱示意图

（2）预制桩按桩全长（包括桩尖）乘以桩断面（空心桩应扣除孔洞体积）以立方米计算。

（3）混凝土与钢杆件组合的构件，混凝土部分按构件实体积以立方米计算，钢构件部分按吨计算，分别套相应的定额项目。

8.5.6 构筑物钢筋混凝土工程量

1. 一般规定

构筑物混凝土除另有规定者外，均按图示尺寸扣除门窗洞口及 0.3 m² 以外孔洞所占体积以实体体积计算。

2. 水 塔

（1）筒身与槽底以槽底连接的圈梁底为界，以上为槽底，以下为筒身。

（2）筒式塔身及依附于筒身的过梁、雨篷、挑檐等，并入筒身体积内计算；柱式塔身，柱、梁合并计算。

（3）塔顶包括顶板和圈梁，槽底包括底板挑出的斜壁板和圈梁等合并计算。

3. 贮水池

贮水池不分平底、锥底、坡底，均按池底计算；壁基梁、池壁不分圆形壁和矩形壁，均按池壁计算；其他项目均按现浇混凝土部分相应项目计算。

8.6 钢筋工程量计算

8.6.1 钢筋长度、质量计算等有关规定

1. 钢筋工程量有关规定

（1）钢筋工程应区别现浇、预制构件、不同钢种和规格，分别按设计长度乘以单位质量，以 t 计算。

（2）计算钢筋工程量时，设计已规定钢筋搭接长度的，按规定搭接长度计算；某些地区预算定额规定，设计未规定搭接长度的，已包括在预算定额的钢筋损耗率内，不另计算搭接长度。

2. 钢筋长度的确定

$$钢筋长 = 构件长 - 保护层厚度 \times 2 + 弯钩长 \times 2 + 弯起钢筋增加值(\Delta L) \times 2$$

（1）钢筋的混凝土保护层。受力钢筋的混凝土保护层，应符合设计要求；当设计无具体要求时，不应小于受力钢筋直径，并应符合表 8.14 的要求。

表 8.14　混凝土保护层的最小厚度　　　　　单位：mm

环境类别	板、墙	梁、柱
一	15	20
二 a	20	25
二 b	25	35
三 a	30	40
三 b	40	50

注：① 表中混凝土保护层厚度指最外层钢筋外边缘至混凝土表面的距离，适用于设计使用年限为 50 年的混凝土结构。
② 构件中受力钢筋的保护层厚度不应小于钢筋的公称直径。
③ 设计使用年限为 100 年的混凝土结构，一类环境中，最外层钢筋的保护层厚度不应小于表中数值的 1.4 倍；二、三类环境中，应采取专门的有效措施。
④ 混凝土强度等级不大于 C25 时，表中保护层厚度数值应增加 5。
⑤ 基础底面钢筋的保护层厚度，有混凝土垫层时应从垫层顶面算起，且不应小于 40 mm。

（2）混凝土结构环境类别见表 8.15。

表 8.15　混凝土结构的环境类别

环境类别	条　件
一	室内干燥环境； 无侵蚀性静水浸没环境
二 a	室内潮湿环境； 非严寒和非寒冷地区的露天环境； 非严寒和非寒冷地区与无侵蚀性的水或土壤直接接触的环境； 严寒和寒冷地区的冰冻线以下与无侵蚀性的水或土壤直接接触的环境
二 b	干湿交替环境； 水位频繁变动环境； 严寒和寒冷地区的露天环境； 严寒和寒冷地区冰冻线以上与无侵蚀性的水或土壤直接接触的环境
三 a	严寒和寒冷地区冬季水位变动区环境； 受除冰盐影响环境； 海风环境
三 b	盐渍土环境； 受除冰盐作用环境； 海岸环境
四	海水环境
五	受人为或自然的侵蚀性物质影响的环境

注：① 室内潮湿环境是指构件表面经常处于结露或湿润状态的环境。
　　② 严寒和寒冷地区的划分应符合现行国家标准《民用建筑热工设计规范》(GB 50176)的有关规定。
　　③ 海岸环境和海风环境宜根据当地情况，考虑主导风向及结构所处迎风、背风部位等因素的影响，由调查研究和工程经验确定。
　　④ 受除冰盐影响环境是指受到除冰盐盐雾影响的环境；受除冰盐作用环境是指被除冰盐溶液溅射的环境以及使用除冰盐地区的洗车房、停车楼等建筑。
　　⑤ 暴露的环境是指混凝土结构表面所处的环境。

（3）纵向钢筋弯钩长度计算。HPB300 级钢筋末端需要做 180°弯钩时，其圆弧弯曲直径 D 不应小于钢筋直径 d 的 2.5 倍，平直部分长度不宜小于钢筋直径 d 的 3 倍（见图 8.109）；HRB 335 级、HRB400 级钢筋的弯弧内直径不应小于钢筋直径的 4 倍，弯钩的弯后平直部分应符合设计要求。

① 钢筋弯钩增加长度基本公式如下：

$$L_x = \left(\frac{n}{2}d + \frac{d}{2}\right)\pi \times \frac{x}{180°} + zd - \left(\frac{n}{2}d + d\right)$$

式中　L_x——钢筋弯钩增加长度（mm）；
　　　n——弯钩弯心直径的倍数值；
　　　d——钢筋直径（mm）；

179

x——弯钩角度；

z——以 d 为基础的弯钩末端平直长度系数(mm)。

② 纵向钢筋 180°弯钩增加长度（当弯心直径 = 2.5d，$z = 3$ 时）的计算。根据图 8.109 和基本公式计算 180°弯钩增加长度。

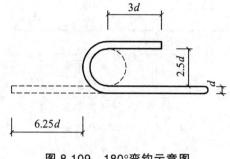

图 8.109　180°弯钩示意图

$$L_{180} = \left(\frac{2.5}{2}d + \frac{d}{2}\right)\pi \times \frac{180°}{180°} + 3d - \left(\frac{2.5}{2}d + d\right)$$
$$= 1.75d\pi \times 1 + 3d - 2.25d$$
$$= 5.498d + 0.75d$$
$$= 6.248\,d$$

取值为 6.25d。

③ 纵向钢筋 90°弯钩（当弯心直径 = 4d，$z = 12$ 时）的计算。根据图 8.110（a）和基本公式计算 90°弯钩增加长度。

$$L_{90} = \left(\frac{4}{2}d + \frac{d}{2}\right)\pi \times \frac{90°}{180°} + 12d - \left(\frac{4}{2}d + d\right)$$
$$= 2.5d\pi \times \frac{1}{2} + 12d - 3d$$
$$= 3.927d + 9d$$
$$= 12.927d$$

取值为 12.93d。

④ 纵向钢筋 135°弯钩（当弯心直径 = 4d，$z = 5$ 时）的计算。根据图 8.110（b）和基本公式计算 90°弯钩增加长度。

$$L_{135} = \left(\frac{4}{2}d + \frac{d}{2}\right)\pi \times \frac{135°}{180°} + 5d - \left(\frac{4}{2}d + d\right)$$
$$= 2.5d\pi \times 0.75 + 5d - 3d$$
$$= 5.891d + 2d$$
$$= 7.891\,d$$

取值为 7.89d。

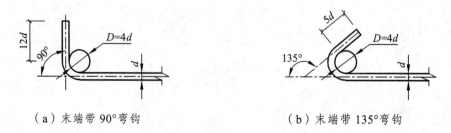

（a）末端带 90°弯钩　　　　（b）末端带 135°弯钩

图 8.110　90°和 135°弯钩示意图

（4）箍筋弯钩。箍筋的末端应作弯钩，弯钩形式应符合设计要求。当设计无具体要求时，用 HPB300 级钢筋或冷拔低碳钢丝制作的箍筋，其弯钩的弯曲直径应大于受力钢筋直径，且不小于箍筋直径的 2.5 倍。弯钩平直部分的长度，对一般结构，不宜小于箍筋直径的 5 倍；对有抗震要求的结构，不应小于箍筋直径的 10 倍（见图 8.111）。

① 箍筋 135°弯钩（当弯心直径 = 2.5d，z = 5 时）的计算。根据图 8.111 和基本公式计算 135°弯钩增加长度。

$$L_{135} = \left(\frac{2.5}{2}d + \frac{d}{2}\right)\pi \times \frac{135°}{180°} + 5d - \left(\frac{2.5}{2}d + d\right)$$
$$= 1.75d\pi \times 0.75 + 5d - 2.25d$$
$$= 4.123d + 2.75d$$
$$= 6.873d$$

取值为 6.87d。

② 箍筋 135°弯钩（当弯心直径 = 2.5d，z = 10 时）的计算。根据图 8.112 和基本公式计算 135°弯钩增加长度。

$$L_{135} = \left(\frac{2.5}{2}d + \frac{d}{2}\right)\pi \times \frac{135°}{180°} + 10d - \left(\frac{2.5}{2}d + d\right)$$
$$= 1.75d\pi \times 0.75 + 10d - 2.25d$$
$$= 4.123d + 7.75d$$
$$= 11.873d$$

取值为 11.89d。

（5）弯起钢筋增加长度。弯起钢筋的弯起角度，一般有 30°、45°、60°三种，其弯起增加值是指斜长与水平投影长度之间的差值，如图 8.112 所示。具体计算见表 8.16。

图 8.111　箍筋弯钩示意图　　　　　　图 8.112　弯起钢筋增加长度示意图

（6）钢筋的绑扎接头。按《混凝土结构设计规范》（GB 50010—2010）的规定，纵向受拉钢筋的绑扎搭接接头的搭接长度，应根据位于同一连接区段内的钢筋搭接接头面积百分率，且不应小于 300 mm，按表 8.17 中规定计算。

表 8.16 弯起钢筋斜长及增加长度计算表

形　状			
计算 方法　斜边长 S	$2h$	$1.414h$	$1.155h$
计算 方法　增加长度 $S-L=\Delta l$	$0.268h$	$0.414h$	$0.577h$

3. 钢筋的锚固

表 8.17 纵向受拉钢筋的绑扎搭接接头的搭接长度

纵向受拉钢筋绑扎搭接长度 l_l、l_{lE}		注： 1. 当直径不同的钢筋搭接时，l_l、l_{lE} 按直径较小的钢筋计算。 2. 任何情况下不应小于 300 mm。 3. 式中 ζ_l 为纵向受拉钢筋搭接长度修正系数。当纵向钢筋搭接接头百分率为表的中间值时，可按内插取值
抗　震	非抗震	
$l_{lE}=\zeta_l l_{aE}$	$l_l=\zeta_l l_a$	

纵向受拉钢筋搭接长度修正系数 ζ_l			
纵向钢筋搭接接头 面积百分率（%）	≤25	50	100
ζ_l	1.2	1.4	1.6

钢筋的锚固长度是指受力钢筋依靠其表面与混凝土的黏结作用或端部构造的挤压作用而达到设计承受应力所需的长度。

根据 11G101—1 标准图规定，钢筋的锚固长度应按表 8.18、表 8.19 和表 8.20 的要求计算。

4. 钢筋质量计算

（1）钢筋理论质量计算：

$$钢筋理论质量 = 钢筋长度 \times 每\,m\,质量$$

式中　每 m 质量——每 m 钢筋的质量，取值为 0.006 165 d^2（kg/m）；

　　　d——以 mm 为单位的钢筋直径。

（2）钢筋工程量计算：

$$钢筋工程量 = 钢筋分规格长 \times 分规格每\,m\,质量$$

表 8.18 受拉钢筋基本锚固长度 l_{ab}、l_{abE}

钢筋种类	抗震等级	混凝土强度等级								
		C20	C25	C30	C35	C40	C45	C50	C55	≥C60
HPB300	一、二级（l_{abE}）	45d	39d	35d	32d	29d	28d	26d	25d	24d
	三级（l_{abE}）	41d	36d	32d	29d	26d	25d	24d	23d	22d
	四级（l_{abE}）非抗震（l_{ab}）	39d	34d	30d	28d	25d	24d	23d	22d	21d
HPB335 HRBF335	一、二级（l_{abE}）	44d	38d	33d	31d	29d	26d	25d	24d	24d
	三级（l_{abE}）	40d	35d	31d	28d	26d	24d	23d	22d	22d
	四级（l_{abE}）非抗震（l_{ab}）	38d	33d	29d	27d	25d	23d	22d	21d	21d
HPB400 HRBF400 RRB400	一、二级（l_{abE}）	—	46d	40d	37d	33d	32d	31d	30d	29d
	三级（l_{abE}）	—	42d	37d	34d	30d	29d	28d	27d	26d
	四级（l_{abE}）非抗震（l_{ab}）	—	40d	35d	32d	29d	28d	27d	26d	25d
HPB500 HRBF500	一、二级（l_{abE}）	—	55d	49d	45d	41d	39d	37d	36d	35d
	三级（l_{abE}）	—	50d	45d	41d	38d	36d	34d	33d	32d
	四级（l_{abE}）非抗震（l_{ab}）	—	48d	43d	39d	36d	34d	32d	31d	30d

表 8.19 受拉钢筋锚固长度 l_a、抗震锚固长度 l_{aE}

非抗震	抗震	注：
$l_a = \zeta_a l_{ab}$	$l_{aE} = \zeta_{aE} l_a$	1. l_a 不应小于 200。 2. 锚固长度修正系数 ζ_a 按表 8.20 取用，当多于一项时，可按连乘计算，但不应小于 0.6。 3. ζ_{aE} 为抗震锚固长度修正系数，对一、二级抗震等级取 1.15，对三级抗震等级取 1.05，对四级抗震等级取 1.00

表 8.20 受拉钢筋锚固长度修正系数 ζ_a

锚固条件		ζ_a	
带肋钢筋的公称直径大于 25		1.10	—
环氧树脂涂层带肋钢筋		1.25	
施工过程中易受扰动的钢筋		1.10	
锚固区保护层厚度	3d	0.80	注：中间时按内插值。d 为锚固钢筋直径
	5d	0.70	

5. 钢筋工程量计算实例

例 8.28：根据图 8.113 计算 8 根现浇 C20 钢筋混凝土矩形梁（抗震）的钢筋工程量，混凝土保护层厚度为 25 mm（按混凝土保护层最小厚度确定为 20 mm，当混凝土强度等级不大于 C25 时，增加 5 mm，故为 25 mm）。

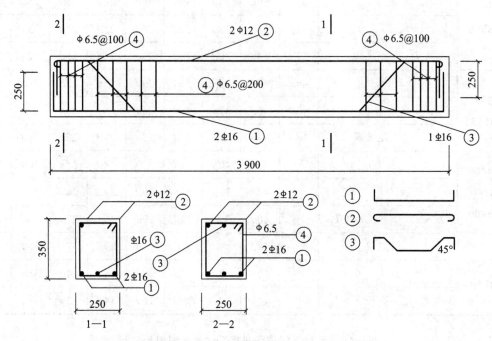

图 8.113　现浇 C20 钢筋混凝土矩形梁示意图

解：（1）计算 1 根矩形梁钢筋长度。

① 号筋（Φ16）2 根：

$$l = (3.90 - 0.025 \times 2 + 0.25 \times 2) \times 2$$
$$= 4.35 \times 2 = 8.70 \text{ m}$$

② 号筋（Φ12）2 根：

$$l = (3.90 - 0.025 \times 2 + 0.012 \times 6.25 \times 2) \times 2$$
$$= 4.0 \times 2 = 8.0 \text{ m}$$

③ 号筋（Φ16）1 根：

弯起增加值计算，见表 8.16（下同）。

$$l = 3.90 - 0.025 \times 2 + 0.25 \times 2 + (0.35 - 0.025 \times 2 - 0.016) \times 0.414^* \times 2$$
$$= 4.35 + 0.284 \times 0.414^* \times 2 = 4.59 \text{ m}$$

④ 号筋（Φ6.5）：

箍筋根数 $= (3.90 - 0.30 \times 2 - 0.025 \times 2) \div 0.20 + 1 + 6(两端加密筋) = 24$ 根

单根箍筋长 $= (0.35 - 0.025 \times 2 - 0.006\ 5 + 0.25 - 0.025 \times 2 - 0.006\ 5) \times 2 +$
$$11.89 \times 0.006\ 5 \times 2$$
$$= 1.125 \text{ m}$$

184

箍筋长 = $1.125 \times 24 = 27.00$ m

（2）计算 8 根矩形梁钢筋质量。

$$\left.\begin{array}{l} \Phi16 : (8.7 + 4.59) \times 8 \times 1.58 = 167.99 \text{ kg} \\ \Phi12 : 8.0 \times 8 \times 0.888 = 56.83 \text{ kg} \\ \Phi6.5 : 27 \times 8 \times 0.26 = 56.16 \text{ kg} \end{array}\right\} 280.98 \text{ kg}$$

注：$\Phi16$ 钢筋每 m 质量 $= 0.006\ 165 \times 16^2 = 1.58$ kg/m

$\Phi12$ 钢筋每 m 质量 $= 0.006\ 165 \times 12^2 = 0.888$ kg/m

$\Phi6.5$ 钢筋每 m 质量 $= 0.006\ 165 \times 6.5^2 = 0.26$ kg/m

8.6.2　平法钢筋工程量计算

1. 梁构件

（1）在平法楼层框架梁中常见的钢筋形状如图 8.114 所示。

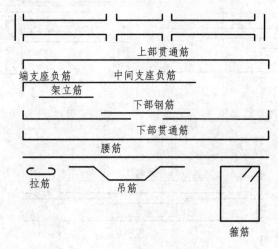

图 8.114　平法楼层框架梁常见钢筋形状示意图

（2）平法楼层框架梁常见的钢筋计算方法有以下几种：

① 上部贯通筋（见图 8.115）。

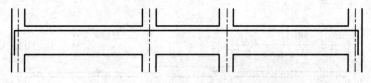

图 8.115　框架梁上部贯通筋示意图

上部贯通筋长 L = 各跨长之和 – 左支座内侧宽–右支座内侧宽 + 锚固长度 + 搭接长度

锚固长度取值：

· 当（支座宽度 – 保护层）$\geq L_{aE}$，且 $\geq 0.5 h_c + 5 d$ 时，锚固长度 $= \max(L_{aE}, 0.5 h_c + 5 d)$；

· 当（支座宽度 – 保护层）$< L_{aE}$ 时，锚固长度 = 支座宽度 – 保护层 $+ 15d$。

其中，h_c 为柱宽，d 为钢筋直径。

② 端支座负筋（见图 8.116）。

$$上排钢筋长 L = L_{ni} / 3 + 锚固长度$$

$$下排钢筋长 L = L_{ni} / 4 + 锚固长度$$

式中　$L_{ni}(i = 1, 2, 3, \cdots)$——梁净跨长，锚固长度同上部贯通筋。

③ 中间支座负筋（见图 8.117）。

$$上排钢筋长 L = 2 \times (L_{ni} / 3) + 支座宽度$$

$$下排钢筋长 L = 2 \times (L_{ni} / 4) + 支座宽度$$

式中　跨度值 L_n——左跨 L_{ni} 和右跨 L_{ni+1} 之较大值，其中 $i = 1, 2, 3, \cdots$

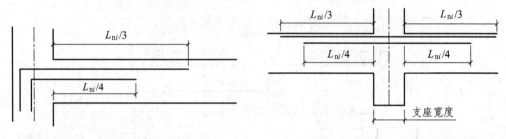

图 8.116　端支座负筋示意图　　　图 8.117　中间支座负筋示意图

④ 架立筋（见图 8.118）。

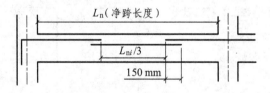

图 8.118　架立筋示意图

架力筋长 L = 本跨净跨长 – 左侧负筋伸出长度 – 右侧负筋伸出长度 $+ 2 \times$ 搭接长度
搭接长度可按 150 mm 计算。

⑤ 下部钢筋（见图 8.119）。

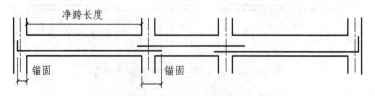

图 8.119　框架梁下部钢筋示意图

186

$$下部钢筋长 = \sum_{i=1}^{n}[L_n + 2 \times 锚固长度(或0.5h_c + 5\,d)]_i$$

⑥ 下部贯通筋（见图 8.120）。

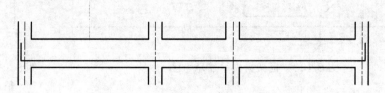

图 8.120　框架梁下部贯通筋示意图

下部贯通筋长 L = 各跨长之和 – 左支座内侧宽–右支座内侧宽 + 锚固长度 + 搭接长度

式中锚固长度同上部贯通筋。

⑦ 梁侧面钢筋（见图 8.121）。

梁侧面钢筋长 L = 各跨长之和 – 左支座内侧宽–右支座内侧宽 + 锚固长度 + 搭接长度

说明：当为侧面构造钢筋时，搭接与锚固长度为 $15d$；当为侧面受扭纵向钢筋时，搭接长为 L_{lE} 或 L_l，其锚固长度为 L_{aE} 或 L_a，锚固方式同框架梁下部纵筋。

⑧ 拉筋（见图 8.122）。

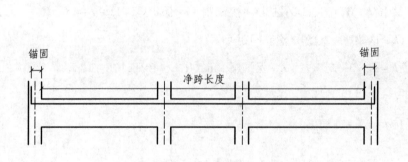

图 8.121　框架梁侧面钢筋示意图

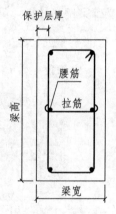

**图 8.122　框架梁内
拉筋示意图**

当只勾住主筋时：

$$拉筋长度L = 梁宽 - 2 \times 保护层 + 2 \times 1.9d + 2 \times \max(10d, 75\,mm) + 2d$$

$$拉筋根数n = [(梁净跨长 - 2 \times 50)/(箍筋非加密间距 \times 2)] + 1$$

⑨ 吊筋（见图 8.123）。

$$吊筋长度L = 2 \times 20d(锚固长度) + 2 \times 斜段长度 + 次梁宽度 + 2 \times 50$$

说明：当梁高 ≤ 800 mm 时，斜段长度 = (梁高 – 2 × 保护层)/sin45°；

当梁高 > 800 mm 时，斜段长度 = (梁高 – 2 × 保护层)/sin60°。

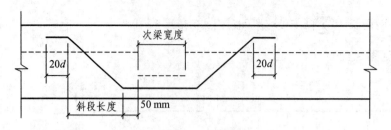
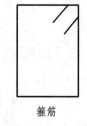

图 8.123　框架梁内吊筋示意图　　图 8.124　框架梁内
箍筋示意图

⑩　箍筋（见图 8.124）。

$$箍筋长度 L = 2 \times (梁高 - 2 \times 保护层 + 梁宽 - 2 \times 保护层) + 2 \times 11.9d + 4d$$

$$箍筋根数 n = 2 \times \{[(加密区长度 - 50) / 加密区间距] + 11 +$$
$$[(非加密区长度 / 非加密区间距) - 1]\}$$

说明：当为 1 级抗震时，箍筋加密区长度为 $\max(2 \times 梁高，500)$；

　　　当为 2～4 级抗震时，箍筋加密区长度为 $\max(1.5 \times 梁高，500)$。

⑪　屋面框架梁钢筋（见图 8.125）。

屋面框架梁上部贯通筋和端支座负筋的锚固长度 $L = 柱宽 - 保护层 + 梁高 - 保护层$

⑫　悬臂梁钢筋计算（见图 8.126）。

$$箍筋长度 L = 2 \times [(H + H_b) / 2 - 2 \times 保护层 + 挑梁宽 - 2 \times 保护层] + 11.9d + 4d$$

$$箍筋根数 n = (L - 次梁宽 - 2 \times 50) / 箍筋间距 + 1$$

$$上部上排钢筋 L = L_{ni} / 3 + 支座宽 + L - 保护层 + \max\{(H_b - 2 \times 保护层), 12d\}$$

$$上部下排钢筋 L = L_{ni} / 4 + 支座宽 + 0.75L$$

$$下部钢筋 L = 15d + XL - 保护层$$

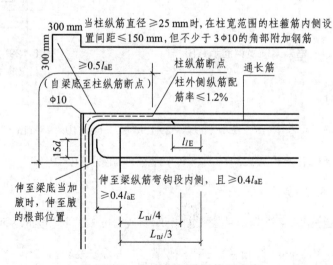

图 8.125　屋面框架梁钢筋示意图

188

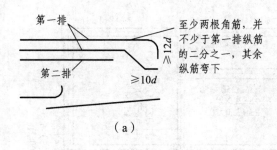
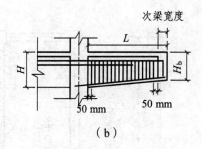

（a）　　　　　　　　　　　　　　　（b）

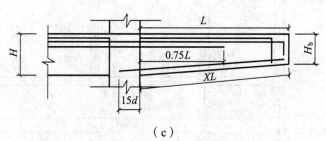

（c）

图 8.126　悬臂梁钢筋示意图

说明：不考虑地震作用时，当纯悬挑梁的纵向钢筋直锚长度 $\geq l_a$，且 $\geq 0.5h_c + 5d$ 时，可不必上下弯锚，当直锚伸至对边仍不足 l_a 时，则应按图示弯锚，当直锚伸至对边仍不足 $0.45l_a$ 时，则应采用较小直径的锚筋。

当悬挑梁由屋面框架梁延伸出来时，其配筋构造应由设计者补充；当梁的上部设有第 3 排钢筋时，其延伸长度应由设计者注明。

例 8.29： 根据图 8.127，计算 WKL2 框架梁钢筋工程量（柱截面尺寸为 400 mm × 400 mm，梁纵长钢筋为对焊连接）。

解： 上部贯通筋 L = 各跨长之和–左支座内侧宽–右支座内侧宽 + 锚固长度

$$\begin{aligned}
\Phi18 : L &= [(7.50 - 0.20 - 0.325) + (0.45 - 0.02 + 15 \times 0.018) + (0.40 - 0.02 + 15 \times \\
& \quad 0.018)] \times 2 \\
&= (6.975 + 0.70 + 0.65) \times 2 \\
&= 16.65 \text{ m}
\end{aligned}$$

端支座负筋 $L = L_{ni} / 3 +$ 锚固长度

$$\begin{aligned}
\Phi16 : L &= [(7.50 - 0.20 - 0.325) \div 3 + (0.45 - 0.02 + 15 \times 0.016)] \times 2 + \\
& \quad [(7.50 - 0.20 - 0.325) \div 3 + (0.40 - 0.02 + 15 \times 0.016)] \times 1 \\
&= (2.325 + 0.67) \times 2 + (2.325 + 0.62) \times 1 \\
&= 8.94 \text{ m}
\end{aligned}$$

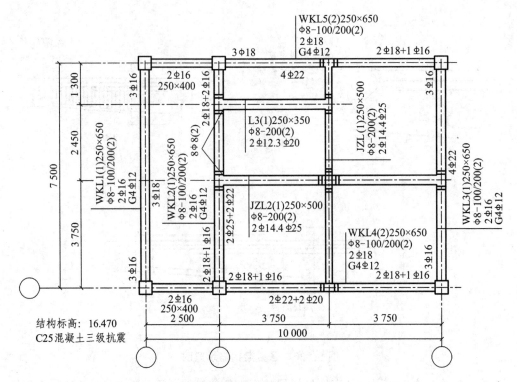

图 8.127　屋面梁平面整体配筋图（尺寸单位：mm）

下部钢筋 $L = $ 净跨长 + 锚固长度

$\Phi 25 : L = [(7.5 - 0.20 - 0.325) + (0.45 - 0.02 + 15 \times 0.025) +$
$(0.40 - 0.02 + 15 \times 0.025)] \times 2$
$= (6.975 + 0.805 + 0.755) \times 2 = 17.07 \text{ m}$

$\Phi 22 : L = [(7.50 - 0.20 - 0.325) + (0.45 - 0.02 + 15 \times 0.022) +$
$(0.40 - 0.02 + 15 \times 0.022)] \times 2$
$= (6.975 + 0.76 + 0.71) \times 2$
$= 16.89 \text{ m}$

箍筋长 $L = 2 \times ($梁宽 $- 2 \times$保护层 + 梁高 $- 2 \times$保护层$) + 2 \times 11.9d + 4d$

$\Phi 8 : L = 2 \times (0.25 - 0.02 \times 2 + 0.65 - 0.02 \times 2) + 2 \times 11.9 \times 0.008 + 4 \times 0.008$
$= 1.86 \text{ m}$

箍筋根数(取整)$n = 2 \times [($加密区长 $- 50) /$加密区间距 $+ ($非加密区长$/$非加密区间距$) - 1] +$
支梁加密根数

$n = 2 \times [(0.975 - 0.05) \div 0.10 + 1] + [(7.50 - 0.02 - 0.325 - 0.975 \times 2) \div 0.20 - 1] +$
$8 \times 2 = 82 \text{ 根}$

箍筋长小计：$L = 1.86 \times 82 = 152.52 \text{ m}$

WKL2 箍筋质量：

梁纵筋　$\Phi 18$　$16.65 \times 2.00 = 33.30 \text{ kg}$

190

$\pm16\quad 8.94\times1.58=14.13\ kg$

$\pm25\quad 17.07\times3.85=65.72\ kg$

$\pm22\quad 16.89\times2.98=50.33\ kg$

箍筋　$\phi8\quad 152.52\times0.395=60.25\ kg$

钢筋质量小计：223.73 kg

2. 柱构件

平法柱钢筋主要是纵筋和箍筋两种形式，不同的部位有不同的构造要求。每种类型的柱，其纵筋都会分为基础、首层、中间层和顶层 4 个部分来设置。

（1）基础部位钢筋计算（见图 8.128）。

柱纵筋长 $L=$ 本层层高 $-$ 下层柱钢筋外露长度 $\max(\geqslant H_n/6,\ \geqslant500,\ \geqslant$ 柱截面长边尺寸$)+$

本层柱钢筋外露长度 $\max(\geqslant H_n/6,\ \geqslant500,\ \geqslant$ 柱截面长边尺寸$)+$

搭接长度（对焊接时为 0）

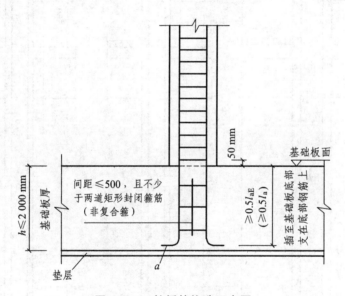

图 8.128　柱插筋构造示意图

基础插筋 $L=$ 基础高度 $-$ 保护层 $+$ 基础弯折 $a(\geqslant150)+$

基础钢筋外露长度 $H_n/3$（H_n 指数层净高）$+$

搭接长度（焊接时为 0）

（2）首层柱钢筋计算（见图 8.129）。

柱纵筋长度 $=$ 首层层高 $-$ 基础柱钢筋外露长度 $H_n/3+$

本层柱钢筋外露长度 $_{\max}(\geqslant H_n/6,\ \geqslant500,\ \geqslant$ 柱截面长边尺寸$)+$

搭接长度（焊接时为 0）

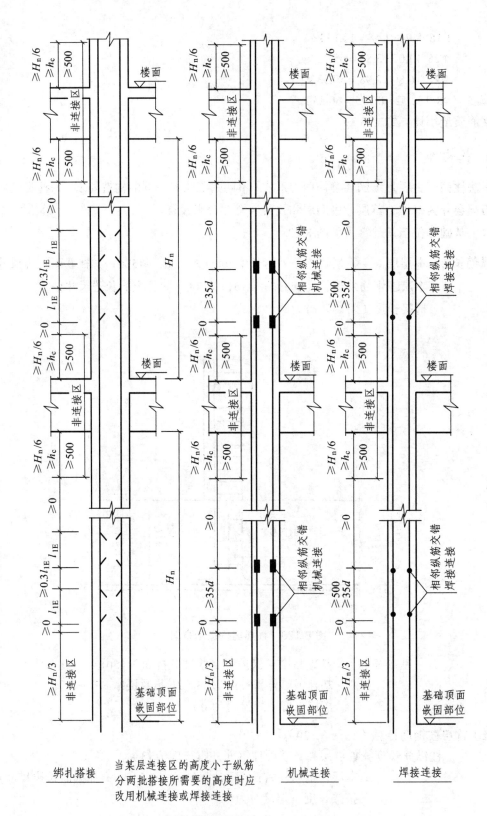

绑扎搭接   当某层连接区的高度小于纵筋   机械连接   焊接连接
分两批搭接所需要的高度时应
改用机械连接或焊接连接

图 8.129　框架柱钢筋示意图（尺寸单位：mm）

（3）中间柱钢筋计算。

柱纵筋长 L = 本层层高 – 下层柱钢筋外露长度$_{max}$($\geqslant H_n/6$，$\geqslant 500$，$\geqslant$柱截面长边尺寸) + 本层柱钢筋外露长度$_{max}$($\geqslant H_n/6$，$\geqslant 500$，$\geqslant$柱截面长边尺寸) + 搭接长度（焊接时为 0）

（4）顶层柱钢筋计算（见图 8.130）。

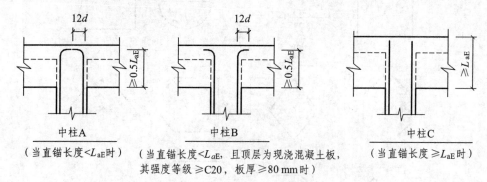

中柱A
（当直锚长度$<L_{aE}$时）

中柱B
（当直锚长度$<L_{aE}$，且顶层为现浇混凝土板，其强度等级$\geqslant$C20，板厚$\geqslant 80$ mm 时）

中柱C
（当直锚长度$\geqslant L_{aE}$时）

图 8.130　顶层柱钢筋示意图

柱纵筋长 L = 本层层高 – 下层柱钢筋外露长度$_{max}$($\geqslant H_n/6$，$\geqslant 500$，$\geqslant$柱截面长边尺寸) – 屋顶节点梁高 + 锚固长度

锚固长度确定分为 3 种：

① 当为中柱时，直锚长度$< L_{aE}$ 时，锚固长度 = 梁高 – 保护层 + 12d；当柱纵筋的直锚长度（即伸入梁内的长度）不小于 L_{aE} 时，锚固长度 = 梁高 – 保护层。

② 当为边柱时，边柱钢筋分一面外侧锚固和三面内侧锚固。外侧钢筋锚固$\geqslant 1.5 L_{aE}$，内则钢筋锚固同中柱纵筋锚固（见图 8.131）。

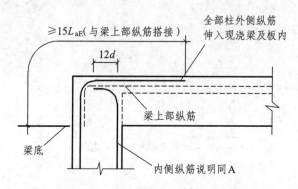

$\geqslant 15 L_{aE}$(与梁上部纵筋搭接)

12d

全部柱外侧纵筋伸入现浇梁及板内

梁上部纵筋

梁底

内侧纵筋说明同A

图 8.131　边柱、角柱钢筋示意图

③ 当为角柱时，角柱钢筋分两面外侧和两面内侧锚固。

（5）柱箍筋计算。

① 柱箍筋根数计算。

基础层柱箍筋根数 n = 在基础内布置间距不少于 500 且不少于两道矩形封闭非复合箍的数量

底层柱箍筋根数 n = (底层柱根部加密区高度/加密区间距) + 1 + (底层柱上部加密区高度/加密区间距) + 1 + (底层柱中间非加密区高度/非加密区间距) – 1

$$楼底层柱箍筋根数 n = \frac{下部加密高度 + 上部加密高度}{加密区间距} + 2 + \frac{柱中间非加密区高度}{非加密区间距} - 1$$

② 柱非复合箍筋长度计算（见图 8.132）。

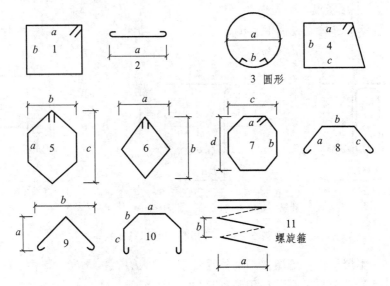

图 8.132 柱非复合箍筋形状示意图

各种非复合箍筋长度计算如下（图中尺寸均已扣除保护层厚度）：

1 号图矩形箍筋长：

$$L = 2 \times (a + b) + 2 \times 弯钩长 + 4d$$

2 号图一字形箍筋长：

$$L = a + 2 \times 弯钩长 + d$$

3 号图圆形箍筋长：

$$L = 3.141\,6 \times (a + d) + 2 \times 弯钩长 + 搭接长度$$

4 号图梯形箍筋长：

$$L = a + b + c + \sqrt{(c - a)^2 + b^2} + 2 \times 弯钩长 + 4d$$

5 号图六边形箍筋长：

$$L = 2 \times a + 2 \times \sqrt{(c - a)^2 + b^2} + 2 \times 弯钩长 + 6d$$

6 号图平行四边形箍筋长：

$$L = 2 \times \sqrt{a^2 + b^2} + 2 \times 弯钩长 + 4d$$

7 号图八边形箍筋长：

$$L = 2 \times (a + b) + 2 \times \sqrt{(c - a)^2 + (d - b)^2} + 2 \times 弯钩长 + 8d$$

194

8 号图八字形箍筋长：

$$L = a + b + c + 2 \times 弯钩长 + 3d$$

9 号图转角形箍筋长：

$$L = 2 \times \sqrt{a^2 + b^2} + 2 \times 弯钩长 + 2d$$

10 号图门字形箍筋长：

$$L = a + 2(b + c) + 2 \times 弯钩长 + 5d$$

11 号图螺旋形箍筋长：

$$L = \sqrt{[3.14 \times (a + b)]^2 + b^2} + (柱高 \div 螺距b)$$

（6）柱复合箍筋长度计算（见图 8.133）。

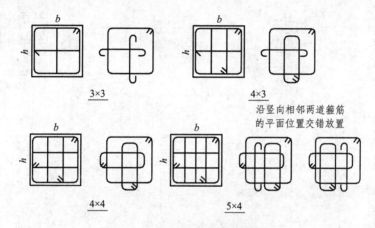

3×3

4×3

沿竖向相邻两道箍筋
的平面位置交错放置

4×4

5×4

图 8.133　柱复合箍筋形状示意图

3×3箍筋长：

外箍筋长$L = 2 \times (b + h) - 8 \times 保护层 + 2 \times 弯钩长 + 4d$

内一字箍筋长$= (h - 2 \times 保护层 + 2 \times 弯钩长 + d) + (b - 2 \times 保护层 + 2 \times 弯钩长 + d)$

4×3箍筋长：

外箍筋长$L = 2 \times (b + h) - 8 \times 保护层 + 2 \times 弯钩长 + 4d$

内矩形箍筋长$L = [(b - 2 \times 保护层 - D) \div 3 + D] \times 2 + (h - 2 \times 保护层) \times 2 +$
$2 \times 弯钩长 + 4d$

式中　D——纵筋直径。

内一字箍筋长$L = b - 2 \times 保护层 + 2 \times 弯钩长 + d$

4×4箍筋长：

外箍筋长$L = 2 \times (b + h) - 8 \times 保护层 + 2 \times 弯钩长 + 4d$

内矩形箍筋长$L_1 = [(b - 2 \times 保护层 - D) \div 3 + D + d + h - 2 \times 保护层 + d] \times 2 +$
$\qquad 2 \times 弯钩长$

内矩形箍筋长$L_2 = [(h - 2 \times 保护层 - D) \div 3 + D + d + b - 2 \times 保护层 + d] \times 2 +$
$\qquad 2 \times 弯钩长$

5×4箍筋长：

外箍筋长$L = 2 \times (b + h) - 8 \times 保护层 + 2 \times 弯钩长 + 4d$

内矩形箍筋长$L_1 = [(b - 2 \times 保护层 - D) \div 4 + D + d + h - 2 \times 保护层 + d] \times 2 + 2 \times 弯钩长$

内矩形箍筋长$L_2 = [(h - 2 \times 保护层 - D) \div 3 + D + d + b - 2 \times 保护层 + d] \times 2 + 2 \times 弯钩长$

内一字箍筋长$L = h - 2 \times 保护层 + 2 \times 弯钩长 + d$

例 8.30：根据图 8.134，计算ⓒ轴与②轴相交的 KZ4 框架柱的钢筋工程量。
柱纵筋为对焊连接，柱本层高 3.90 m，上层层高 3.60 m。

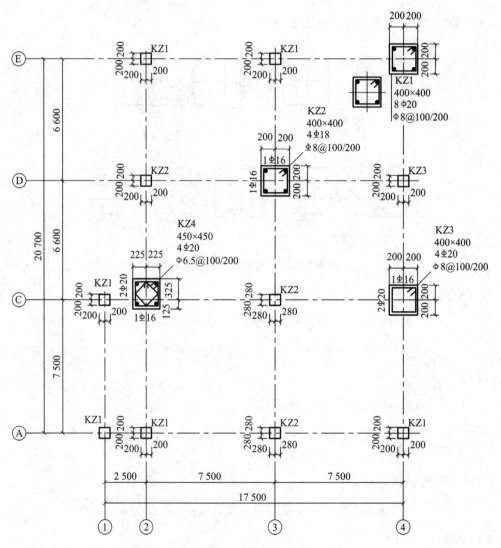

图 8.134 三层柱平面整体配筋图（尺寸单位：mm）

注：本层编号仅用于本层，标高 8.970，层高 3.90，C25 混凝土三级抗震。

196

解：中间层柱钢筋长 L = 本层层高 – 下层柱钢筋外露长度 $_{max}$($\geq H_n/6$，≥ 500，$\geq$柱截面长边尺寸) + 本层柱钢筋外露长度 $_{max}$($\geq H_n/6$，≥ 500，$\geq$柱截面长边尺寸) + 搭接长度（对焊接时为 0）

$$\Phi 20：L = [3.90 - (3.90 - 梁高\ 0.25) \div 6 + (3.60 - 梁高\ 0.25) \div 6] \times 8$$
$$= [(3.90 - 0.16) + 0.56] \times 8$$
$$= 30.80\ m$$

$$\Phi 16：L = 3.85 \times 2 = 7.70\ m$$

六边形箍筋长 $L = 2 \times a + 2 \times \sqrt{(c-a)^2 + b^2} + 2 \times 弯钩长 + 6d$

图 8.135 中：

$$a = (0.45 - 0.02 \times 2) \div 3 = 0.14\ m$$
$$b = 0.45 - 0.02 \times 2 = 0.41\ m$$
$$c = 0.45 - 0.02 \times 2 = 0.41\ m$$

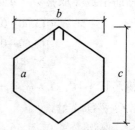

图 8.135 六边形箍筋

六边形 $\Phi 6.5：L = 2 \times 0.14 + 2 \times \sqrt{(0.41 - 0.14)^2 + 0.41^2} +$
$$2 \times (0.075 + 1.9 \times 0.006\ 5) + 6 \times 0.006\ 5$$
$$= 0.28 + 2 \times 0.49 + 0.17 + 0.04$$
$$= 1.47\ m$$

矩形箍筋长 $L = 2 \times (柱长边 - 2 \times 保护层 + 柱短边 - 2 \times 保护层) + 2 \times 弯钩长 + 4d$

$$\Phi 6.5：L = 2 \times (0.45 - 2 \times 0.02 + 0.45 - 2 \times 0.02) + 2 \times (0.075 + 1.9 \times 0.006\ 5) +$$
$$4 \times 0.006\ 5$$
$$= 1.90\ m$$

箍筋根数(取整数) $n = \dfrac{柱下部加密区高度 + 上部加密区高度}{加密区间距} + 2 +$

$$\dfrac{柱中间非加密区高度}{非加密区间距} - 1$$

柱箍筋根数：$n = [(3.90 - 0.25) \div 6 \times 2 + 梁高\ 0.25] \div 0.10 + 2 +$
$$[(3.90 - 0.25) - (3.90 - 0.25) \div 6 \times 2] \div 0.20 - 1$$
$$= (0.61 \times 2 + 0.25) \div 0.10 + 2 + (3.65 - 0.61 \times 2) \div 0.20 - 1$$
$$= 29$$

箍筋长小计：$L = (1.47 + 1.90) \times 20$
$$= 97.73\ m$$

KZ4 钢筋质量：

柱纵筋 $\Phi 20$：30.80 m × 2.47 kg/m = 76.08 kg

$\Phi 18$：7.70 m × 2.00 kg/m = 15.40 kg

$\Phi 6.5$：97.73 × 0.26 kg/m = 25.41 kg

钢筋质量小计：116.89 kg

例 8.31：根据图 8.136，计算Ⓑ轴与②轴相交的 KZ3 框架柱钢筋工程量（柱纵筋为对焊连接，本层层高 3.60 m）。

解：顶层柱钢筋长：L = 本层层高 − 下层柱钢筋外露长度$_{max}$($\geq H_n/6$，≥ 500，$\geq$ 柱截面长边尺寸) − 屋顶节点梁高 + 锚固长度

$$\begin{aligned}
\Phi 20 : L &= [3.60 - (3.60 - 0.25) \div 6 - 0.25 + (0.25 - 0.02 + 12 \times 0.02)] \times 8 + \\
&\quad [3.60 - (3.60 - 0.25) \div 6 - 0.25 + 1.5 \times 35 \times 0.02] \times 4 \\
&= (2.792 + 0.47) \times 8 + 3.842 \times 4 \\
&= 41.46 \text{ m}
\end{aligned}$$

六边形箍筋长 L 计算同上例，即 $\Phi 6.5 : L = 1.47$ m

矩形箍筋长 L 计算同上例，即 $\Phi 6.5 : L = 1.90$ m

箍筋根数（取整数）n 计算同上例，即：

$$\begin{aligned}
n &= [(3.60 - 0.25) \div 6 \times 2 + 0.25] \div 0.10 + 2 + \\
&\quad [(3.60 - 0.25) - (3.60 - 0.25) \div 6 \times 2] \div 0.20 - 1 \\
&= 27 \text{ 根}
\end{aligned}$$

箍筋长小计：$L = (1.47 + 1.90) \times 27 = 90.99$ m

KZ3 钢筋质量：

桩纵筋 $\Phi 20 : 41.46 \times 2.47 = 102.41$ kg

箍筋 $\Phi 6.5 : 90.99 \times 0.26 = 23.66$ kg

钢筋质量小计：126.07 kg

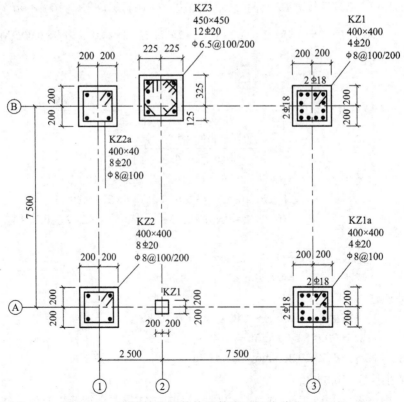

图 8.136 顶层柱平面整体配筋图（尺寸单位：mm）

注：本层编号仅用于本层。标高 12.870，层高 3.60，C25 混凝土三级抗震。

3．板构件

（1）板中钢筋计算。

板底受力钢筋长 $L =$ 板跨净长 + 两端锚固 $\max(1/2$ 梁宽，$5d)$(当为梁、剪力墙、圆梁时)；$\max(120，h，$ 墙厚 12)(当为砌体墙时)

$$板底受力钢筋根数 n = (板跨净长 - 2 \times 50) \div 布置间距 + 1$$

$$板面受力钢筋长 L = 板跨净长 + 两端锚固$$

$$板面受力钢筋根数 n = (板跨净长 - 2 \times 50) \div 布置间距 + 1$$

说明：板面受力钢筋在端支座的锚固，结合平法和施工实际情况，大致有以下 3 种构造。

① 端支座为砌体墙：$0.35l_{ab} + 15d$

② 端部支座为剪力墙：$0.4l_{ab} + 15d$

③ 端支座为梁时：$0.6l_{ab} + 15d$

（2）板负筋计算（见图 8.137）。

板边支座负筋长 $L =$ 左标注(右标注) + 左弯折(右弯折) + 锚固长度(同板面钢筋锚固取值)

板中间支座负筋长 $L =$ 左标注 + 右标注 + 左弯折 + 右弯折 + 支座宽度

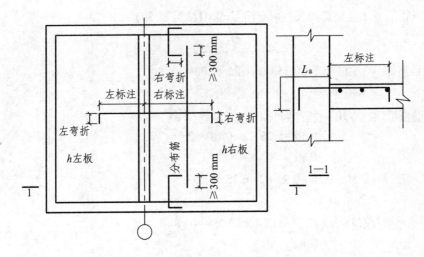

图 8.137　板支座负筋、分布筋示意图

（3）板负筋分布钢筋计算。

中间支座负筋分布钢筋长 $L =$ 净跨 - 两侧负筋标注之和 + 2×300（根据图纸实际情况）

中间支座负筋分布钢筋数量 $n =$ (左标注 - 50) ÷ 分布筋间距 + 1 +
(右标注 - 50) ÷ 分布筋间距 + 1

例 8.32：根据图 8.138，计算屋面板Ⓐ轴 ~ Ⓒ轴到①轴 ~ ②轴范围的部分钢筋工程量。

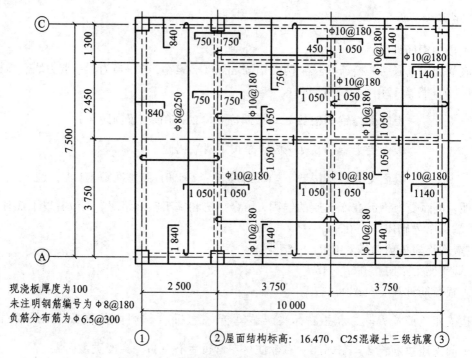

图 8.138　屋面配筋图（尺寸单位：mm）

解： 板底钢筋：$L =$ 板跨净长 + 两端锚固 $\max(1/2 梁宽, 5d)$

$$\overset{\text{弯钩}}{}$$

Φ8 长筋：$L = 7.50 - 0.25 + 0.25 + 2 \times 6.25 \times 0.008$
$$= 7.60 \text{ m}$$

长筋根数(取整)：$n =$ (板净跨长 -2×50) ÷ 间距 $+1$
$$= (2.50 - 0.25 - 2 \times 0.25) \div 25 + 1$$
$$= 10 \text{ 根}$$

Φ8 短筋：$L = 2.50 - 0.25 + 0.25 + 2 \times 6.25 \times 0.008$
$$= 2.60 \text{ m}$$

短筋根数(取整)：$n = (7.5 - 0.25 - 2 \times 0.05) \div 0.18 + 1$
$$= 41 \text{ 根}$$

② 轴负筋：$L =$ 右标注 + 右弯折 + 锚固长度

Φ8：$L = 0.84 + (0.10 - 2 \times 0.015) + 0.6 \times 36 \times 0.008 + 15 \times 0.008$
$$= 1.16 \text{ m}$$

① 轴负筋根数(取整)：$n =$ [板长(宽) $- 2 \times$ 保护层] ÷ 间距 $+1$
$$= (7.5 - 0.25 - 2 \times 0.015) \div 0.18 + 1$$
$$= 42 \text{ 根}$$

钢筋质量小计：$(7.60 \times 10 + 2.60 \times 41 + 1.16 \times 42) \times 0.395 = 91.37 \text{ kg}$

200

8.7 铁件工程量计算

钢筋混凝土构件预埋铁件工程量，按设计图示尺寸，以吨计算。

例 8.33：根据图 8.139，计算 5 根预制柱的预埋件工程量。

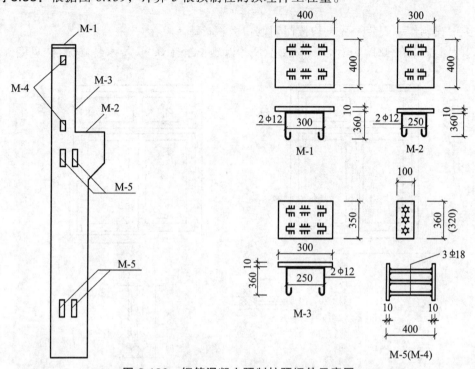

图 8.139 钢筋混凝土预制柱预埋件示意图

解：（1）每根柱预埋件工程量：

M-1：钢板：$0.4 \times 0.4 \times 78.5 \text{ kg/m}^2 = 12.56 \text{ kg}$

$\Phi12$：$2 \times (0.30 + 0.36 \times 2 + 12.5 \times 0.012) \times 0.888 \text{ kg/m} = 2.08 \text{ kg}$

M-2：钢板：$0.3 \times 0.4 \times 78.5 \text{ kg/m}^2 = 9.42 \text{ kg}$

$\Phi12$：$2 \times (0.25 + 0.36 \times 2 + 12.5 \times 0.012) \times 0.888 \text{ kg/m} = 1.99 \text{ kg}$

M-3：钢板：$0.3 \times 0.35 \times 78.5 \text{ kg/m}^2 = 8.24 \text{ kg}$

$\Phi12$：$2 \times (0.25 + 0.36 \times 2 + 12.5 \times 0.012) \times 0.888 \text{ kg/m} = 1.99 \text{ kg}$

M-4：钢板：$2 \times 0.1 \times 0.32 \times 2 \times 78.5 \text{ kg/m}^2 = 10.05 \text{ kg}$

$\Phi18$：$2 \times 3 \times 0.38 \times 2.00 \text{ kg/m} = 4.56 \text{ kg}$

M-5：钢板：$4 \times 0.1 \times 0.36 \times 2 \times 78.5 \text{ kg/m}^2 = 22.61 \text{ kg}$

$\Phi18$：$4 \times 3 \times 0.38 \times 2.00 \text{ kg/m} = 9.12 \text{ kg}$

小计：82.62 kg

（2）5 根柱预埋铁件工程量：

$82.62 \times 5 \text{ 根} = 413.1 \text{ kg} = 0.413 \text{ t}$

8.8 门窗及木结构工程量计算

8.8.1 一般规定

各类门窗制作、安装工程量均按门窗洞口面积计算。

（1）门窗盖口条、贴脸、披水条，按图示尺寸以延长米计算，执行木装修项目（见图 8.140）。

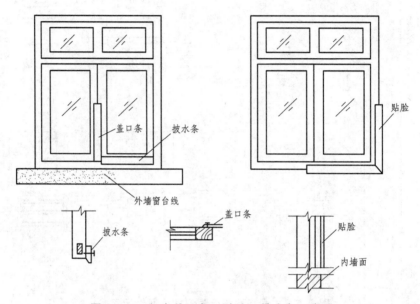

图 8.140 门窗盖口条、贴脸、披水条示意图

（2）普通窗上部带有半圆窗（见图 8.141）的工程量，应分别按半圆窗和普通窗计算。其分界线以普通窗和半圆窗之间的横框上裁口线为分界线。

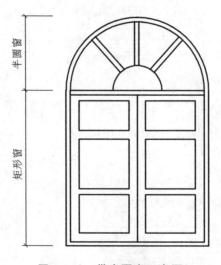

图 8.141 带半圆窗示意图

202

（3）镀锌铁皮、钉橡皮条、钉毛毡按图示门窗洞口尺寸以延长米计算。

（4）各种门示意图见图8.142。

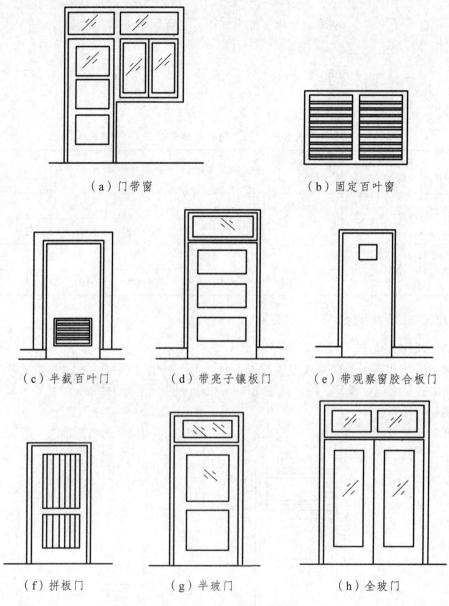

（a）门带窗 　　　　　　　　　　（b）固定百叶窗

（c）半截百叶门 　　　（d）带亮子镶板门 　　　（e）带观察窗胶合板门

（f）拼板门 　　　　　　（g）半玻门 　　　　　　（h）全玻门

图 8.142　各种门窗示意图

8.8.2　套用定额的规定

1. 木材木种分类

全国统一建筑工程基础定额将木材分为以下四类：

一类：红松、水桐木、樟子松。

二类：白松（方杉、冷杉）、杉木、杨木、柳木、椴木。

三类：青松、黄花松、秋子木、马尾松、东北榆木、柏木、苦楝木、梓木、黄菠萝、椿木、楠木、柚木、樟木。

四类：栎木（柞木）、檀木、色木、槐木、荔木、麻栗木（麻栎、青杠）、桦木、荷木、水曲柳、华北榆木。

2. 板、枋材规格分类

见表 8.21。

表 8.21　板、枋材规格分类表

项　目	按宽厚尺寸比例分类	按板材厚度、枋材宽与厚乘积分类			
板　材	宽≥3×厚	名　称	薄　板	中　板	厚　板	特厚板
		厚度（mm）	＜18	19~35	36~65	≥66
枋　材	宽＜3×厚	名　称	小　枋	中　枋	大　枋	特大枋
		宽×厚（cm²）	＜54	55~100	101~225	≥226

3. 门窗框扇断面的确定及换算

1）框扇断面的确定

定额中所注明的木材断面或厚度均以毛料为准。如设计图纸注明的断面或厚度为净料时，应增加刨光损耗：板、枋材一面刨光增加 3 mm；两面刨光增加 5 mm；圆木每立方米材积增加 0.5 m³ 计算。

例 8.34： 根据图 8.143 中门框断面的净尺寸计算含刨光损耗的毛断面。

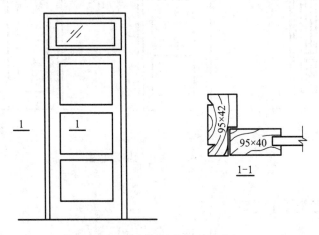

图 8.143　木门框扇断面示意图

解： 门框毛断面 = (9.5 + 0.5) × (4.2 + 0.3) = 45 cm²

门扇毛断面 = (9.5 + 0.5) × (4.0 + 0.5) = 45 cm²

2）框扇断面的换算

当图纸设计的木门窗框扇断面与定额规定不同时，应按比例换算。框断面以边框断面为准（框裁口如为钉条者加贴条的断面）；扇断面以主梃断面为准。

框扇断面不同时的定额材积换算公式：

$$换算后材积=\frac{设计断面(加刨光损耗)}{定额断面}\times定额材积$$

例 8.35：某工程的单层镶板门框的设计断面为 60 mm × 115 mm（净尺寸），查定额框断面 60 mm × 100 mm（毛料），定额枋材耗用量 2.037 m³/100 m²，试计算按图纸设计的门框枋材耗用量。

解：
$$换算后材积=\frac{设计断面}{定额断面}\times定额材积$$
$$=\frac{63\times120}{60\times100}\times2.037$$
$$=2.567 \ m^3/100 \ m^2$$

8.8.3 铝合金门窗等

铝合金门窗制作、安装，铝合金、不锈钢门窗、彩板组角钢门窗、塑料门窗、钢门窗安装，均按设计门窗洞口面积计算。

8.8.4 卷闸门

卷闸门安装按洞口高度增加 600 mm 乘以门实际宽度以平方米计算。电动装置安装以套计算，小门安装以个计算。

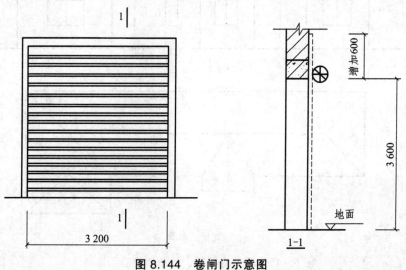

图 8.144 卷闸门示意图

例 8.36：根据图 8.144 所示尺寸计算卷闸门工程量。

解：$S = 3.20 \times (3.60 + 0.60)$

$\quad\quad = 3.20 \times 4.20$

$\quad\quad = 13.44 \text{ m}^2$

8.8.5　包门框、安附框

不锈钢片包门框，按框外表面面积以平方米计算。

彩板组角钢门窗附框安装，按延长米计算。

8.8.6　木屋架

（1）木屋架制作安装均按设计断面竣工木料以立方米计算，其后备长度及配制损耗均不另行计算。

（2）方木屋架一面刨光时增加 3 mm，两面刨光时增加 5 mm，圆木屋架按屋架刨光时木材体积每立方米增加 0.05 m³ 计算。附属于屋架的夹板、垫木等已并入相应的屋架制作项目中，不另计算；与屋架连接的挑檐木（附木）、支撑等，其工程量并入屋架竣工木料体积内计算。

（3）屋架的制作安装应区别不同跨度，其跨度应以屋架上下弦杆的中心线交点之间的长度为准。带气楼的屋架并入所依附屋架的体积内计算。

（4）屋架的马尾、折角和正交部分半屋架（见图 8.145），应并入相连接屋架的体积内计算。

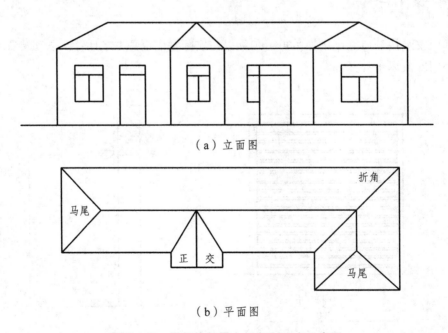

（a）立面图

（b）平面图

图 8.145　屋架的马尾、折角和正交示意图

（5）钢木屋架区分圆、方木，按竣工木料以立方米计算。

（6）圆木屋架连接的挑檐木、支撑等如为方木时，其方木部分应乘以系数 1.7 折合成圆木并入屋架竣工木料内。单独的方木挑檐，按矩形檩木计算。

（7）屋架杆件长度系数表：木屋架各杆件长度可用屋架跨度乘以杆件长度系数计算。杆件长度系数见表 8.22。

（8）圆木材积是根据尾径计算的，国家标准"GB 4814—84"规定了原木材积的计算方法和计算公式。在实际工作中，一般都采取查表的方式来确定圆木屋架的材积（见表 8.23）。

标准规定，检尺径自 4～12 cm 的小径原木材积由公式

$$V = 0.785\,4L(D + 0.45L + 0.2)2 \div 10\,000$$

确定。

表 8.22　屋架杆件长度系数表

屋架形式	角　度	杆　件　编　号										
		1	2	3	4	5	6	7	8	9	10	11
	26°34′	1	0.559	0.250	0.280	0.125						
	30°	1	0.577	0.289	0.289	0.144						
	26°34′	1	0.559	0.250	0.236	0.167	0.186	0.083				
	30°	1	0.577	0.289	0.254	0.192	0.192	0.096				
	26°34′	1	0.559	0.250	0.225	0.188	0.177	0.125	0.140	0.063		
	30°	1	0.577	0.289	0.250	0.127	0.191	0.144	0.144	0.072		
	26°34′	1	0.559	0.250	0.224	0.200	0.180	0.150	0.141	0.100	0.112	0.050
	30°	1	0.577	0.289	0.252	0.231	0.200	0.173	0.153	0.116	0.115	0.057

检尺径自 14 cm 以上原木材积由公式

$$V = 0.785\,4\,L[D + 0.5L + 0.005L2 + 0.000\,125L(14 - L)2(D - 10)]9 \div 10\,000$$

确定。

式中　V——材积（m³）；

　　　L——检尺长（m）；

　　　D——检尺径（cm）。

表 8.23 原木材积表（一）

检尺径 （cm）	检尺长（m）														
	2.0	2.2	2.4	2.5	2.6	2.8	3.0	3.2	3.4	3.6	3.8	4.0	4.2	4.4	4.6
	材积（m³）														
8	0.013	0.015	0.016	0.017	0.018	0.020	0.021	0.023	0.025	0.027	0.029	0.031	0.034	0.036	0.038
10	0.019	0.022	0.024	0.025	0.026	0.029	0.031	0.034	0.037	0.040	0.042	0.045	0.048	0.051	0.054
12	0.027	0.030	0.033	0.035	0.037	0.040	0.043	0.047	0.050	0.054	0.058	0.062	0.065	0.069	0.074
14	0.036	0.040	0.045	0.047	0.049	0.054	0.058	0.063	0.068	0.073	0.078	0.083	0.089	0.094	0.100
16	0.047	0.052	0.058	0.060	0.063	0.069	0.075	0.081	0.087	0.093	0.100	0.106	0.113	0.120	0.126
18	0.059	0.065	0.072	0.076	0.079	0.086	0.093	0101	0.108	0.116	0.124	0.132	0.140	0.148	0.156
20	0.072	0.080	0.088	0.092	0.097	0.105	0.114	0.123	0.132	0.141	0.151	0.160	0.170	0.180	0.190
22	0.086	0.096	0.106	0.111	0.116	0.126	0.137	0.147	0.158	0.169	0.180	0.191	0.203	0.214	0.226
24	0.102	0.114	0.125	0.131	0.137	0.149	0161	0.174	0.186	0.199	0.212	0.225	0.239	0.252	0.266
26	0.120	0.133	0.146	0.153	0.160	0.174	0.188	0.203	0.217	0.232	0.247	0.262	0.277	0.293	0.308
28	0.138	0.154	0.169	0.177	0.185	0.201	0.217	0.234	0.250	0.267	0.284	0.302	0.319	0.337	0.354
30	0.158	0.176	0.193	0.202	0.211	0.230	0248	0.267	0.286	0.305	0.324	0.344	0.364	0.383	0.404
32	0.180	0.1996	0.219	0.230	0.240	0.260	0.281	0.302	0.324	0.345	0.367	0.389	0.411	0.433	0.456
34	0.202	0.224	0.247	0.258	0.270	0.293	0.316	0.340	0.364	0.388	0.412	0.437	0.461	0.486	0.511

检尺径 （cm）	检尺长（m）														
	4.8	5.0	5.2	5.4	5.6	5.8	6.0	6.2	6.4	6.6	6.8	7.0	78.2	7.4	7.6
	材积（m³）														
8	0.040	0.043	0.045	0.048	0.051	0.053	0.056	0.059	0.062	0.065	0.068	0.071	0.074	0.077	0.081
10	0.058	0.061	0.064	0.068	0.071	0.075	0.078	0.082	0.086	0.090	0.094	0.098	0.102	0.106	0.111
12	0.078	0.082	0.086	0.091	0.095	0.100	0.105	0.109	0.114	0.119	0.124	0.130	0.135	0.140	0.146
14	0.105	0.111	0.117	0.123	0.129	0.136	0.142	0.149	0.156	0.162	0.169	0.176	0.184	0.191	0.199
16	0.134	0.141	0.148	0.155	0.163	0.171	0.179	0.187	0.195	0.203	0.211	0.220	02.229	0.230	0.247
18	0.165	0.174	0.182	0.191	0.201	0.210	0.219	0.229	0.238	0.248	0.258	0.268	0.278	0.289	0.300
20	0.200	0.210	0.221	0.231	0.242	0.253	0.264	0.275	0.286	0.298	0.309	0.321	0.333	0.345	0.358
22	0.238	0.250	0.262	0.275	0.287	0.300	0.313	0.326	0.339	0.352	0.365	0.379	0.393	0.407	0.421
24	0.279	0.293	0.308	0.322	0.336	0.351	0.366	0.380	0.396	0.411	0.426	0.442	0.457	0.473	0.489
26	0.324	0.340	0.356	0.373	0.289	0.406	0.423	0.440	0.457	0.474	0.491	0.509	0.527	0.545	0.563
28	0.372	0.391	0.409	0.427	0.446	0.465	0.484	0.503	0.522	0.542	0.561	0.581	0.601	0.621	0.642
30	0.424	0.444	0.465	0.486	0.507	0.528	0.549	0.571	0.592	0.614	0.636	0.658	0.681	0.703	0.726
32	0.479	0.502	0.525	0.548	0.571	0.595	0.619	0.643	0.667	0.691	0.715	0.740	0.765	0.790	0.815
34	0.537	0.562	0.588	0.614	0.640	0.666	0.692	0.719	0.746	0.772	0.799	0.827	0.854	0.881	0.909

注：长度以 20 cm 为增进单位，不足 20 cm 时，满 10 cm 进位，不足 10 cm 舍去；径级以 2 cm 为增进单位，不足 2 cm 时，满 1 cm 的进位，不足 1 cm 舍去。

例 8.37： 根据图 8.146 中的尺寸计算跨度 $L = 12$ m 的圆木屋架工程量。

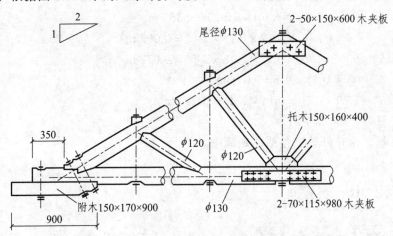

图 8.146 圆木屋架示意图

解： 屋架圆木材积计算见表 8.24。

表 8.24 屋架圆木材积计算表

名 称	尾径（cm）	数 量	长度（m）	单根材积（m³）	材积（m³）
上 弦	φ 13	2	$12 \times 0.559^* = 6.708$	0.169	0.338
下 弦	φ 13	2	$6 + 0.35 = 6.35$	0.156	0.312
斜杠 1	φ 12	2	$12 \times 0.236^* = 2.832$	0.040	0.080
斜杠 2	φ 12	2	$12 \times 0.186^* = 2.232$	0.030	0.060
托 木		1	$0.15 \times 0.16 \times 0.40 \times 1.70^*$		0.016
挑檐木		2	$0.15 \times 0.17 \times 0.90 \times 2 \times 1.70^*$		0.078
小 计					0.884

例 8.38： 根据图 8.147 中尺寸，计算跨度 $L = 9.0$ m 的方木屋架工程量。

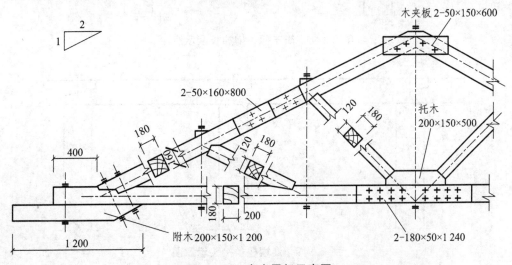

图 8.147 方木屋架示意图

209

解: 上　弦：$9.0 \times 0.559^* \times 0.18 \times 0.16 \times 2$ 根 $= 0.290 \ \text{m}^3$

下　弦：$(9.0 + 0.4 \times 2) \times 0.18 \times 0.20 = 0.353 \ \text{m}^3$

斜杆 1：$9.0 \times 0.236^* \times 0.12 \times 0.18 \times 2$ 根 $= 0.092 \ \text{m}^3$

斜杆 2：$9.0 \times 0.186^* \times 0.12 \times 0.18 \times 2$ 根 $= 0.072 \ \text{m}^3$

托　木：$0.2 \times 0.15 \times 0.5 = 0.015 \ \text{m}^3$

挑檐木：$1.20 \times 0.20 \times 0.15 \times 2$ 根 $= 0.072 \ \text{m}^3$

小　计：$0.894 \ \text{m}^3$

注：木夹板、钢拉杆等已包括在定额中。

8.8.7　檩　木

（1）檩木按竣工木料以立方米计算。简支檩条长度按设计规定计算，如设计无规定者，按屋架或山墙中距增加 200 mm 计算，如两端出山，檩条算至博风板。

（2）连续檩条的长度按设计长度计算，其接头长度按全部连续檩木总体积的 5% 计算。檩条托木已计入相应的檩木制作安装项目中，不另计算。

（3）简支檩条增加长度和连续檩条接头见图 8.148 和图 8.149。

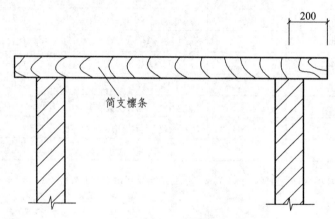

图 8.148　简支檩条增加长度示意图

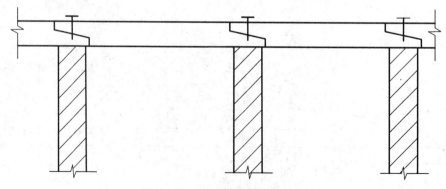

图 8.149　连续檩条接头示意图

210

8.8.8 屋面木基层

屋面木基层（见图 8.150），按屋面的斜面面积计算。天窗挑檐重叠部分按设计规定计算，屋面烟囱及斜沟部分所占面积不扣除。

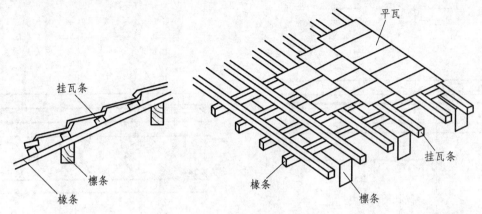

图 8.150 屋面木基层示意图

8.8.9 封檐板

封檐板按图示檐口外围长度计算，博风板按斜长计算，每个大刀头增加长度 500 mm。挑檐木、封檐板、博风板、大刀头示意见图 8.151、图 8.152。

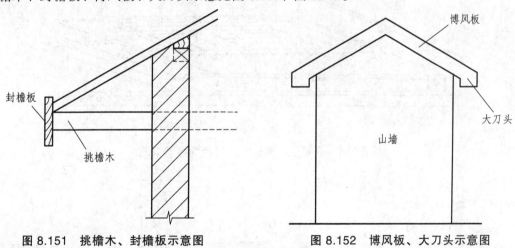

图 8.151 挑檐木、封檐板示意图　　　　图 8.152 博风板、大刀头示意图

8.8.10 木楼梯

木楼梯按水平投影面积计算，不扣除宽度小于 300 mm 的楼梯井，其踢脚板、平台和伸入墙内部分，不另计算。

8.9 楼地面工程量计算

楼地面构造示意图见图 8.153 和图 8.154。

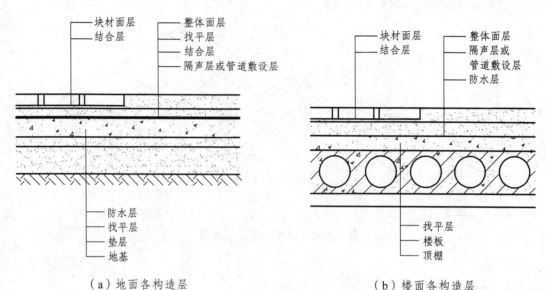

（a）地面各构造层　　　　　　　（b）楼面各构造层

图 8.153　楼地面构造层示意图

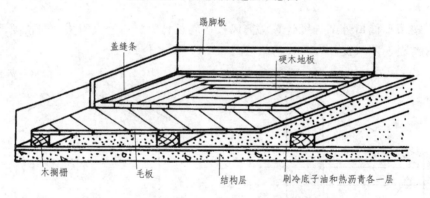

图 8.154　底层上实铺式木地面的构造示意图

8.9.1　垫　层

地面垫层按室内主墙间净空面积乘以设计厚度以立方米计算。应扣除凸出地面的构筑物、设备基础、室内铁道、地沟等所占体积，不扣除柱、垛、间壁墙、附墙烟囱及面积在 0.3 m² 以内孔洞所占体积。

说明：

（1）不扣除间壁墙是因为间壁墙是在地面完成后再做，所以不扣除；不扣除柱、垛及不增加门洞开口部分面积，是一种综合计算方法。

（2）凸出地面的构筑物、设备基础等，是先做好后再做室内地面垫层，所以要扣除所占体积。

8.9.2　整体面层、找平层

整体面层、找平层均按主墙间净空面积以平方米计算。应扣除凸出地面构筑物、设备基础、室内管道、地沟等所占面积，不扣除柱、垛、间壁墙、附墙烟囱及面积在 $0.3\ m^2$ 以内的孔洞所占面积，但门洞、空圈、暖气包槽、壁龛的开口部分亦不增加。

说明：

（1）整体面层包括水泥砂浆、水磨石、水泥豆石等。

（2）找平层包括水泥砂浆、细石混凝土等。

（3）不扣除柱、垛、间壁墙等所占面积，不增加门洞、空圈、暖气包槽、壁龛的开口部分，各种面积经过正负抵消后就能确定定额用量，这是编制定额时采用的综合计算方法。

例 8.39：根据图 8.155 计算该建筑物的室内地面面层工程量。

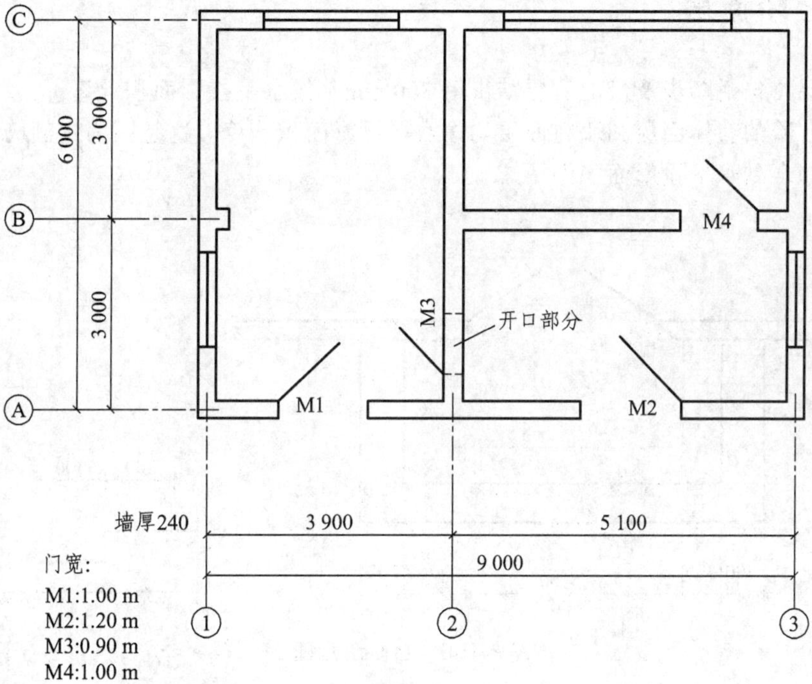

图 8.155　某建筑平面图

解： 室内地面面积 = 建筑面积 − 墙结构面积

$$= 9.24 \times 6.24 - [(9 + 6) \times 2 + 6 - 0.24 + 5.1 - 0.24] \times 0.24$$

$$= 57.66 - 40.62 \times 0.24$$

$$= 57.66 - 9.75 = 47.91\ m^2$$

213

8.9.3 块料面层

块料面层，按图示尺寸实铺面积以平方米计算，门洞、空圈、暖气包槽和壁龛的开口部分的工程量并入相应的面层内计算。

说明：块料面层包括大理石、花岗岩、彩釉砖、缸砖、陶瓷锦砖、木地板等。

例 8.40：根据图 8.155 和前例的数据，计算该建筑物室内花岗岩地面工程量。

解：花岗岩地面面积 = 室内地面面积 + 门洞开口部分面积

$$= 47.91 + (1.0 + 1.2 + 0.9 + 1.0) \times 0.24$$

$$= 47.91 + 0.98 = 48.89 \text{ m}^2$$

楼梯面层（包括踏步、平台以及小于 500 mm 宽的楼梯井）按水平投影面积计算。

例 8.41：根据图 8.101 的尺寸计算水泥豆石浆楼梯间面层（只算一层）工程量。

解：水泥豆石浆楼梯间面层 $= (1.23 \times 2 + 0.50) \times (0.20 + 1.23 \times 2 + 3.0)$

$$= 2.96 \times 5.66 = 16.75 \text{ m}^2$$

8.9.4 台阶面层

台阶面层（包括踏步及最上一层踏步沿 300 mm）按水平投影面积计算。

说明：台阶的整体面层和块料面层均按水平投影面积计算。这是因为定额已将台阶踢脚立面的工料综合到水平投影面积中了。

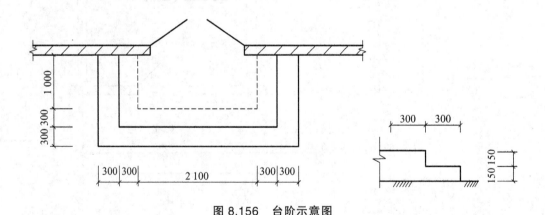

图 8.156　台阶示意图

例 8.42：根据图 8.156，计算花岗岩台阶面层工程量。

解：花岗岩台阶面层 = 台阶中心线长 × 台阶宽

$$= [(0.30 \times 2 + 2.1) + (0.30 + 1.0) \times 2] \times (0.30 \times 2)$$

$$= 5.30 \times 0.6 = 3.18 \text{ m}^2$$

8.9.5 其他

（1）踢脚板（线）按延长米计算，洞口、空圈长度不予扣除，洞口、空圈、垛、附墙烟囱等侧壁长度亦不增加。

例 8.43：根据图 8.157 计算各房间 150 mm 高瓷砖踢脚线工程量。

解：瓷砖踢脚线

$$L = \sum 房间净空周长$$
$$= (6.0 - 0.24 + 3.9 - 0.24) \times 2 + (5.1 - 0.24 + 3.0 - 0.24) \times 2 +$$
$$(5.1 - 0.24 + 3.0 - 0.24) \times 2$$
$$= 18.84 + 15.24 \times 2 = 49.32 \text{ m}$$

（2）散水、防滑坡道按图示尺寸以平方米计算。

散水面积计算公式：

$$S_{散水} = (外墙外边周长 + 散水宽 \times 4) \times 散水宽 - 坡道、台阶所占面积$$

例 8.44：根据图 8.157，计算散水工程量。

解：$S_{散水} = [(12.0 + 0.24 + 6.0 + 0.24) \times 2 + 0.80 \times 4] \times 0.80 - 2.50 \times 0.80 - 0.60 \times 1.50 \times 2$
$= 40.16 \times 0.80 - 3.80 = 28.33 \text{ m}^2$

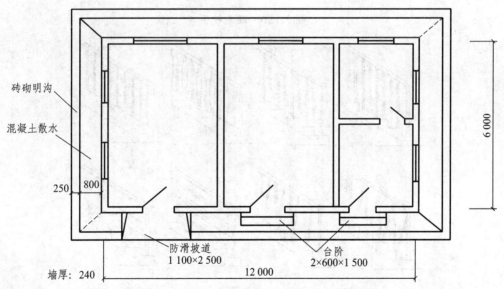

图 8.157 散水、防滑破道、明沟、台阶示意图

例 8.45：根据图 8.158，计算防滑坡道工程量。

解：防滑坡道面积 $= 1.10 \times 2.50 = 2.75 \text{ m}^2$

（3）防滑坡道见示意图 8.158。

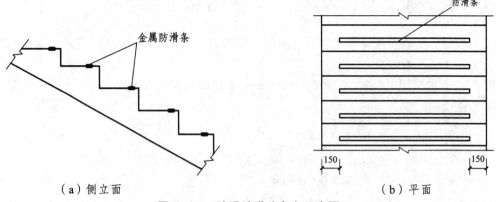

（a）侧立面 （b）平面

图 8.158 防滑坡道（条）示意图

（4）栏杆、扶手包括弯头长度按延长米计算（见图 8.159、图 8.160、图 8.161）。

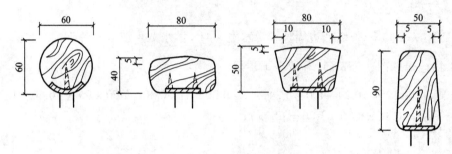

图 8.159 硬木扶手

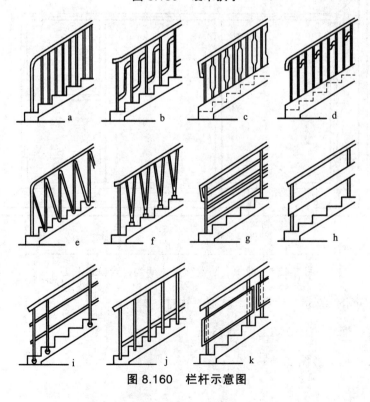

图 8.160 栏杆示意图

例 8.46：某大楼有等高的 8 跑楼梯，采用不锈钢管扶手栏杆，每跑楼梯高为 1.80 m，每跑楼梯扶手水平长为 3.80 m，扶手转弯处为 0.30 m，最后一跑楼梯连接的安全栏杆水平长 1.55 m，求该扶手栏杆工程量。

解：不锈钢扶手栏杆长 $= \sqrt{(1.80)^2 + (3.80)^2} \times 8跑 + 0.30(转弯) \times 7 + 1.55 （水平）$

$$= 4.205 \times 8 + 2.10 + 1.55$$
$$= 37.29 \text{ m}$$

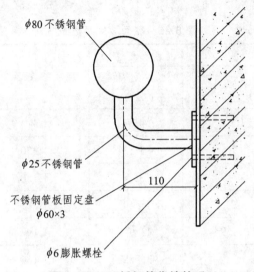

图 8.161　不锈钢管靠墙扶手

（5）防滑条按楼梯踏步两端距离减 300 mm，以延长米计算。见图 8.158。

（6）明沟按图示尺寸以延长米计算。

明沟长度计算公式：

$$明沟长 = 外墙外边周长 + 散水宽 \times 8 + 明沟宽 \times 4 - 台阶、坡道长$$

例 8.47：根据图 8.157，计算砖砌明沟工程量。

解：明沟长 $= (12.24 + 6.24) \times 2 + 0.80 \times 8 + 0.25 \times 4 - 2.50$

$$= 41.86 \text{ m}$$

8.10　屋面防水工程量计算

8.10.1　坡屋面

1. 有关规则

瓦屋面、金属压型板屋面，均按图示尺寸的水平投影面积乘以屋面坡度系数以平方米计算。不扣除房上烟囱、风帽底座、风道、屋面小气窗、斜沟等所占面积，屋面小气窗的出檐部分亦不增加。

2. 屋面坡度系数

利用屋面坡度系数来计算坡屋面工程量是一种简便有效的计算方法。坡度系数的计算方法是：

$$坡度系数 = \frac{斜长}{水平长} = \sec\alpha$$

屋面坡度系数表见表 8.25，示意见图 8.162。

表 8.25　屋面坡度系数表

坡　度			延尺系数 $C(A=1)$	隔延尺系数 $D(A=1)$
以高度 B 表示 （当 $A=1$ 时）	以高跨比表示 （$B/2A$）	以角度表示 （α）		
1	1/2	45°	1.414 2	1.732 1
0.75		36°52′	1.250 0	1.600 8
0.70		35°	1.220 7	1.577 9
0.666	1/3	33°40′	1.201 5	1.562 0
0.65		33°01′	1.192 6	1.556 4
0.60		30°58′	1.166 2	1.536 2
0.577		30°	1.154 7	1.527 0
0.55		28°49′	1.141 3	1.517 0
0.50	1/4	26°34′	1.118 0	1.500 0
0.45		24°14′	1.096 6	1.483 9
0.40	1/5	21°48′	1.077 0	1.469 7
0.35		19°17′	1.059 4	1.456 9
0.30		16°42′	1.044 0	1.445 7
0.25		14°02′	1.030 8	1.436 2
0.20	1/10	11°19′	1.019 8	1.428 3
0.15		8°32′	1.011 2	1.422 1
0.125		7°8′	1.007 8	1.419 1
0.100	1/20	5°42′	1.005 0	1.417 7
0.083		4°45′	1.003 5	1.416 6
0.066	1/30	3°49′	1.002 2	1.415 7

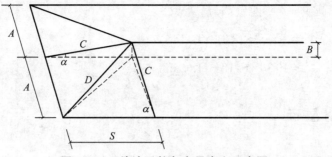

图 8.162　放坡系数各字母含义示意图

注：1. 两坡水排水屋面（当 α 角相等时，可以是任意坡水）面积为屋面水平投影面积乘以延尺系数 C；

　　2. 四坡水排水屋面斜脊长度 $= A \times D$（当 $S = A$ 时）；

　　3. 沿山墙泛水长度 $= A \times C$。

例 8.48：根据图 8.163 所示尺寸，计算四坡水屋面工程量。

解：$S =$ 水平面积 × 坡度系数 C

　　　　$= 8.0 \times 24.0 \times 1.118^*$（查表 8.25）

　　　　$= 214.66 \ \mathrm{m}^2$

例 8.49：根据图 8.163 中有关数据，计算四角斜脊的长度。

解：屋面斜脊长 $=$ 跨长 × 0.5 × 隅延尺系数 D × 4 根

　　　　　　$= 8.0 \times 0.5 \times 1.50^*$（查表 8.25）$\times 4 = 24.0 \ \mathrm{m}$

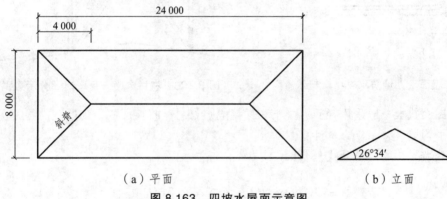

（a）平面　　　　　　　　　（b）立面

图 8.163　四坡水屋面示意图

例 8.50：根据图 8.164 的图示尺寸，计算六坡水（正六边形）屋面的斜面面积。

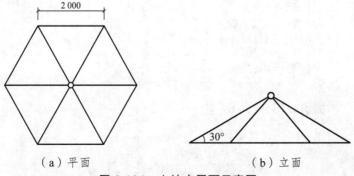

（a）平面　　　　　　　　（b）立面

图 8.164　六坡水屋面示意图

219

解： 屋面斜面面积 = 水平面积 × 延尺系数 C

$$= \frac{3}{2} \times \sqrt{3} \times (2.0)^2 \times 1.118^*$$

$$= 10.39 \times 1.118 = 11.62 \ \text{m}^2$$

8.10.2　卷材屋面

（1）卷材屋面按图示尺寸的水平投影面积乘以规定的坡度系数以平方米计算。但不扣除房上烟囱、风帽底座、风道、屋面小气窗和斜沟所占的面积。屋面女儿墙、伸缩缝和天窗弯起部分（见图 8.165 和图 8.166），按图示尺寸并入屋面工程量计算，如图纸无规定时，伸缩缝、女儿墙的弯起部分可按 250 mm 计算，天窗弯起部分可按 500 mm 计算。

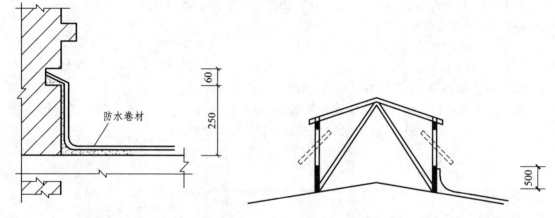

图 8.165　屋面女儿墙防水卷材弯起示意图　　　**图 8.166　卷材屋面天窗弯起部分示意图**

（2）屋面找坡一般采用轻质混凝土和保温隔热材料。找坡层的平均厚度需根据图示尺寸计算加权平均厚度，以立方米计算。

屋面找坡平均厚计算公式：

$$\text{找坡平均厚} = \text{坡宽}(L) \times \text{坡度系数}(i) \times \frac{1}{2} + \text{最薄处厚}$$

例 8.51： 根据图 8.167 所示尺寸和条件计算屋面找坡层工程量。

解：（1）计算加权平均厚。

$$A区\begin{cases} \text{面积}：15 \times 4 = 60 \ \text{m}^2 \\ \text{平均厚}：4.0 \times 2\% \times \frac{1}{2} + 0.03 = 0.07 \ \text{m} \end{cases}$$

$$B区\begin{cases} \text{面积}：12 \times 5 = 60 \ \text{m}^2 \\ \text{平均厚}：5.0 \times 2\% \times \frac{1}{2} + 0.03 = 0.08 \ \text{m} \end{cases}$$

$$C区\begin{cases} 面积:8×(5+2)=56\ m^2 \\ 平均厚:7×2\%×\dfrac{1}{2}+0.03=0.10\ m \end{cases}$$

$$D区\begin{cases} 面积:6×(5+2-4)=18\ m^2 \\ 平均厚:7×2\%×\dfrac{1}{2}+0.03=0.10\ m \end{cases}$$

$$E区\begin{cases} 面积:11×(4+4)=88\ m^2 \\ 平均厚:8×2\%×\dfrac{1}{2}+0.03=0.11\ m \end{cases}$$

$$加权平均厚=\frac{60×0.07+60×0.08+56×0.10+18×0.06+88×0.11}{60+60+56+18+88}$$

$$=\frac{25.36}{282}$$

$$=0.089\ 9$$

$$≈0.09\ m$$

（2）屋面找坡层体积。

$$\begin{aligned} V &= 屋面面积×平均厚 \\ &= 282×0.09 \\ &= 25.38\ m^3 \end{aligned}$$

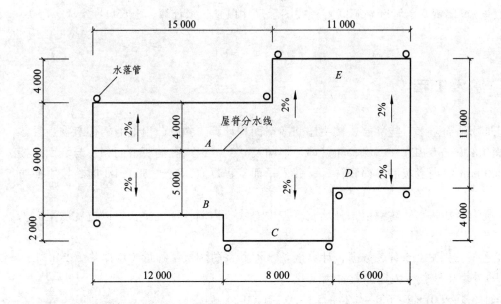

图 8.167 平屋面找坡示意图

221

（3）卷材屋面的附加层、接缝、收头、找平层的嵌缝、冷底子油已计入定额内，不另计算。

（4）涂膜屋面的工程量计算同卷材屋面。涂膜屋面的油膏嵌缝、玻璃布盖缝、屋面分格缝，以延长米计算。

8.10.3 屋面排水

（1）铁皮排水按图示尺寸以展开面积计算，如图纸没有注明尺寸时，可按表 8.26 规定计算。咬口和搭接用量等已计入定额项目内，不另计算。

表 8.26 铁皮排水单体零件折算表

名 称		单 位	水落管 （m）	檐沟 （m）	水斗 （个）	漏斗 （个）	下水口 （个）		
铁皮排水	水落管、檐沟、水斗、漏斗、下水口	m²	0.32	0.30	0.40	0.16	0.45		
	天沟、斜沟、天窗窗台泛水、天窗侧面泛水、烟囱泛水、滴水檐头泛水、滴水	m²	天沟 （m）	斜沟、天窗窗台泛水 （m）	天窗侧面泛水 （m）	烟囱泛水 （m）	通气管泛水 （m）	滴水檐头泛水 （m）	滴水 （m）
			1.3	0.50	0.70	0.80	0.22	0.24	0.11

（2）铸铁、玻璃钢水落管区别不同直径按图示尺寸以延长米计算，雨水口、水斗、弯头、短管以个计算。

8.10.4 防水工程

（1）建筑物地面防水、防潮层，按主墙间净空面积计算，扣除凸出地面的构筑物、设备基础等所占的面积，不扣除柱、垛、间壁墙、烟囱及 0.3 m² 以内孔洞所占面积。与墙面连接处高度在 500 mm 以内者按展开面积计算，并入平面工程量内；超过 500 mm 时，按立面防水层计算。

（2）建筑物墙基防水、防潮层，外墙长度按中心线，内墙长度按净长乘以宽度以平方米计算。

例 8.52：根据图 8.155 有关数据，计算墙基水泥砂浆防潮层工程量（墙厚均为 240）。

解：S = (外墙中线长 + 内墙净长) × 墙厚

$\qquad$ = [(6.0 + 9.0) × 2 + 6.0 − 0.24 + 5.1 − 0.24] × 0.24

$\qquad$ = 40.62 × 0.24 = 9.75 m²

（3）构筑物及建筑物地下室防水层，按实铺面积计算，但不扣除 0.3 m² 以内的孔洞面积。平面与立面交接处的防水层，其上卷高度超过 500 mm 时，按立面防水层计算。

（4）防水卷材的附加层、接缝、收头、冷底子油等人工材料均已计入定额内，不另计算。

（5）变形缝按延长米计算。

222

8.11 防腐、保温、隔热工程量计算

8.11.1 防腐工程

（1）防腐工程项目，应区分不同防腐材料种类及其厚度，按设计实铺面积以平方米计算。应扣除凸出地面的构筑物、设备基础等所占的面积，砖垛等突出墙面部分按展开面积计算后并入墙面防腐工程量之内。

（2）踢脚板按实铺长度乘以高度以平方米计算，应扣除门洞所占面积并相应增加侧壁展开面积。

（3）平面砌筑双层耐酸块料时，按单层面积乘以2计算。

（4）防腐卷材接缝、附加层、收头等人工材料，已计入定额内，不再另行计算。

8.11.2 保温隔热工程

（1）保温隔热层应区别不同保温隔热材料，除另有规定者外，均按设计实铺厚度以立方米计算。

（2）保温隔热层的厚度按隔热材料（不包括胶结材料）净厚度计算。

（3）地面隔热层按围护结构墙体间净面积乘以设计厚度以立方米计算，不扣除柱、垛所占的体积。

（4）墙体隔热层：外墙按隔热层中心线，内墙按隔热层净长乘以图示尺寸的高度及厚度以立方米计算。应扣除冷藏门洞口和管道穿墙洞口所占体积。

（5）柱包隔热层，按图示柱的隔热层中心线的展开长度乘以图示尺寸高度及厚度以立方米计算。

8.11.3 其 他

（1）池槽隔热层按图示池槽保温隔热层的长、宽及其厚度以立方米计算。其中池壁按墙面计算，池底按地面计算。

（2）门洞口侧壁周围的隔热部分，按图示隔热层尺寸以立方米计算，并入墙面的保温隔热工程量内。

（3）柱帽保温隔热层按图示保温隔热层体积并入天棚保温隔热层工程量内。

8.12 装饰工程量计算

8.12.1 内墙抹灰

（1）内墙抹灰面积，应扣除门窗洞口和空圈所占的面积，不扣除踢脚板、挂镜线（见图

8.168）、0.3 m² 以内的孔洞和墙与构件交接处的面积，洞口侧壁和顶面亦不增加。

墙垛和附墙烟囱侧壁面积与内墙抹灰工程量合并计算。

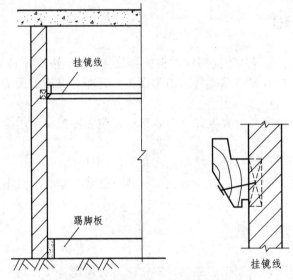

图 8.168　挂镜线、踢脚板示意图

（2）内墙面抹灰的长度，以主墙间的图示净长尺寸计算，其高度确定如下：

① 无墙裙的，其高度按室内地面或楼面至顶棚底面之间距离计算。

② 有墙裙的，其高度按墙裙顶至顶棚底面之间距离计算。

③ 钉板条顶棚的内墙面抹灰，其高度按室内地面或楼面至顶棚底面另加 100 mm 计算。

说明：

a. 墙与构件交接处的面积（见图 8.169），主要指各种现浇或预制梁头伸入墙内所占的面积。

b. 由于一般墙面先抹灰后做吊顶，所以钉板条顶棚的墙面需抹灰时应抹至顶棚底再加 100 mm。

c. 墙裙单独抹灰时，工程量应单独计算，内墙抹灰也要扣除墙裙工程量。

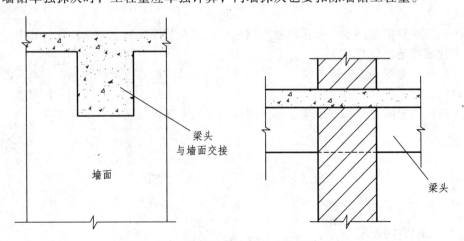

图 8.169　墙与构件交接处面积示意图

224

计算公式：

内墙面抹灰面积 = (主墙间净长 + 墙垛和附墙烟囱侧壁宽) × (室内净高 − 墙裙高) −
门窗洞口及大于 0.3 m² 孔洞面积

式中　　室内净高 =$\begin{cases} \text{有吊顶:楼面或地面至顶棚底加 100 mm} \\ \text{无吊顶:楼面或地面至顶棚底净高} \end{cases}$

（3）内墙裙抹灰面积按内墙净长乘以高度计算。应扣除门窗洞口和空圈所占的面积，门窗洞口和空洞的侧壁面积不另增加，墙垛、附墙烟囱侧壁面积并入墙裙抹灰面积内计算。

8.12.2　外墙抹灰

（1）外墙抹灰面积，按外墙面的垂直投影面积以平方米计算。应扣除门窗洞口、外墙裙和大于 0.3 m² 孔洞所占面积，洞口侧壁面积不另增加。附墙垛、梁、柱侧面抹灰面积并入外墙面抹灰工程量内计算。栏板、栏杆、窗台线、门窗套、扶手、压顶、挑檐、遮阳板、突出墙外的腰线等，另按相应规定计算。

（2）外墙裙抹灰面积按其长度乘高度计算，扣除门窗洞口和大于 0.3 m² 孔洞所占的面积，门窗洞口及孔洞的侧壁不增加。

（3）窗台线、门窗套、挑檐、腰线、遮阳板等展开宽度在 300 mm 以内者，按装饰线以延长米计算，如果展开宽度超过 300 mm 以上时，按图示尺寸以展开面积计算，套零星抹灰定额项目。

（4）栏板、栏杆（包括立柱、扶手或压顶等）抹灰，按立面垂直投影面积乘以系数 2.2 以平方米计算。

（5）阳台底面抹灰按水平投影面积以平方米计算，并入相应顶棚抹灰面积内。阳台如带悬臂者，其工程量乘系数 1.30。

（6）雨篷底面或顶面抹灰分别按水平投影面积以平方米计算，并入相应顶棚抹灰面积内。雨篷顶面带反沿或反梁者，其工程量乘系数 1.20，底面带悬臂梁者，其工程量乘以系数 1.20。雨篷外边线按相应装饰或零星项目执行。

（7）墙面勾缝按垂直投影面积计算，应扣除墙裙和墙面抹灰的面积，不扣除门窗洞口、门窗套、腰线等零星抹灰所占的面积，附墙柱和门窗洞口侧面的勾缝面积亦不增加。独立柱、房上烟囱勾缝，按图示尺寸以平方米计算。

8.12.3　外墙装饰抹灰

（1）外墙各种装饰抹灰均按图示尺寸以实抹面积计算。应扣除门窗洞口空圈的面积，其侧壁面积不另增加。

（2）挑檐、天沟、腰线、栏杆、栏板、门窗套、窗台线、压顶等，均按图示尺寸展开面积以平方米计算，并入相应的外墙面积内。

8.12.4　墙面块料面层

（1）墙面贴块料面层均按图示尺寸以实贴面积计算（见图 8.170 和图 8.171）。

（2）墙裙以高度 1 500 mm 以内为准，超过 1 500 mm 时按墙面计算，高度低于 300 mm 以内时，按踢脚板计算。

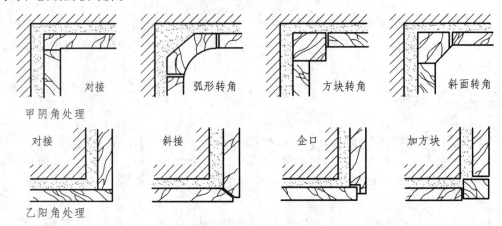

图 8.170　阴阳角的构造处理

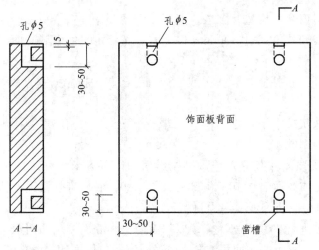

图 8.171　石材饰面板钻孔及凿槽示意图

8.12.5　隔墙、隔断、幕墙

（1）木隔墙、墙裙、护壁板，均按图示尺寸长度乘以高度按实铺面积以平方米计算。

（2）玻璃隔墙按上横挡顶面至下横挡底面之间高度乘以宽度（两边立挺外边线之间）以平方米计算。

（3）浴厕木隔断，按下横挡底面至上横挡顶面高度乘以图示长度以平方米计算，门扇面积并入隔断面积内计算。

（4）铝合金、轻钢隔墙、幕墙，按四周框外围面积计算。

8.12.6 独立柱

（1）一般抹灰、装饰抹灰、镶贴块料按结构断面周长乘以柱的高度，以平方米计算。

（2）柱面装饰按柱外围饰面尺寸乘以柱的高，以平方米计算（见图8.172）。

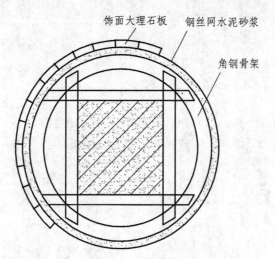

图8.172 镶贴石材饰面板的圆柱构造

8.12.7 零星抹灰

各种"零星项目"均按图示尺寸以展开面积计算。

8.12.8 顶棚抹灰

（1）顶棚抹灰面积，按主墙间的净空面积计算，不扣除间壁墙、垛、柱、附墙烟囱、检查口和管道所占的面积。带梁顶棚，梁两侧抹灰面积，并入顶棚抹灰工程量内计算。

（2）密肋梁和井字梁顶棚抹灰面积，按展开面积计算。

（3）顶棚抹灰如带有装饰线时，区别按三道线以内或五道线以内按延长米计算，线角的道数以一个突出的棱角为一道线（见图8.173）。

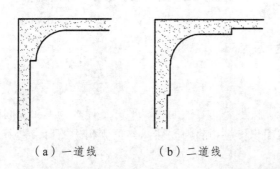

（a）一道线　　　（b）二道线

227

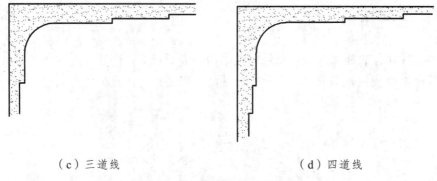

（c）三道线　　　　　　　　　　　（d）四道线

图 8.173　顶棚装饰线示意图

（4）檐口顶棚的抹灰面积，并入相同的顶棚抹灰工程量内计算。

（5）顶棚中的折线、灯槽线、圆弧形线、拱形线等艺术形式的抹灰，按展开面积计算。

8.12.9　顶棚龙骨

各种吊顶顶棚龙骨（见图 8.174）按主墙间净空面积计算，不扣除间壁墙、检查口、附墙烟囱、柱、垛和管道所占面积。但顶棚中的折线、迭落等圆弧形、高低吊灯槽等面积也不展开计算。

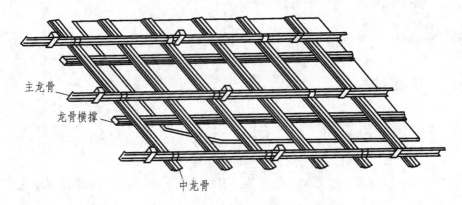

主龙骨

龙骨横撑

中龙骨

图 8.174　U 形轻钢顶棚龙骨构造示意图

8.12.10　顶棚面装饰

见图 8.175 和图 8.176。

（1）顶棚装饰面积，按主墙间实铺面积以平方米计算，不扣除间壁墙、检查口、附墙烟囱、附墙垛和管道所占面积，应扣除独立柱及与顶棚相连的窗帘盒所占的面积。

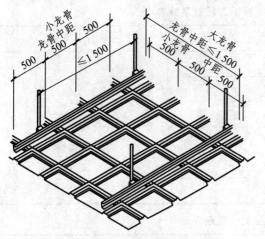

图 8.175　嵌入式铝合金方板顶棚　　　　　图 8.176　浮搁式铝合金方板顶棚

（2）顶棚中的折线、迭落等圆弧形、拱形、高低灯槽及其他艺术形式顶棚面层均按展开面积计算。

8.12.11　喷涂、油漆、裱糊

（1）楼地面、顶棚面、墙、柱、梁面的喷（刷）涂料、抹灰面、油漆及裱糊工程，均按楼地面、顶棚面、墙、柱、梁面装饰工程相应的工程量计算规则规定计算。

（2）木材面、金属面油漆的工程量分别按表 8.27 至表 8.33 规定计算，并乘以表列系数以平方米计算。

表 8.27　单层木门工程量系数表

项目名称	系　数	工程量计算方法
单层木门	1.00	按单面洞口面积
双层（一板一纱）木门	1.36	
双层（单裁口）木门	2.00	
单层全玻门	0.83	
木百叶门	1.25	
厂库大门	1.20	

表 8.28　单层木窗工程量系数表

项目名称	系　数	工程量计算方法
单层玻璃窗	1.00	按单面洞口面积
双层（一玻一纱）窗	1.36	
双层（单裁口）窗	2.00	
三层（二玻一纱）窗	2.60	
单层组合窗	0.83	
双层组合窗	1.13	
木百叶窗	1.50	

229

表 8.29 木扶手（不带托板）工程量系数表

项目名称	系　数	工程量计算方法
木扶手（不带托板）	1.00	按延长米
木扶手（带托板）	2.60	
窗帘盒	2.04	
封檐板、顺水板	1.74	
挂衣板、黑板框	0.52	
生活园地框、挂镜线、窗帘棍	0.35	

表 8.30　其他木材面工程量系数表

项目名称	系　数	工程量计算方法
木板、纤维板、胶合板	1.00	长×宽
顶棚、檐口	1.07	
清水板条顶棚、檐口	1.07	
木方格吊顶	1.20	
吸声板、墙面、顶棚面	0.87	
鱼鳞板墙	2.48	
木护墙、墙裙	0.91	
窗台板、筒子板、盖板	0.82	
暖气罩	1.28	
屋面板（带檩条）	1.11	斜长×宽
木间壁、木隔断	1.90	单面外围面积
玻璃间壁露明墙筋	1.65	
木栅栏、木栏杆（带扶手）	1.82	
木屋架	1.79	跨度（长）×中高×$\frac{1}{2}$
衣柜、壁柜	0.91	投影面积（不展开）
零星木装修	0.87	展开面积

表 8.31　木地板工程量系数表

项目名称	系　数	工程量计算方法
木地板、木踢脚线	1.00	长×宽
木楼梯（不包括底面）	2.30	水平投影面积

表 8.32　单层钢门窗工程量系数表

项目名称	系　数	工程量计算方法
单层钢门窗	1.00	洞口面积
双层（一玻一纱）钢门窗	1.48	
钢百叶门窗	2.74	
半截百叶钢门	2.22	
满钢门或包铁皮门	1.63	
钢折叠门	2.30	
射线防护门	2.96	框（扇）外围面积
厂库房平开、推拉门	1.70	
铁丝网大门	0.81	
间壁	1.85	长×宽
平板屋面	0.74	斜长×宽
瓦垄板屋面	0.89	斜长×宽
排水、伸缩缝盖板	0.78	展开面积
吸气罩	1.63	水平投影面积

表 8.33　其他金属面工程量系数表

项目名称	系　数	工程量计算方法
钢屋架、天窗架、挡风架、屋架梁、支撑、檩条	1.00	按重量（吨）
墙架（空腹式）	0.50	
墙架（格板式）	0.82	

8.13　金属结构制作、构件运输与安装及其他工程量计算

8.13.1　金属结构制作

1. 一般规则

金属结构制作按图示钢材尺寸以吨计算，不扣除孔眼、切边的重量，焊条、铆钉、螺栓等重量，已包括在定额内不另计算。在计算不规则或多边形钢板重量时均按其几何图形的外接矩形面积计算。

2. 实腹柱、吊车梁

实腹柱、吊车梁、H 型钢按图示尺寸计算，其中腹板及翼板宽度按每边增加 25 mm 计算。

3.制动梁、墙架、钢柱

（1）制动梁的制作工程量包括制动梁、制动桁架、制动板重量。

（2）墙架的制作工程量包括墙架柱、墙架梁及连接柱杆重量。

（3）钢柱制作工程量包括依附于柱上的牛腿及悬臂梁重量（见图8.177）。

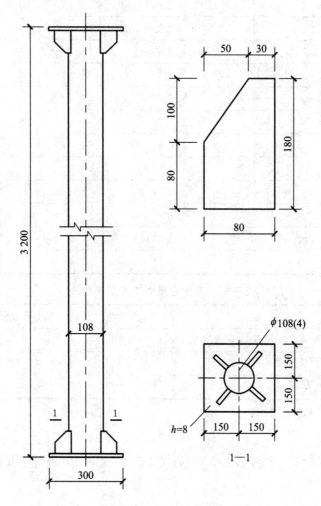

图8.177 钢柱结构图

4.轨 道

轨道制作工程量，只计算轨道本身重量，不包括轨道垫板、压板、斜垫、夹板及连接角钢等重量。

5.铁栏杆

铁栏杆制作，仅适用于工业厂房中平台、操作台的钢栏杆。民用建筑中铁栏杆等按定额其他章节有关项目计算。

6. 钢漏斗

钢漏斗制作工程量，矩形按图示分片，圆形按图示展开尺寸，并依钢板宽度分段计算，每段均以其上口长度（圆形以分段展开上口长度）与钢板宽度，按矩形计算，依附漏斗的型钢并入漏斗重量内计算。

例 8.53：根据图 8.178 所示尺寸，计算柱间支撑的制作工程量。

解：角钢每 m 重量 = 0.007 95 × 厚 ×（长边 + 短边 − 厚）

$$= 0.007\ 95 \times 6 \times (75 + 50 - 6)$$

$$= 5.68\ \text{kg/m}$$

钢板每 m^2 重量 = 7.85 × 厚

$$= 7.85 \times 8 = 62.8\ \text{kg/m}^2$$

角钢量 = 5.90 × 2 根 × 5.68 kg/m = 67.02 kg

钢板量 = (0.205 × 0.21 × 4 块) × 62.8

$$= 0.172\ 2 \times 62.80$$

$$= 10.81\ \text{kg}$$

柱间支撑工程量 = 67.02 + 10.81 = 77.83 kg

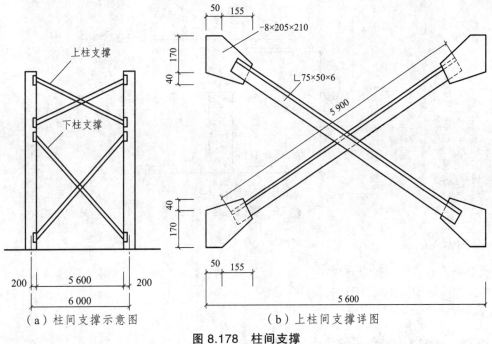

（a）柱间支撑示意图　　　　（b）上柱间支撑详图

图 8.178　柱间支撑

8.13.2　建筑工程垂直运输

1. 建筑物

建筑物垂直运输机械台班用量，区分不同建筑物的结构类型及檐口高度按建筑面积以平方米计算。

233

檐高是指设计室外地坪至檐口的高度（见图 8.179），突出主体建筑屋顶的电梯间、水箱间等不计入檐口高度之内。

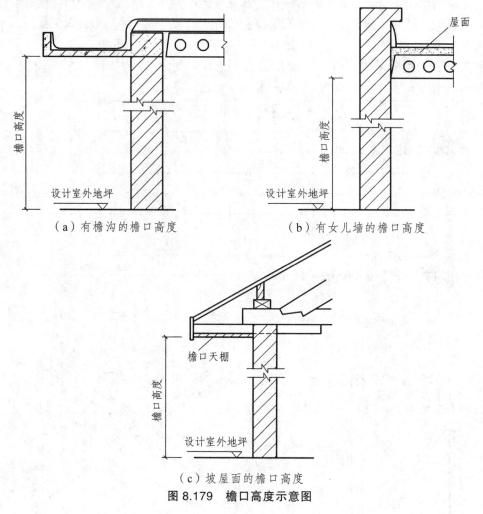

图 8.179　檐口高度示意图

2. 构筑物

构筑物垂直运输机械台班以座计算。超过规定高度时，再按每增高 1 m 定额项目计算，其高度不足 1 m 时，亦按 1 m 计算。

8.13.3　构件运输及安装工程

1. 一般规定

（1）预制混凝土构件运输及安装，均按构件图示尺寸，以实体积计算。

（2）钢构件按构件设计图示尺寸以吨计算；所需螺栓、电焊条等重量不另计算。

（3）木门窗以外框面积以平方米计算。

2. 构件制作、运输、安装损耗率

预制混凝土构件制作、运输、安装损耗率，按表 8.34 规定计算后并入构件工程量内。其中预制混凝土屋架、桁架、托架及长度在 9 m 以上的梁、板、柱不计算损耗率。

表 8.34　预制钢筋混凝土构件制作、运输、安装损耗率表

名　称	制作废品率	运输堆放损耗率	安装（打桩）损耗率
各类预制构件	0.2%	0.8%	0.5%
预制钢筋混凝土柱	0.1%	0.4%	1.5%

根据上述第二条和表 8.34 的规定，预制构件含各种损耗的工程量计算方法如下：

预制构件制作工程量 = 图示尺寸实体积 ×（1 + 1.5%）

预制构件运输工程量 = 图示尺寸实体积 ×（1 + 1.3%）

预制构件安装工程量 = 图示尺寸实体积 ×（1 + 0.5%）

例 8.54： 根据施工图计算出的预应力空心板体积为 2.78 m³，计算空心板的制、运、安工程量。

解： 空心板制作工程量 = 2.78 ×（1 + 1.5%）= 2.82 m³

空心板运输工程量 = 2.78 ×（1 + 1.3%）= 2.82 m³

空心板安装工程量 = 2.78 ×（1 + 0.5%）= 2.79 m³

3. 构件运输

（1）预制混凝土构件运输的最大运输距离取 50 km 以内；钢构件和木门窗的最大运输距离按 20 km 以内；超过时另行补充。

（2）加气混凝土板（块）、硅酸盐块运输，每立方米折合钢筋混凝土构件体积 0.4 m³，按一类构件运输计算（预制构件分类见表 8.35，金属结构分类见表 8.36）。

表 8.35　预制混凝土构件分类

类别	项　　　目
1	4 m 以内空心板、实心板
2	6 m 以内的桩、屋面板、工业楼板、进深梁、基础梁、吊车梁、楼梯休息板、楼梯段、阳台板
3	6 m 以上至 14 m 的梁、板、柱、桩，各类屋架、桁梁、托架（14 m 以上另行处理）
4	天窗架、挡风架、侧板、端壁板、天窗上下挡、门框及单件体积在 0.1 m³ 以内的小构件
5	装配式内外墙板、大楼板、厕所板
6	隔墙板（高层用）

表 8.36　金属结构构件分类

类别	项　　　目
1	钢柱、屋架、托架梁、防风桁架
2	吊车梁、制动梁、型钢檩条、钢支撑、上下挡、钢拉杆、栏杆、盖板、垃圾出灰门、倒灰门、篦子、爬梯、零星构件、平台、操作台、走道休息台、扶梯、钢吊车梯台、烟囱紧固箍
3	墙架、挡风架、天窗架、组合檩条、轻型屋架、滚动支架、悬挂支架、管道支架

4. 预制混凝土构件安装

（1）焊接形成的预制钢筋混凝土框架结构，其柱安装按框架柱计算，梁安装按框架梁计算；节点浇注成形的框架，按连体框架梁、柱计算。

（2）预制钢筋混凝土工字形柱、矩形柱、空腹柱、双肢柱、空心柱、管道支架等安装，均按柱安装计算。

（3）组合屋架安装，以混凝土部分实体体积计算，钢杆件部分不另计算。

（4）预制钢筋混凝土多层柱安装

首层柱按柱安装计算，二层及二层以上柱按柱接柱计算。

5. 钢构件安装

（1）钢构件安装按图示构件钢材重量以吨计算。

（2）依附于钢柱上的牛腿及悬臂梁等，并入柱身主材重量计算。

（3）金属结构中所用钢板，设计为多边形者，按矩形计算，矩形的边长以设计尺寸中互相垂直的最大尺寸为准。

8.13.4　建筑物超高增加费

1. 有关规定

（1）本规定适用于建筑物檐口高 20 m（层数 6 层）以上的工程（见图 8.180）。

（2）檐高是指设计室外地坪至檐口的高度，突出主体建筑屋顶的电梯间、水箱间等不计入檐高之内。

（3）同一建筑物高度不同时，按不同高度的建筑面积，分别按相应项目计算。

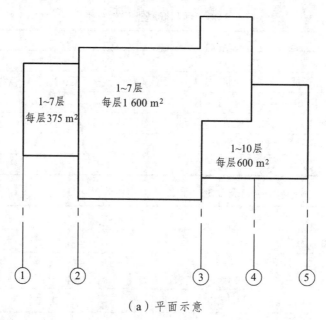

（a）平面示意

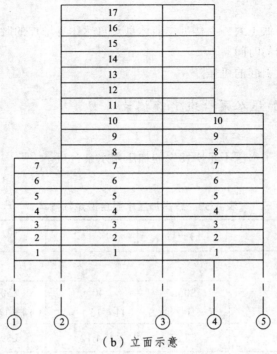

（b）立面示意

图 8.180　高层建筑示意图

2. 降效系数

（1）各项降效系数中包括的内容指建筑物基础以上的全部工程项目，但不包括垂直运输、各类构件的水平运输及各项脚手架。

（2）人工降效按规定内容中的全部人工费乘以定额系数计算。

（3）吊装机械降效按吊装项目中的全部机械费乘以定额系数计算。

（4）其他机械降效按除吊装机械外的全部机械费乘以定额系数计算。

3. 加压水泵台班

建筑物施工用水加压增加的水泵台班，按建筑面积计算。

4. 建筑物超高人工、机械降效率定额摘录

见表 8.37。

表 8.37　超高人工、机械降效率定额摘录

定额编号		14—1	14—2	14—3	14—4
项　目	降效率	檐高（层数）			
		30 m（7～10）以内	40 m（11～13）以内	50 m（14～16）以内	60 m（17～19）以内
人工降效	%	3.33	6.00	9.00	13.33
吊装机械降效	%	7.67	15.00	22.20	34.00
其他机械降效	%	3.33	6.00	9.00	13.33

工作内容：

（1）工人上下班降低工效、上楼工作前休息及自然休息增加的时间。

（2）垂直运输影响的时间。

（3）由于人工降效引起的机械降效。

5. 建筑物超高加压水泵台班定额摘录

见表 8.38。

工作内容：包括由于水压不足所发生的加压用水泵台班。

计量单位：100 m²

表 8.38　超高加压水泵台班定额摘录

定额编号		14—11	14—12	14—13	14—14
项　　目	单位	檐高（层数）			
		30 m（7～10）以内	40 m（11～13）以内	50 m（14～16）以内	60 m（17～19）以内
基　　价	元	87.87	134.12	259.88	301.17
加压用水泵	台班	1.14	1.74	2.14	2.48
加压用水泵停滞	台班	1.14	1.74	2.14	2.48

例 8.55：某现浇钢筋混凝土框架结构的宾馆建筑面积及层数示意见图 8.177，根据下列数据和表 8.37、表 8.38 定额计算建筑物超高人工、机械降效费和建筑物超高加压水泵台班费。

1～7 层

①～②轴线 $\begin{cases} 人工费：202\ 500元 \\ 吊装机械费：67\ 800元 \\ 其他机械费：168\ 500元 \end{cases}$

1～17 层

②～④轴线 $\begin{cases} 人工费：2\ 176\ 000元 \\ 吊装机械费：707\ 200元 \\ 其他机械费：1\ 360\ 000元 \end{cases}$

1～10 层

③～⑤轴线 $\begin{cases} 人工费：450\ 000元 \\ 吊装机械费：120\ 000元 \\ 其他机械费：300\ 000元 \end{cases}$

解：（1）人工降效费：

①～②轴　③～⑤轴　定额 14—1

(202 500 + 450 000)×3.33% = 21 728.25

②～④轴　定额 14—4

2 176 000×13.33% = 290 060.80

$\left. \begin{array}{c} \\ \\ \\ \\ \end{array} \right\}$ 311 789.05 元

238

（2）吊装机械降效费：

① ~ ②轴　③ ~ ⑤轴　定额 14—1
(67 800 + 120 000)×7.67% = 14 404.26
② ~ ④轴　定额 14—4
707 200×34% = 240 448.00
} 254 852.26 元

（3）其他机械降效费：

① ~ ②轴　③ ~ ⑤轴　定额 14—1
(168 500 + 300 000)×3.33% = 15 601.05
② ~ ④轴　定额14—4
1 360 000×13.33% = 181 288.00
} 196 889.05 元

（4）建筑物超高加压水泵台班费：

① ~ ②轴　③ ~ ⑤轴　定额 14—11
(375×7层 + 600×10层)×0.88 元/m² = 7 590
② ~ ④轴　定额 14—14
1 600×17层×3.01元/m² = 81 872.00
} 89 462.00 元

9 传统直接费、间接费、税金和利润计算方法

9.1 定额直接工程费计算及工料分析

当一个单位工程的工程量计算完毕后，就要套用预算定额基价进行直接费的计算。本节只介绍直接工程费的计算方法，措施费的计算方法详见建筑工程费用章节。计算直接工程费常采用两种方法，即单位估价法和实物金额法。

9.1.1 用单位估价法计算直接工程费

预算定额项目的基价构成，一般有两种形式：一是基价中包含了全部人工费、材料费和机械使用费，这种方式称为完全定额基价，建筑工程预算定额常采用此种形式；二是基价中包含了全部人工费、辅助材料费和机械使用费，不包括主要材料费，这种方式称为不完全定额基价，安装工程预算定额和装饰工程预算定额常采用此种形式。凡是采用完全定额基价的预算定额计算直接工程费的方法称为单位估价法，计算出的直接工程费也称为定额直接费。

1. 单位估价法计算直接工程费的数学模型

单位工程定额直接工程费 = 定额人工费 + 定额材料费 + 定额机械费

其中：

$$定额人工费 = \sum (分项工程量 \times 定额人工费单价)$$

$$定额机械费 = \sum (分项工程量 \times 定额机械费单价)$$

$$定额材料费 = \sum [(分项工程量 \times 定额基价) - 定额人工费 - 定额机械费]$$

2. 单位估价法计算定额直接工程费的方法与步骤

（1）先根据施工图和预算定额计算分项工程量。

（2）根据分项工程量的内容套用相对应的定额基价（包括人工费单价、机械费单价）。

（3）根据分项工程量和定额基价计算出分项工程直接工程费、定额人工费和定额机械费。

（4）将各分项工程的各项费用汇总成单位工程直接工程费、单位工程定额人工费、单位工程定额机械费。

3. 单位估价法简例

例 9.1：某工程有关工程量如下：C15 混凝土地面垫层 48.56 m³，M5 水泥砂浆砌砖基础 76.21 m³。根据这些工程量数据和表 5.4 中的预算定额，用单位估价法计算其直接工程费、定额人工费、定额机械费，并进行工料分析。

解：（1）计算直接工程费、定额人工费、定额机械费（套用的"定—1"、"定—3"定额见表 5.4）。

计算过程和计算结果见表 9.1。

表 9.1　直接工程费计算表（单位估价法）

定额编号	项目名称	单位	工程数量	单价（元）				总价（元）			
				基价	其中			合价	其中		
					人工费	材料费	机械费		人工费	材料费	机械费
1	2	3	4	5	6	7	8	9=4×5	10=4×6	11	12=4×8
	一、砌筑工程										
定—1	M5 水泥砂浆砌砖基础	m³	76.21	127.73	31.08		0.76	9 734.30	2 368.61		57.92
	...										
	分部小计							9 734.30	2 368.61		57.92
	二、脚手架工程										
	...										
	分部小计										
	三、楼地面工程										
定—3	C15 混凝土地面垫层	m³	48.56	195.42	53.90		3.10	9 489.60	2 617.38		150.54
	...										
	分部小计							9 489.60	2 617.38		150.54
	合　计							19 223.90	4 985.99		208.46

（2）工料分析人工工日及各种材料分析见表 9.2。

表 9.2　人工、材料分析表

定额编号	项目名称	单位	工程量	人工（工日）	主要材料			
					标准砖（块）	M5 水泥砂浆（m³）	水（m³）	C15 混凝土（m³）
	一、砌筑工程							
定—1	M5 水泥砂浆砌砖基础	m³	76.21	1.243 / 94.73	523 / 39 858	0.236 / 17.986	0.231 / 17.60	
	分部小计			94.73	39 858	17.986	17.60	
	二、楼地面工程							
定—3	C15 混凝土地面垫层	m³	48.56	2.156 / 104.70			1.538 / 74.69	1.01 / 49.046
	分部小计			104.70			74.69	49.046
	合　计			199.43	39.858	17.986	92.29	49.046

注：主要材料栏的分数中，分子表示定额用量，分母表示工程量乘以定额用量的结果。

9.1.2 用实物金额法计算直接工程费

1. 实物金额法的数学模型

$$单位工程直接工程费 = 人工费 + 材料费 + 机械费$$

其中：

$$人工费 = \sum(分项工程量 \times 定额用工量) \times 工日单价$$

$$材料费 = \sum(分项工程量 \times 定额材料用量 \times 材料单价)$$

$$机械费 = \sum(分项工程量 \times 定额台班用量 \times 机械台班单价)$$

2. 实物金额法计算直接工程费的方法与步骤

凡是用分项工程量分别乘以预算定额子目中的实物消耗量（即人工工日、材料数量、机械台班数量）求出分项工程的人工、材料、机械台班消耗量，然后汇总成单位工程实物消耗量，再分别乘以工日单价、材料预算价格、机械台班预算价格求出单位工程人工费、材料费、机械使用费，最后汇总成单位工程直接工程费的方法，称为实物金额法。

3. 实物金额法简例

例 9.2：某工程有关工程量为：M5 水泥砂浆砌砖基础 76.21 m³，Cl5 混凝土地面垫层 48.56 m³。根据上述数据和表 5.4 中的预算定额分析工料机消耗量，再根据表 9.3 中的单价计算直接工程费。

表 9.3　人工单价、材料单价、机械台班单价表

序　号	名　称	单　位	单价（元）
一、	人工单价	工日	25.00
二、	材料预算价格		
1.	标准砖	千块	127.00
2.	M5 水泥砂浆	m³	124.32
3.	C15 混凝土（0.5～4 砾石）	m³	136.02
4.	水	m³	0.60
三、	机械台班预算价格		
1.	200 L 砂浆搅拌机	台班	15.92
2.	400 L 混凝土搅拌机	台班	81.52

解：（1）分析人工、材料、机械台班消耗量计算过程见表9.4。

表9.4　人工、材料、机械台班分析表

定额编号	项目名称	单位	工程量	人工（工日）	标准砖（千块）	M5水泥砂浆（m³）	C15混凝土（m³）	水（m³）	其他材料费（元）	200L砂浆搅拌机（台班）	400L混凝土搅拌机（台班）
	一、砌筑工程										
定一1	M5水泥砂浆砌砖基础	m³	76.21	$\frac{1.243}{94.73}$	$\frac{0.523}{39.858}$	$\frac{0.236}{17.986}$		$\frac{0.231}{17.605}$		$\frac{0.0475}{3.620}$	
	二、楼地面工程										
定一3	C15混凝土地面垫层	m³	48.56	$\frac{2.156}{104.70}$			$\frac{1.01}{49.046}$	$\frac{1.538}{74.685}$	$\frac{0.123}{5.97}$		$\frac{0.038}{1.845}$
	合　计			199.43	39.858	17.986	49.046	92.29	5.97	3.620	1.845

注：分子为定额用量，分母为计算结果。

（2）计算直接工程费。

直接工程费计算过程见表9.5。

表9.5　直接工程费计算表（实物金额法）

序号	名　称	单位	数量	单价（元）	合价（元）	备注
1	人工	工日	199.43	25.00	4 985.75	人工费：4 985.75
2	标准砖	千块	39.858	127.00	5 061.97	
3	M5水泥砂浆	m³	17.986	124.32	2 236.02	
4	C15混凝土（0.5～4）	m³	49.046	136.02	6 671.24	材料费：14 030.57
5	水	m³	92.29	0.60	55.37	
6	其他材料费	元	5.97		5.97	
7	200L砂浆搅拌机	台班	3.620	15.92	57.63	机械费：208.03
8	400L混凝土搅拌机	台班	1.854	81.52	150.40	
	合　计				19 224.35	直接工程费：19 224.35

9.2　材料价差调整

9.2.1　材料价差产生的原因

凡是使用单位估价法编制的施工图预算，一般需调整材料价差。

目前，预算定额基价中的材料费根据编制定额所在地区的省会所在地的材料预算价格计算。由于地区材料预算价格随着时间的变化而变化，其他地区使用该预算定额时材料预算价格也会发生变化，所以用单位估价法计算直接工程费后，一般还要根据工程所在地区的材料预算价格调整材料价差。

9.2.2　材料价差调整方法

材料价差的调整有两种基本方法，即单项材料价差调整法和材料价差综合系数调整法。

1. 单项材料价差调整

当采用单位估价法计算直接工程费时，对影响工程造价较大的主要材料（如钢材、木材、水泥等）一般进行单项材料价差调整。

单项材料价差调整的计算公式为：

$$\text{单项材料价差调整} = \sum \left[\text{单位工程某种材料用量} \times \left(\text{现行材料预算价格} - \text{预算定额中材料单价} \right) \right]$$

例 9.3：根据某工程有关材料消耗量和现行材料预算价格，调整材料价差，有关数据见表9.6。

表 9.6　调整材料价差表

材料名称	单　位	数　量	现行材料预算价格（元）	预算定额中材料单价（元）
52.5 水泥	kg	7 345.10	0.35	0.30
φ10 圆钢筋	kg	5 618.25	2.65	2.80
花岗岩板	m²	816.40	350.00	290.00

解：（1）直接计算。

某工程单项材料价差 = [7 345.10×（0.35 − 0.30）+ 5 618.25×（2.65 − 2.80）+ 816.40×（350 − 290）]

　　　　　　　　　 = （7 345.10×0.05 − 5 618.25×0.15 + 816.40×60）

　　　　　　　　　 = 48 508.52 元

（2）用"单项材料价差调整表"（见表9.7）计算价差调整。

表 9.7　单项材料价差调整表

工程名称：××工程

序号	材料名称	数　量	现行材料预算价格	预算定额中材料预算价格	价差（元）	调整金额（元）
1	52.5 水泥	7 345.10 kg	0.35 元/kg	0.30 元/kg	0.05	367.26
2	φ10 圆钢筋	5 618.25 kg	2.65 元/kg	2.80 元/kg	− 0.15	− 842.74
3	花岗岩板	816.40 m²	350.00 元/m²	290.00 元/m²	60.00	48 984.00
	合　计					48 508.52

2. 综合系数调整材料价差

采用单项材料价差的调整方法，其优点是准确性高，但计算过程较繁杂。因此，一些用量大、单价相对低的材料（如地方材料、辅助材料等）常采用综合系数的方法来调整单位工程材料价差。

采用综合系数调整材料价差的具体做法就是用单位工程定额材料费或定额直接工程费乘以综合调整系数，求出单位工程材料价差，其计算公式如下：

$$\text{单位工程采用综合系数调整材料价差} = \text{单位工程定额材料费} \begin{pmatrix} \text{定额直接工程费} \end{pmatrix} \times \text{材料价差综合调整系数}$$

例 9.4： 某工程的定额材料费为 786 457.35 元，按规定以定额材料费为基础乘以综合调整系数 1.38%，计算该工程地方材料价差。

解： 该工程地方材料价差 = 786 457.35 元 × 1.38% = 10 853.11 元

9.3 间接费、利润、税金计算

例 9.5： 某工程由某二级施工企业施工，根据下列有关条件，计算该工程的工程造价。

（1）建筑层数及工程类别：三层；四类工程；工程在市区。

（2）取费等级：二级。

（3）直接工程费：284 590.07 元。

其中：人工费 84 311.00 元。

　　　机械费 22 732.23 元。

　　　材料费 210 402.63 元。

　　　扣减脚手架费 10 343.55 元。

　　　扣减模板费 22 512.24 元。

直接工程费小计：

$$（84\ 311.00 + 22\ 732.23 + 210\ 402.63 - 10\ 343.55 - 22\ 512.24）元$$
$$= 284\ 590.07\ 元$$

（4）按取费证和合同规定收取的费用。

① 环境保护费（按直接工程费的 0.4% 收取）。

② 文明施工费。

③ 安全施工费。

④ 临时设施费。

⑤ 二次搬运费。

⑥ 脚手架费：10 343.55 元。

⑦ 混凝土及钢筋混凝土模板及支架费：22 512.24 元。

⑧ 社会保障费。

⑨ 住房公积金。

⑩ 利润和税金。

根据上述条件和表 6.4、表 6.5、表 6.7 确定有关费率和计算各项费用。

解：根据费用计算程序以直接工程费为基础计算工程造价，计算过程见表 9.8。

表 9.8　某工程建筑工程造价计算表

序　号	费用名称		计算式	金额（元）
（一）	直接工程费		317 445.86 − 10 343.55 − 22 512.24	284 590.07
（二）	单项材料价差调整		采用实物金额法不计算此费用	
（三）	综合系数调整材料价差		采用实物金额法不计算此费用	
（四）	措施费	环境保护费	284 590.07 × 0.4% = 1 138.36 元	44 808.57
		安全文明施工费	284 590.07 × 1.5% = 4 268.85 元	
		临时设施费	284 590.07 × 2.0% = 5 691.80 元	
		夜间施工增加费	284 590.07 × 0.5% = 1 422.95 元	
		二次搬运费	284 590.07 × 0.3% = 853.77 元	
		大型机械进出场及安拆费	—	
		脚手架费	10 343.55 元	
		已完工程及设备保护费		
		混凝土及钢筋混凝土模板及支架费	22 512.24 元	
		施工排、降水费		
（五）	规费	工程排污费	—	18 548.42
		社会保障费	84 311.00 × 16% = 13 489.76 元	
		住房公积金	84 311.00 × 6.0% = 5 058.66 元	
		危险作业意外伤害保险	—	
（六）	企业管理费		329 398.64 × 7.0% = 23 057.90 元	23 057.90
（七）	利　润		347 947.06 × 8% = 27 835.76 元	27 835.76
（八）	税　金		375 782.82 × 3.48% = 13 077.24 元	13 077.24
	工程造价		（一）~（八）之和	388 860.06

注：表中（一）~（七）之和即为直接费＋间接费＋利润得出。

246

10 按 44 号文件规定计算施工图预算造价费用方法

10.1 分部分项工程费与单价措施项目费计算及工料分析

由于建标〔2013〕44 号文对工程造价的费用进行了重新划分，要从分部分项工程费包含的内容开始计算，然后再计算单价措施项目费与总价项目费、其他项目费、规费和税金。所以要重新设计工程造价费用的计算顺序。

通过例 10.1 来说明分部分项工程费与单价措施项目费计算及工料分析的方法。

例 10.1：甲工程有关工程量如下：M5 水泥砂浆砌砖基础工程量 76.21 m³，C15 混凝土地面垫层工程量 48.56 m³，综合脚手架工程量 512 m²。根据上述三项工程量数据和表 6.16 所示的"建筑安装工程施工图预算造价费用计算（程序）表"中的顺序和内容，计算分部分项工程费与单价措施项目费及进行主要材料分析。

解：已知：管理费、利润=（定额人工费＋定额机械费）×规定费率

主要计算步骤：将预算（计价）定额的人工费、材料费、机械费单价以及主要材料用量分别填入表 10.1 中的单价（定额）栏内；用工程量分别乘以人工费、材料费、机械费单价以及定额材料消耗量后分别填入对应的合计栏内；将人工费与机械费合计之和乘以管理费和利润率得出的管理费和利润填入表中的合计栏；将同一项目的人工费、材料费、机械费及管理费、利润合计之和填入项目的合价栏内，然后用此合价除以工程量得出基价并填入该项目的计价栏内。

表 10.1 分部分项工程、单价措施项目费及材料分析表

工程名称：甲工程

序号	定额编号	项目名称	单位	工程量	基价	合价	人工费 单价	人工费 合计	材料费 单价	材料费 合计	机械费 单价	机械费 合计	管理费、利润 费率(%)	管理费、利润 合计	32.5水泥(kg) 定额	32.5水泥(kg) 合计	中砂(m³) 定额	中砂(m³) 合计	脚手架钢材(kg) 定额	脚手架钢材(kg) 合计
		一、砌筑工程																		
1	AC0003	M5水泥砂浆砌砖基础	m³	76.21	198.76	15147.65	45.25	3448.50	138.91	10586.33	0.79	60.21	30	1052.61	254.42	19389.35	0.869	66.226		
		……																		
		分部小计				15147.65		3448.50		10586.33		60.21		1052.61		19389.35		66.226		
		二、楼地面工程																		
2	AD0426	C15混凝土地面垫层	m³	48.56	205.17	9962.83	33.17	1610.74	155.62	7556.91	3.53	171.42	35	623.76	53.79	2612.04	0.276	13.403		
		……																		
		分部小计				9962.83		1610.74		7556.91		171.42		623.76		2612.04		13.403		
		分部分项工程小计				25110.48		5059.24		18143.24		231.63		1676.37						
		措施项目																		
		三、脚手架工程																		
3	TB0142	综合脚手架	m³	512.00	13.77	7051.26	3.54	1812.48	8.54	4372.48	0.82	419.84	20	446.46					0.869	444.93
		单价措施项目小计				7051.26		1812.48		4372.48		419.84		446.46						444.93
		合计				32161.74		6871.72		22515.72		651.47		2122.83		22001.39		79.629		444.93

248

10.2 人工、材料价差调整方法

1. 人工价差调整

人工价差是指定额人工单价与现行规定的人工单价之间的差额，一般通过单位工程的定额人工费为基础进行调整。通过下面的举例来说明人工价差的调整方法。

例 10.2： 某地区工程造价行政主管部门规定，采用某地区预算（计价）定额时，人工费调增 85%。根据表 10.1 中的人工费数据和上述规定调整某工程的人工费。

解：（1）定额人工费合计。

分部分项工程定额人工费和单价措施项目定额人工费 = 6 871.72（见表 10.1）

（2）人工费调整。

人工费调整 = 定额人工费合计 × 调整系数

= 6 871.72 × 85%

= 5 840.96 元

2. 材料价差调整

材料价差是根据施工合同约定、工程造价行政主管部门颁发的材料指导价和工程材料分析结果的数量进行调整。通过以下例题说明单项材料价差的调整方法。

例 10.3： 根据表 10.2 的内容调整某工程的材料价差。

解： 甲工程单项材料价差调整计算见表 10.2。

表 10.2　甲工程单项材料价差调整表

序号	材料名称	数量	现行材料单价	定额材料单价	价差（元）	调整金额（元）
1	32.5 水泥	22 001.39 kg	0.45 元/kg	0.40 元/kg	0.05	1 100.07
2	中砂	79.629 m³	54.00 元/m³	48.00 元/m³	6.00	477.77
3	脚手架钢材	444.93 kg	5.60 元/kg	5.00 元/kg	0.60	266.96
	合计					1 844.80

10.3 总价措施项目费、其他项目费、规费与税金计算

例 10.4： 甲工程由某三级施工企业施工，根据表 10.1 中的有关数据、表 6.13、表 6.14、表 6.15、表 6.16（建筑安装工程施工图预算造价费用计算程序）和某地区规定，计算甲工程总价措施项目费、其他项目费、规费与税金和施工图预算造价费用。

甲工程为建筑工程，由三级企业施工，按某地区规定各种费用的费率如下：

表 10.3　工程所在地规定计取的各项费用的费率

序号	费用名称	计算基数	费率
1	夜间施工增加费	分部分项工程与单价 措施项目定额人工费	2.5%
2	二次搬运费	同上	1.5%
3	冬雨季施工增加费	同上	2.0%
4	安全文明施工费费率	同上	26.0%
5	社会保险费	同上	10.6%
6	住房公积金	同上	2.0%
7	总承包服务费	工程估价	1.5%
8	综合税率	分部分项工程费+措施项目费+ 其他项目费+规费+税金	3.48%

解：

第一步，将表 10.1 中的分部分项工程费中的人工费、材料费、机械费、管理费和利润数据分别填入表 10.4 对应的栏目内。

第二步，将表 10.1 中的单价措施项目定额直接费及管理费和利润填入表 10.4 中的对应栏目。

第三步，根据该工程的分部分项工程定额人工费与单价措施项目定额人工费之和以及表 10.3 中的费率，计算安全文明施工费（必算）、夜间施工增加费（选算）、二次搬运费（选算）、冬雨季施工增加费（选算）后，填入表 10.4 中对应栏目。

说明：所谓"必算"是指规定必须计算的费用；所谓"选算"是指施工企业根据实际情况自主确定计算的项目。

第四步，根据表 10.3 的费率和该工程的分部分项工程定额人工费与单价措施项目定额人工费之和，计算社会保险费和住房公积金（2 项必算）。

第五步，根据例 10.1 的人工费调整数据填入表 10.4 的第 5 序号的栏目。

第六步，根据表 10.2 的材料价差调整数据填入表 10.4 的第 6 序号的栏目。

第七步，将表 10.4 中序号 1、2、3、4、5、6 的数据汇总乘以综合税率 3.48%后的税金，填入第 7 序号的对应栏目。

第八步，将序号 1、2、3、4、5、6、7 数据汇总为施工图预算工程造价。

表 10.4 建筑安装工程施工图预算造价费用计算（程序）表

序号	费用名称		计算式（基数）	费率（%）	金额（元）	合计（元）
1	分部分项工程费	人工费	∑（工程量×定额基价）见表 10.1　5 059.24 + 18 143.24 + 231.63 =23 434.11		23 434.11	25 110.48
		材料费				
		机械费				
		管理费利润	∑（分部分项工程定额人工费+定额机械费）	见表 10.1	1 676.37	
2	措施项目费	单价措施费	∑（工程量×定额基价）1 812.48 + 4 372.48 + 419.84 =6 604.80		6 604.80	9 250.21
			管理费、利润		446.46	
		总价措施费 安全文明施工费	分部分项工程、单价措施项目定额人工费 5 059.24 + 1 812.48 =6 871.72	26	1 786.65	
		夜间施工增加费		2.5	171.79	
		二次搬运费		1.5	103.08	
		冬雨季施工增加费		2.0	137.43	
3	其他项目费	总承包服务费	招标人分包工程造价（本工程无此项）			（本工程无此项）
4	规费	社会保险费	分部分项工程定额人工费+单价措施项目定额人工费 6 871.72	10.6	728.40	865.83
		住房公积金		2.0	137.43	
		工程排污费	按工程所在地规定计算（本工程无此项）			
5	人工价差调整		定额人工费×调整系数	见例 10.1		5 840.96
6	材料价差调整		见材料价差计算表	见表 10.2		1 844.80
7	税金		（序 1+序 2+序 3+序 4+序 5+序 6）25 110.48 + 9 250.21 + 865.83 + 5 840.96 + 1 844.80 =42 912.28	3.48		1 493.35
	施工图预算造价		（序 1+序 2+序 3+序 4+序 5+序 6+序 7）			44 405.63

251

11 建筑工程预算编制实例

11.1 小平房施工图

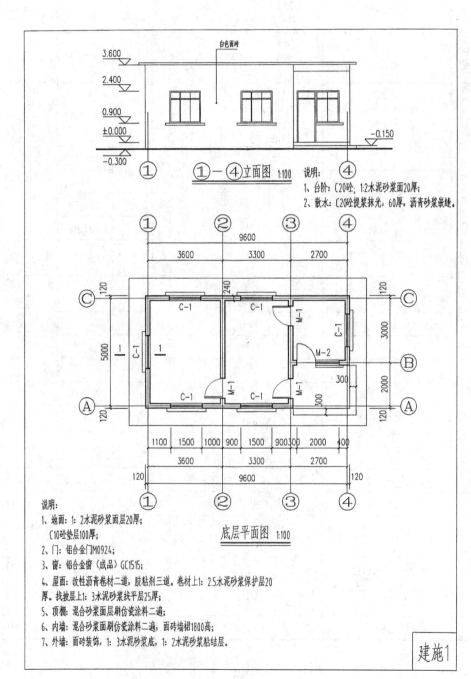

说明:
1、台阶: C20砼; 1:2水泥砂浆面层20厚;
2、散水: C20砼提浆抹光, 60厚, 沥青砂浆嵌缝。

①—④立面图 1:100

底层平面图 1:100

说明:
1、地面: 1:2水泥砂浆面层20厚;
   C10砼垫层100厚;
2、门: 铝合金门M0924;
3、窗: 铝合金窗(成品) GC1515;
4、屋面: 改性沥青卷材二道, 胶粘剂三道。卷材上1:2.5水泥砂浆保护层20
厚。找披层上1:3水泥砂浆找平层25厚;
5、顶棚: 混合砂浆面层刷仿瓷涂料二遍;
6、内墙: 混合砂浆面层刷仿瓷涂料二遍, 面砖墙裙1800高;
7、外墙: 面砖装饰, 1:3水泥砂浆底, 1:2水泥砂浆粘结层。

建施1

252

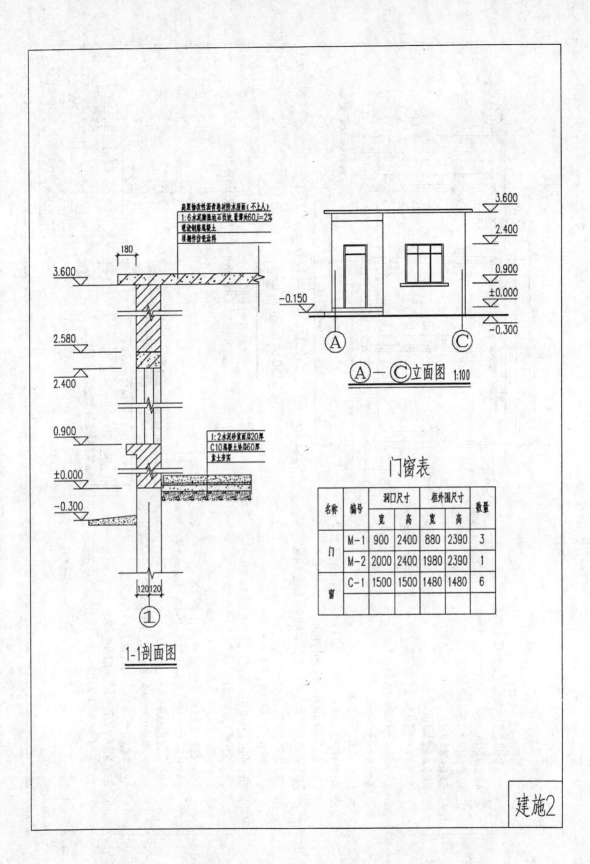

高聚物改性沥青卷材防水屋面(不上人)
1:6水泥膨胀珍石找坡，最薄处60,i=2%
现浇钢筋混凝土
顶棚件位置涂料

3.600

180

2.580

2.400

0.900

1:2水泥砂浆面层20厚
C10混凝土垫层60厚
素土夯实

±0.000

-0.300

120|120

①

1-1剖面图

3.600

2.400

0.900

±0.000

-0.300

-0.150

Ⓐ   Ⓒ

Ⓐ－Ⓒ立面图 1:100

门窗表

名称	编号	洞口尺寸		框外围尺寸		数量
		宽	高	宽	高	
门	M-1	900	2400	880	2390	3
	M-2	2000	2400	1980	2390	1
窗	C-1	1500	1500	1480	1480	6

建施2

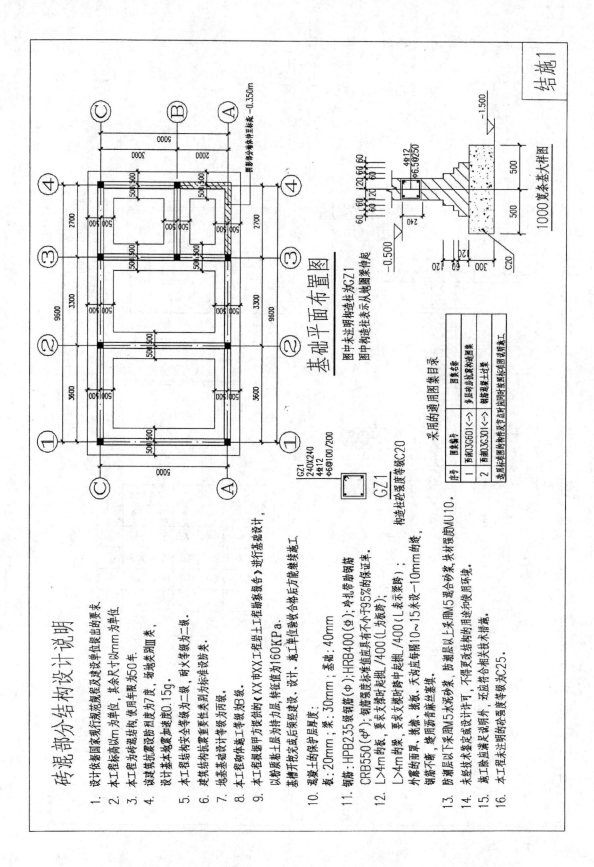

砖混部分结构设计说明

1. 设计依据国家现行规范规程及建设单位提出的要求。
2. 本工程标高以m为单位，其余尺寸以mm为单位，使用车位为单位。
3. 本工程为砖混结构，使用年限为50年。
4. 设建筑抗震设防烈度为7度，场地类别为Ⅱ类，设计基本地震加速度0.15g。
5. 本工程结构安全等级为二级，耐火等级为一级。
6. 建筑结构抗震设防类别为标准设防类。
7. 地基基础设计等级为丙级。
8. 本工程砌体施工质量控制等级为B级。
9. 本工程根据甲方提供的（XX市XX工程岩土工程勘察报告）进行基础设计，以粉质粘土层为持力层，特征值为160KPa。基槽开挖完成后须经建设、设计、勘察单位验收合格后方能继续施工。

10. 混凝土的保护层厚度：
    板：20mm；梁：30mm；基础：40mm
11. 钢筋：HPB235级钢筋（Φ）；HRB400（Φ）；冷轧带肋钢筋CRB550（ΦR）；钢筋强度标准值具有不小于95%的保证率。
12. L>4m的板，要求支撑时起拱 /400（L为板跨）；L>4m的梁，要求支模时跨中起拱 /400（L表示梁跨）；基础梁、挑梁、挑檐、雨篷、天沟应每隔10～15mm设~10mm的缝，外露的雨篷、挑檐、挑梁、天沟，使用游离麻丝塞填，钢筋不齐。
13. 防潮层以下采用M5水泥砂浆，防潮层以上采用M5混合砂浆，块材强度MU10。
14. 未经技术鉴定或设计许可，不得更改或改变结构的用途和使用环境。
15. 施工除应满足本说明外，还应符合相关的使用措施。
16. 本工程未注明的砼结构强度等级为C25。

基础平面布置图

图中未注明构造柱均为GZ1
图中构造柱表示从地圈梁伸起

GZ1
240X240
4Φ12
Φ6@100/200

构造柱砼强度等级C20

GZ1

采用的通用图集目录

序号	图集编号	图集名称
1	西南11G601<->	多层砖房墙体构造图集
2	西南13G301<->	钢筋混凝土过梁
	选用标准图图构件及节点详图时同时按图标准图集施工	

1000 宽条基大样图

4Φ12
±6.59250

-0.500

C20

-1.500

明影响条构件面标底 -0.350m

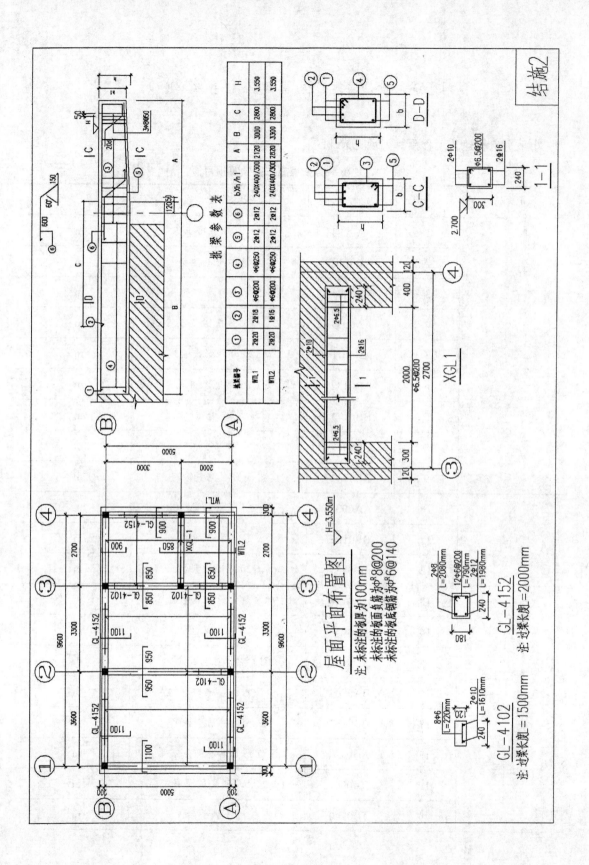

挑梁参数表

挑梁编号	①	②	③	④	⑤	⑥	A	B	C	H
WTL1	2Φ20	2Φ18	Φ6@200	Φ6@250	2Φ12	2Φ12	240X400/300	3000	2800	3.550
WTL2	2Φ20	1Φ16	Φ6@200	Φ6@250	2Φ12	2Φ12	240X400/300	3300	2800	3.550

屋面平面布置图 H=3.550m

注 未标注的板厚为100mm
未标注的板面负筋为Φ8@200
未标注的板底钢筋为Φ6@140

GL-4152 注:过梁长度=2000mm

GL-4102 注:过梁长度=1500mm

11.2 小平房工程建筑工程预算列项

小平房工程建筑工程预算列项见表 11.1。

表 11.1 小平房工程施工图预算项目表

利用基数	序号	定额号	分项工程名称	单位
$L_{中}$ $L_{内}$	1	AA0004	＊人工挖地槽土方	m³
	2	AD0018	C20 混凝土基础垫层	m³
	3	AC0003	＊M5 水泥砂浆砌砖基础	m³
	4	AA0039	人工地槽回填土	m³
	5	AC0011	M5 混合砂浆砌砖墙	m³
	6	AD0132	＊现浇 C25 钢筋混凝土地圈梁	m³
	7	BB0173	瓷砖墙裙	m²
	8	BB0007	混合砂浆抹内墙	m²
	9	BE0362	内墙面刷仿瓷涂料	m²
$L_{外}$	10	AA0001	＊人工平整场地	m²
	11	BB0165	外墙面贴面砖	m²
	12	AD0437	C20 混凝土散水	m²
$S_{底}$	13	AH0138	1：6 水泥膨胀蛭石屋面找坡	m²
	14	AA0039	室内回填土	m³
	15	AD0022	C10 混凝土地面垫层	m³
	16	BA0004	1：2 水泥砂浆地面面层	m³
	17	BE0362	顶棚面刷仿瓷涂料	m²
	18	AG0414	改性沥青卷材防水屋面	m²
	19	BA0001	1：2 水泥砂浆屋面保护层	m²
	20	TB0140	综合脚手架	m²

利用基数	序　号	定额号	分项工程名称	单　位
	21	BC0005	混合砂浆抹天棚	m²
	22	AA0015	人工运土	m³
	23	AD0074	现浇 C25 混凝土构造柱	m³
	24	AD0136	现浇 C25 混凝土过梁	m³
	25	AD0112	现浇 C25 混凝土挑梁	m³
	26	AD0249	现浇 C25 钢筋混凝土有梁板	m³
	27	AD0439	C15 混凝土台阶	m³
	28	AD0542	预制 C25 混凝土过梁	m³
	29		基础垫层模板制安	m²
	30	T0012	构造柱模板制安	m²
	31	TB0017	现浇过梁模板制安	m²
	32	TB0016	＊现浇圈梁模板安拆	m²
	33	TB0014	现浇矩形梁模板安拆	m²
	34	TB0026	现浇有梁板模板安拆	m²
	35	TB0037	现浇混凝土台阶模板安拆	m²
	36	TB0097	预制过梁模板制安	m²
	37	BA0245	1：2 水泥砂浆抹台阶面	m²
	38	AD0885	＊现浇构件圆钢筋制安 Φ10 内	t
	39	AD0886	现浇构件圆钢筋制安 Φ10 外	t
	40	AD0887	＊现浇构件螺纹钢筋制安	t
	41	AD0889	预制构件圆钢筋制安 Φ10 内	t
	42	AD0890	预制构件圆钢筋制安 Φ10 外	t
	43	BD0147	铝合金窗安装	m²
	44	BD0078	铝合金门安装	m²
	45	BB0218	梁上贴面砖	m²
	46	BB0218	窗台线贴面砖	m²
	47	BB0218	檐口天棚底贴面砖	m²

说明：只用表中"＊"号部分的项目编制了建筑工程施工图预算。

257

11.3　小平房工程量计算

小平房工程量计算见表 11.2～11.6。

11.4　定额直接费计算与工料分析

定额直接费计算与工料分析见表 11.7。

表 11.2 基数计算表

工程名称：小平房   第   页   共   页

序号	基数名称	代号	墙高（m）	墙厚（m）	单位	数量	计 算 式
1	外墙中线长	$L_中$	3.60	0.24	m	29.20	$(3.60+3.30+2.70+5.0)\times2=29.20$ m
2	内墙净长	$L_内$	3.60	0.24	m	7.52	$(5.20-0.24)+(3.0-0.24)=7.52$ m
3	外墙外边长	$L_外$			m	30.16	$29.20+0.24\times4=30.16$ m 或：$[(3.60+3.30+2.70+0.24)+(5.0+0.24)]\times2=30.16$ m
4	底层面积	$S_底$			m²	51.56	$(3.60+3.30+2.70+0.24)\times(5.0+0.24)=51.56$ m²
5	建筑面积	S			m²	49.16	$51.56-2.70\times2.0+(2.70+0.30-0.12)\times(2.0+0.20-0.12)\times\dfrac{1}{2}$ $=51.56-5.40+5.99\times\dfrac{1}{2}$ $=51.56-5.40+2.995$ $=49.16$ m²

表 11.3　门窗明细表

工程名称：小平房

序号	门窗（孔洞）名称	代号	框扇断面（m²） 框	框扇断面（m²） 扇	洞口尺寸（mm） 宽	洞口尺寸（mm） 高	樘数	面积 每樘	面积 小计	面积 $L_{中}$	面积 $L_{内}$	所在部位
1	铝合金平开门	M-1			900	2 400	3	2.16	6.48	2.16	4.32	
2	铝合金平开门	M-2			900	2 400	1	2.16	2.16	2.16		
3	铝合金推拉窗	C-1			1 500	1 500	6	2.25	13.50	13.50		
4	铝合金推拉窗	M-2			1 100	1 500	1	1.65	1.65	1.65		
	小　计								23.79	19.47	4.32	

表 11.4　钢筋混凝土圈、过、挑梁明细表（表三）

工程名称：小平房

序号	名称	代号	构件尺寸及计算式（m）	件数	体积（m³） 单件	体积（m³） 小计	$L_中$	$L_内$	所在部位
1	地圈梁		$V = (29.20 + 7.52) \times 0.24 \times 0.24 = 2.115$ m³ （$L_中$　$L_内$）	1	2.115	2.115	1.682	0.433	未在墙上
			小　计			2.115			
2	预制过梁	GL-4102	$V = 0.24 \times 0.12 \times 1.50 = 0.043\,2$ m³	3	0.043 2	0.130	0.043	0.087	
		GL-4152	$V = 0.24 \times 0.18 \times 2.0 = 0.086\,4$ m³	6	0.086 4	0.518	0.518		
			小　计			0.648			
3	现浇过梁	XGL1	$V = 0.30 \times 0.24 \times (2.0 + 0.24 \times 2) = 0.179$ m³	1	0.179	0.179	0.179		
			小　计			0.179			
4	挑梁	WTL1	$V = (3.0 + 0.12 + 0.05) \times 0.24 \times 0.40 +$ $(2.12 - 0.12 - 0.05) \times (0.40 + 0.30) \times \frac{1}{2} \times 0.24$ $= 0.304 + 0.164 = 0.468$ m³	1	0.468	0.468	0.299		
		WTL2	$V = (3.30 + 0.12 + 0.05) \times 0.24 \times 0.40 +$ $(2.82 - 0.12 - 0.05 - 0.24) \times (0.40 + 0.30) \times \frac{1}{2} \times 0.24$ $= 0.333 + 0.202 = 0.535$ m³	1	0.535	0.535	0.328		
			其中：墙外挑梁 $V = 0.164 + 0.202 + 0.05 \times 0.40 \times 0.24 \times 2处 = 0.376$ m³			(0.376)			0.376
			小　计			1.003			0.376
			合　计			3.945	3.049	0.520	0.376

表 11.5　工程量计算表

工程名称：小平房　　　　　　　　　　　　　　　　　　　　第 1 页　共　　页

序号	定额编号	分项工程名称	单位	工程量	计 算 式
1	AA0001	人工平整场地	m^2	127.88	$S = S_底 + L_外 \times 2 + 16$ $= 51.56 + 30.16 \times 2 + 16$ $= 127.88\ m^2$
2	AA0004	人工挖地槽土方	m^3	71.23	$V = [L_中 + L_内 + 0.24 \times 2 - (垫层宽 + 2 \times 工作面) \times \frac{1}{2} \times 4个接点 + 门廊处] \times$ 地槽长 $\times$（垫层宽 + 2 $\times$ 工作面）$\times$ 地槽深 $= \left[29.20 + 8.0 - (1.0 + 2 \times 0.30) \times \frac{1}{2} \times 4 + 2.70 + 2.0 - 1.6\right] \times$ $(1.0 + 2 \times 0.30) \times (1.50 - 0.30)$ $= 37.10 \times 1.60 \times 1.20$ $= 71.23\ m^3$
3	AD0132	C20 混凝土地圈梁	m^3	2.115	$V = (L_中 + L_内) \times 0.24 \times 0.24$ $= 36.72 \times 0.24 \times 0.24$ $= 2.115\ m^3$

工程名称：小平房

序号	定额编号	分项工程名称	单位	工程量	计　算　式
4	AD0885	现浇构件钢筋制安 Φ10 内	t	0.006 5	3.14 + 3.36 = 6.50 kg=0.006 5 t（见表 7）
5	AD0887	现浇构件螺纹钢筋制安	t	0.007 6	7.62 kg = 0.007 6 t（见表 7）
6	AC0003	M5 水泥砂浆砌砖基础	m³	12.58	$V_1 = (L_中 + L_内) \times$ 砖基础断面 $= (29.20 + 7.52) \times [(1.50 - 0.30 - 0.24) \times 0.24 + 0.007\ 875 \times (12 - 2)]$ $= 36.72 \times (0.230\ 4 + 0.078\ 8)$ $= 36.72 \times 0.309$ $= 11.35\ m^3$ $V_2 =$ 门廊处砖基础 $= (2.70 + 2.0 - 0.24) \times [(1.50 - 0.30 - 0.35) \times 0.24 + 0.007\ 875 \times (12 - 2)]$ $= 4.46 \times 0.283$ $= 1.26\ m^3$ $V_3 =$ 构造柱在砖基础内体积 $= [0.3 \times 0.24 \times 5处 + (0.30 \times 0.24 + 0.03 \times 0.24) \times 4处] \times 0.05$高 $= (0.36 + 0.317) \times 0.05 = 0.034\ m^3$ 砖基础 $= V_1 + V_2 - V_3$ $= 11.35 + 1.26 - 0.034$ $= 12.58\ m^3$
7	TB0017	现浇过梁模板制安	m²	1.97	$(2.0 + 0.24 \times 2) \times 0.30 \times 2面 + 2.0 \times 0.24$ $= 1.488 + 0.48$ $= 1.97\ m^2$

表 11.6 钢筋混凝土构件钢筋计算表

工程名称：小平房

序号	构件名称	件数—代号	形状尺寸（mm）	直径	根数	长度（m）		分　规　格			
						每根	共长	直径	长度(m)	单件质量(kg)	合计质量(kg)
	现浇过梁	1—XGL1	2 420 / 2 420 / (155) / 240 / 180	Φ16	2	2.42	4.82	Φ16	4.82	7.62	7.62
				Φ10	2	2.545	5.09	Φ10	5.09	3.14	3.14
				Φ6.5	13	0.995	12.94	Φ6.5	12.94	3.36	3.36

表 11.7　定额直接费计算、工料分析表（建筑）

工程名称：小平房

序号	定额编号	项目名称	单位	工程量	定额直接费（元）		人工费		机械费		主要材料用量								
					单价	合计	单价	小计	单价	小计	标准砖（块）	M5水泥砂浆（m³）	水（m³）	32.5水泥（kg）	组合钢模板（kg）	二等锯材（m³）	卡具和支撑钢材（kg）	钢筋Φ10内（t）	螺纹钢筋（t）
		土石方工程																	
	AA0001	人工平整场地	m²	127.88	0.88	112.53	0.38	48.59	0.50	63.94									
	AA0004	人工挖地槽土方	m³	71.23	1.12	79.78	1.00	71.23	0.12	8.55									
		小　计				192.31		119.82		72.49									
		砌筑工程																	
	AC0003	M5水泥砂浆砌砖基础	m³	12.58	184.95	2 326.67	45.25	569.25	0.79	9.94	524 / 6 591.9	0.238 / 2.994	0.114 / 1.43	53.79 / 676.68					
		混凝土工程																	
	AD0132	C20混凝土地圈梁	m³	2.115	251.95	532.87	53.47	113.09	5.60	11.84			1.087 / 2.30	352.21 / 744.92					
	AD0885	现浇构件钢筋Φ10内	t	0.006 5	4783.37	31.09	595.20	3.87	30.71	0.20								1.08 / 0.007	
	AD0887	现浇构件螺纹钢筋	t	0.0076	4 553.55	34.61	302.75	2.30	105.18	0.80									1.07 / 0.008
		小　计				598.57		119.26		12.84									
	TB0017	现浇过梁模板制安	m²	1.97	23.09	45.49	10.73	21.14	0.88	1.73					0.74 / 1.46	0.001 23 / 0.002	0.12 / 0.24		
		合　计				3 163.04		829.47		97.00	6 592	2.994	3.73	1 421.60	1.46	0.002	0.24	0.007	0.008

11.5 材料汇总

材料汇总见表 11.8。

表 11.8 材料汇总表

工程名称：小平房 　　　　　　　　　　　　　　　　　　　第 1 页　　共 1 页

序　号	材料名称	规格、型号	单　位	数　量
1	水泥	32.5	kg	1 421.60
2	水泥砂浆	M5	m³	2.994
3	圆钢筋	Φ10 内	t	0.007
4	螺纹钢筋	Φ10 外	t	0.008
5	卡具和支撑钢材		kg	0.24
6	钢模板	组合	kg	1.46
7	锯材	二等	m³	0.002
8	标准砖	240×115×53	块	6 592
9	水		m³	3.73

11.6 材料价差调整

材料价差调整见表 11.9。

表 11.9 材料价差调整表

工程名称：小平房　　　　　　　　　　　　　　　　　　第 1 页　　共 1 页

序 号	材料名称	规 格	单 位	数 量	现单价	定额单价	价 差	金 额
	（只调三材价差）							
	水 泥	32.5	kg	1 421.60	0.50	0.40	0.10	142.16
	锯 材	二等	m³	0.002	1 800.00	1 400.00	400.00	0.80
	光圆钢筋	Φ10 内	t	0.007	4 600.00	3 800.00	800.00	5.60
	螺纹钢筋	Φ10 外	t	0.008	4 500.00	3 800.00	700.00	5.60
	小 计							154.16

11.7 小平房建筑工程传统施工图预算造价计算

预算造价计算见表 11.10。各种费率见表 6.7。

表 11.10 建筑工程预算造价计算表（单位估价法）

工程名称：小平房

序 号	费用项目	计算方法	备 注
（1）	直接工程费 其中 人工费：808.33 材料费：2 213.95 机械费：95.27	见定额直接费计算表 （已扣除模板费）	3 117.55
（2）	人工费调整	808.33×34.6%	279.68
（3）	材料价差调整	见材料价差调整表	154.16
（4）	安全文明施工费	808.33×1.5%	12.12
（5）	临时设施费	（1）×2.0%	62.35
（6）	二次搬运费	（1）×0.3%	9.35
（7）	脚手架费	—	—
（8）	大型机械设备进场及按拆费	—	—
（9）	混凝土模板及支架费	见定额直接费计算表	45.49
（10）	措施费小计	（4）～（9）之和	129.31
（11）	企业管理费	[(1)+（10）]×7.0%	227.28
（12）	社会保障费	808.33×16%	129.33
（13）	住房公积金	808.33×6%	48.50
（14）	规费小计	（12）+（13）	177.83
（15）	利 润	[(1)+(10)+(11)+(14)]×8%	292.16
（16）	合 计	（1）+（2）+（3）+（10）+ （11）+（14）+（15）	4 377.97
（17）	税 金	（16）×3.48%	152.35
（18）	工程造价	（16）+（17）	4 530.32

注：表中各种费率均依据某地区调价文件和费用定额。

11.8　按 44 号文件规定计算施工图预算造价

根据表 11.7、表 11.9、表 10.3 的内容和表 6.16 中 44 号文件费用划分的规定，计算小平房施工图预算造价的各项费用。

计算步骤如下：

第一步，将表 11.7 中的分部分项工程定额人工费填入表 11.11 中。

第二步，将表 11.7 中的分部分项工程定额机械费填入表 11.11 中。

第三步，根据表 11.7 中分部分项工程的合计减去定额人工费和机械费合计，得出定额材料费金额后，填入表 11.11 中。

第四步，根据小平房工程的定额人工费与定额机械费之和，根据地区规定的费用，计算分部分项工程的管理费和利润并填入表 11.11 中。

第五步，汇总分部分项工程费。

第六步，根据表 11.7 中数据，计算单价措施项目定额直接费及管理费和利润。

第七步，根据小平房工程的分部分项工程和单价措施项目的定额人工费和表 6.16 中规定费率，计算总价措施项目费和规费。

第八步，根据地区规定调整人工价差后填入表 11.11 中。

第九步，根据表 11.9 计算结果，将材料价差金额填入表 11.11 中。

第十步，根据表 11.11 序 1～序 6 之和及综合税率计算税金。

第十一步，将表 11.11 序 1～序 7 之和汇总为小平房工程施工图预算工程造价。

表 11.11 建筑安装工程施工图预算造价费用计算（程序）表

工程名称：小平房

序号	费用名称			计算式（基数）	费率（%）	金额（元）	合计（元）
1	分部分项工程费	定额人工费		表 11.7（119.82 + 569.25 + 119.26 = 808.33）		808.33	3 343.45
		定额材料费		表 11.7（192.31 − 119.82 − 72.49 + 2 326.67 − 569.25 − 9.94 + 598.57 − 119.26 − 12.84 = 2 213.95 ）		2 213.95	
		定额机械费		表 11.7（72.49 + 9.94 + 12.84 = 95.27）		95.27	
		管理费		∑（分部分项工程定额人工费 + 定额机械费）×费率（808.33 + 95.27）×15%	15（地区规定）	135.54	
		利润		∑（分部分项工程定额人工费 + 定额机械费）×利润率（808.33 + 95.27）×10%	10（地区规定）	90.36	
2	措施项目费	单价措施费		∑（工程量×定额基价）表 11.7（45.49 元）		45.49	316.64
				管理费、利润表 11.7（21.14 + 1.73）×25% = 5.72	25（地区规定）	5.72	
		总价措施费	安全文明施工费	分部分项工程、单价措施项目定额人工费表 11.7（808.33 + 21.14 = 829.47）	26	215.66	
			夜间施工增加费		2.5	20.74	
			二次搬运费		1.5	12.44	
			冬雨季施工增加费		2.0	16.59	
3	其他项目费	总承包服务费		招标人分包工程造价			本工程无此项
4	规费	社会保险费		分部分项工程定额人工费 + 单价措施项目定额人工费	10.6	87.92	104.51
		住房公积金			2.0	16.59	
		工程排污费		按工程所在地规定计算（分部分项工程定额直接费）		不计算	
5	人工价差调整			定额人工费×调整系数（829.47×85% = 705.05 ）	85.0（地区规定）		705.05
6	材料价差调整			见表 11.9 材料价差调整表			154.16
7	税金			（序 1+序 2+序 3+序 4+序 5+序 6）（3 343.45 + 316.64 + 104.51 + 705.05 + 154.16 = 4 623.81）	3.48		160.91
	预算造价			（序 1+序 2+序 3+序 4+序 5+序 6+序 7）			4 784.72

12 设计概算

12.1 设计概算的概念及其作用

12.1.1 设计概算的概念

设计概算是确定设计概算造价的文件，一般由设计部门编制。

在两阶段设计中，扩大初步设计阶段编制设计概算；在三阶段设计中，初步设计阶段编制设计概算，技术设计阶段编制修正概算。

12.1.2 设计概算的作用

设计概算的主要作用包括以下几个方面：

（1）国家规定，竣工结算不能突破施工图预算，施工图预算不能突破设计概算，故概算是国家控制建设投资、编制建设投资计划的依据。

（2）设计部门在初步设计阶段要选择最佳设计方案，设计概算是从经济角度衡量设计方案经济合理性的重要依据。因此，设计概算是选择最佳设计方案的重要依据。

（3）设计概算是建设投资包干和招标承包的依据。

（4）设计概算中的主要材料用量是编制建设材料需用量计划的依据。

（5）建设项目总概算是根据各单项工程综合概算汇总而成的，单项工程综合概算又是根据各设计概算汇总而成的。所以，设计概算是编制建设项目总概算的基础资料。

12.2 设计概算的编制方法及其特点

12.2.1 设计概算的编制方法

设计概算的编制，一般采用 3 种方法：

（1）用概算定额编制概算。

（2）用概算指标编制概算。

（3）用类似工程预算编制概算。

设计概算的编制方法主要由编制依据决定。设计概算的编制依据除了概算定额、概算指标、类似工程预算外，还必须有初步设计图纸（或施工图纸）、费用定额、地区材料预算价格、设备价目表等有关资料。

12.2.2　设计概算编制方法的特点

（1）用概算定额编制概算的特点：

① 各项数据较齐全，结果较准确。

② 用概算定额编制概算，必须计算工程量，故设计图纸要能满足工程量计算的需要。

③ 用概算定额编制概算，计算的工作量较大，所以，比用其他方法编制概算所用的时间要长一些。

（2）用概算指标编制概算的特点：

① 编制时必须选用与所编概算工程相近的设计概算指标。

② 对所需要的设计图纸要求不高，只需满足符合结构特征、计算建筑面积的需要即可。

③ 不如用概算定额编制概算所提供的数据那么准确和全面。

④ 编制速度较快。

（3）用类似工程预算编制概算的特点：

① 要选用与所编概算工程结构类型基本相同的工程预算为编制依据。

② 设计图纸应满足能计算出工程量的要求。

③ 个别项目要按拟编工程施工图要求进行调整。

④ 提供的各项数据较齐全、较准确。

⑤ 编制速度较快。

由上面的叙述我们可以得出：在编制设计概算时，应根据编制要求、条件恰当地选择其编制方法。

12.3　用概算定额编制概算

概算定额是在预算定额的基础上，按建筑物的结构部位划分的项目，再将若干个预算定额项目综合为一个概算定额项目的扩大结构定额。例如，在预算定额中，砖基础、墙基防潮层、人工挖地槽土方均分别各为一个分项工程项目。但在概算定额中，将这几个项目综合成了一个项目，称为砖基础工程项目，它包括了从挖地槽到墙基防潮层的全部施工过程。

用概算定额编制概算的步骤与施工图预算的编制步骤基本相同，也要列项、计算工程量、套用概算定额、进行工料分析、计算直接工程费、计算间接费、计算利润和税金等各项费用。

12.3.1　列　项

与施工图预算的编制一样，概算的编制遇到的首要问题就是列项。

概算的项目是根据概算定额的项目而定的，所以，列项之前必须先了解概算定额的项目划分情况。

概算定额的分部工程是按照建筑物的结构部位确定的。例如，某省的建筑工程概算定额划分为 10 个分部：

- ·土石方、基础工程
- ·墙体工程
- ·柱、梁工程
- ·门窗工程
- ·楼地面工程
- ·屋面工程
- ·装饰工程
- ·厂区道路
- ·构筑物工程
- ·其他工程

各分部中的概算定额项目一般都是由几个预算定额的项目综合而成的，经过综合的概算定额项目的定额单位与预算定额的定额单位是不相同的。只有了解了概算定额的综合的基本情况，才能正确应用概算定额，列出工程项目，并据以计算工程量。

概算定额综合预算定额项目情况的对照表见表 12.1。

表 12.1　概算定额项目与预算定额项目对照表

概算定额项目	单　位	综合的预算定额项目	单　位
砖基础	m^3	砖砌基础	m^3
		水泥砂浆墙基防潮层	m^2
		基础挖土方、回填土	m^3
砖外墙	m^2	砖墙砌体	m^3
		外墙面抹灰或勾缝	m^2
		钢筋加固	t
		钢筋混凝土过梁	m^3
		内墙面抹灰	m^2
		刷石灰浆或涂料	m^2
		零星抹灰	m^2
现浇混凝土墙	m^2	现浇钢筋混凝土墙体	m^3
		内墙面抹灰	m^2
		刷涂料	m^2

273

概算定额项目	单 位	综合的预算定额项目	单 位
门 窗	m²	门窗制作	m²
		门窗安装	m²
		门窗运输	m²
		门窗油漆	m²
现浇混凝土楼板	m²	楼面面层	m²
		现浇钢筋混凝土楼板	m³
		顶棚面抹灰	m²
		刷涂料	m²
预制空心板楼板	m²	楼板面层	m²
		预制空心板	m³
		板运输	m³
		板安装	m³
		板缝灌浆	m³
		顶棚面抹灰	m²
		刷涂料	m²

12.3.2 工程量计算

概算工程量计算必须依据概算定额规定的计算规则进行。

由于综合项目的原因和简化计算的原因，概算工程量计算规则不同于预算工程量计算规则。现以某地区的概算与预算定额为例（见表 12.2），说明它们之间的差别。

表 12.2 部分概、预算工程量计算规则对比

项目名称	概算工程量计算规则	预算工程量计算规则
内墙基础、垫层	按中心线尺寸计算工程量后乘以系数 0.97	按图示尺寸计算工程量
内 墙	按中心线长计算工程量，扣除门窗洞口面积	按净长尺寸计算工程量、扣除门窗外围面积
内、外墙	不扣除嵌入墙身的过梁体积	要扣除嵌入墙身的过梁体积
楼地面垫层、面层	按中心线尺寸计算工程量后乘以系数 0.90	按净面积计算工程量
门 窗	按门面洞口面积计算	按门窗框外围面积计算

12.3.3 直接费计算及工科分析

概算的直接费计算及工料分析与施工图预算的方法相同，见表 12.3 的例子。

表 12.3　概算直接费计算及工料分析表

定额编号	项目名称	单位	工程量	单位价值			总价值			锯材（m³）	42.5 级水泥（kg）	中砂（m³）
				基价	人工费	机械费	小计	人工费	机械费			
1—51	M5 水泥砂浆砌砖基础	m³	14.251	110.39	21.22	0.25	1 573.17	302.41	3.56		79.54 / 1 133.52	0.30 / 4.275
1—48	C10 混凝土基础垫层	m³	5.901	108.59	13.55	1.22	640.79	79.96	7.20	0.007 / 0.041	239.37 / 1 412.52	0.48 / 2.832
	小　计						2 213.96	382.37	10.76	0.041	2 546.04	7.107

注：材料用量分析栏内，分子为定额用量，分母为工程量乘以分子的消耗量。

12.3.4　设计概算造价的计算

概算的间接费、利润和税金计算，与施工图预算完全相同，其计算过程详见施工图预算造价计算的有关章节。

12.4　用概算指标编制概算

概算指标的内容和形式已在前面介绍了，这里不再重复。

应用概算指标编制概算的关键问题是要选择合理的概算指标。对拟建工程选用较合理的概算指标，应符合以下 3 个方面的条件：

（1）拟建工程的建筑地点与概算指标中的工程地点在同一地区（如不同时需调整地区人工单价和地区材料预算价格）。

（2）拟建工程的工程特征和结构特征与概算指标中的工程、结构特征基率相同。

（3）拟建工程的建筑面积与概算指标中的建筑面积比较接近。

某地区砖混结构住宅概算指标见表 12.4 至表 12.6。

表 12.4　某地区砖混结构住宅概算指标

工程名称	××住宅	结构类型	砖混结构	建筑层数	6 层
建筑面积	2 960 m²	施工地点	××市	竣工日期	2007 年 2 月

	基　础	墙　体	楼　面	地　面
结构及构造特征	混凝土带形基础	240mm 厚标准砖墙	预应力空心板、现浇平板、水泥砂浆面、水磨石面	混凝土地面垫层、水泥砂浆面、水磨石面
	屋　面	门　窗	装　饰	电　照	给排水
	水泥炉渣找坡、APP 改性沥青卷材防水层	塑料门窗	混合砂浆抹内墙面、乳胶漆面、瓷砖墙裙、外墙面水刷石、外墙涂料	导线塑料管暗敷、白炽灯	塑料给排水管、蹲式大便器

275

工程造价及各项费用组成

项　目	平方米指标（元/m²）	其中各项费用占工程造价百分比（%）								
		直接工程费					企业管理费	规费	利润	税金
		人工费	材料费	机械费	措施费	直接费小计				
工程总造价	884.81	9.00	60.70	2.15	5.25	77.10	7.84	5.78	6.20	3.08
其中　土建工程	723.30	9.49	59.68	2.44	5.31	76.92	7.89	5.77	6.34	3.08
给排水工程	86.04	5.85	68.52	0.65	4.55	79.57	6.96	5.39	5.01	3.07
电照工程	75.47	7.03	63.17	0.48	5.48	76.17	8.34	6.44	6.00	3.06

表 12.5　某地区砖混结构住宅工程每 m² 人工、主要材料用量指标

序　号	名　称	单　位	每 m² 用量	序　号	名　称	单　位	每 m² 用量
1	定额用工	工日	5.959	7	砂子	m²	0.470
2	钢筋	t	0.014	8	石子	m²	0.234
3	型钢	kg	0720	9	APP 卷材	m²	0.443
4	水泥	t	0.168	10	乳胶漆	kg	0.682
5	锯材	m³	0.021	11	地砖	m²	0.120
6	标准砖	千块	0.175	12	水落管	m	0.021

表 12.6　某地区砖混结构住宅工程分部结构占直接费百分比及每 m² 主要工程量指标

项　目	单　位	每 m² 工程量	占直接费（%）	项　目	单　位	每 m² 工程量	占直接费（%）
一、基础工程			12.04	预制平板	m³	0.002	
人工挖土	m³	0.753		预应力空心板	m³	0.047	
混凝土带形基础	m³	0.033		三、屋面工程			5.02
混凝土挡土墙	m³	0.013		水泥炉渣找坡	m³	0.152	
砖基础	m³	0.071		APP 改性沥青卷材	m²	0.443	
二、结构工程			43.06	塑料水落管	m	0.004	
混凝土构造柱	m³	0.032		四、门窗工程			11.93
砖　墙	m³	0.295		塑料窗	m²	0.226	
现浇混凝土过梁	m³	0.032		塑料门	m²	0.171	
现浇混凝土圈梁	m³	0.064		五、楼地面工程			4.11
现浇混凝土平板	m³	0.006		混凝土垫层	m³	0.019	
其他现浇构件	m³	0.031		水泥砂浆楼地面	m²	0.646	
预制过梁	m³	0.002		水磨石楼地面	m²	0.116	

项　目	单位	每 m^2 工程量	占直接费（%）	项　目	单位	每 m^2 工程量	占直接费（%）
地砖楼地面	m^2	0.012		七、外墙装饰			6.10
六、室内装修			12.48	水刷石墙面	m^2	0.071	
内墙面抹灰	m^2	2.271		外墙涂料	m^2		0.139
乳胶漆面	m^2	2.271		八、其他工程	m^2		5.26
瓷砖墙裙	m^2	0.020		（检查井、化粪池等）			
轻钢龙骨石膏板面吊顶棚	m^2	0.126					

通过下例来说明概算的编制方法。

例 12.1: 拟在××市修建一幢 3 000 m^2 的混合结构住宅,其工程特征和结构特征与表 12.4 的概算指标的内容基本相同。试根据该概算指标,编制土建工程概算。

解: 由于拟建工程与概算指标的工程在同一地区（不考虑材料价差）,所以可以直接根据表 12.4、表 12.5 和表 12.6 的概算指标计算。其工程概算价值计算见表 12.7,工程工料需用量见表 12.8。

表 12.7　某住宅工程概算价值计算表

序　号	项目名称	计　算　式	金额（元）
1	土建工程造价	3 000×723.30 = 2 169 900.00	2 169 900.00
2	直接费 其中：人工费 材料费 机械费 措施费	2 169 900.00×76.92% = 1 669 087.08 2 169 900.00×9.49% = 205 923.51 2 169 900.00×59.68% = 1 294 996.32 2 169 900.00×2.44% = 52 945.56 2 169 900.00×5.31% = 115 221.69	1 669 087.08 205 923.51 1 294 996.32 52 945.56 115 221.69
3	企业管理费	2 169 900.00×7.89% = 171 205.11	171 205.11
4	规　费	2 169 900.00×5.77% = 125 203.23	125 203.23
5	利　润	2 169 900.00×6.34% = 137 571.66	137 571.66
6	税　金	2 169 900.00×3.08% = 66 823.92	66 823.92

说明：上述措施费、企业管理费、规费、利润、税金还可以根据本地区费用定额的规定计算出概算造价。

表 12.8 某住宅工程工料需用量计算表

序　号	工料名称	单　位	计算式	数　量
1	定额用工	工日	3 000×5.959	17 877
2	钢筋	t	3 000×0.014	42
3	型钢	kg	3 000×0.720	2 160
4	水泥	t	3 000×0.168	504
5	锯材	m³	3 000×0.021	63
6	标准砖	千块	3 000×0.175	525
7	砂子	m³	3 000×0.470	1 410
8	石子	m³	3 000×0.234	702
9	APP 卷材	m²	3 000×0.443	1 329
10	乳胶漆	kg	3 000×0.682	2 046
11	地砖	m²	3 000×0.120	360
12	水落管	m	3 000×0.021	63

　　用概算指标编制概算的方法较为简便，其主要工作是计算拟建工程的建筑面积，然后再套用概算指标，直接算出各项费用和工料需用量。

　　在实际工作中，用概算指标编制概算时往往选不到工程特征和结构特征完全相同的概算指标，遇到这种情况时可采取调整的方法修正这些差别。

　　调整方法一：修正每 m² 造价指标。

　　该方法适用于拟建工程在同一地点，建筑面积接近，但结构特征不完全一样时。例如，拟建工程是一砖外墙、木窗，概算指标中的工程是一砖半外墙、钢窗，这就要调整工程量和修正概算指标。

　　调整的基本思路是：从原概算指标中，减去每 m² 建筑面积需换出的结构构件的价值，增加每 m² 建筑面积需换入结构构件的价值，即得每 m² 造价修正指标。再将每 m² 造价修正指标乘上设计对象的建筑面积，就得到该工程的概算造价。

　　计算公式如下：

每 m² 建筑面积造价修正指标 = 原指标单方造价 – 每 m² 建筑面积换出结构构件价值 + 每 m² 建筑面积换入结构构件价值

式中：

$$每\ m^2 建筑面积换出结构构件价值 = \frac{原指标结构构件工程量×地区概算定额工程单价}{原指标面积单位}$$

$$每\ m^2 建筑面积换入结构构件价值 = \frac{拟建工程结构构件工程量×地区概算定额工程单价}{拟建工程建筑面积}$$

$$设计概算造价 = 拟建工程建筑面积×每\ m^2 建筑面积造价修正指标$$

例 12.2：拟建工程建筑面积 3 500 m^2。按图算出一砖外墙 632.51 m^2，木窗 250 m^2。原概算指标每 100 m^2 建筑面积一砖半外墙 25.71 m^2，钢窗 15.36 m^2，每 m^2 概算造价 732.76 元。求修正后的单方造价和概算造价，见表 12.9。

表 12.9　建筑工程概算指标修正表（每 100 m^2 建筑面积）

序号	定额编号	项目名称	单位	工程量	基价（元）	合价（元）	备注
		换入部分					
	2—78	混合砂浆砌一砖外墙	m^2	18.07	123.76	2 236.34	632.51×(100÷3 500)=18.07 m^2
	4—68	塑钢窗	m^2	7.14	174.52	1 246.07	250×(100÷3 500)=7.14 m^2
		小　计				3 482.41	
		换出部分					
	2—79	混合砂浆砌一砖半外墙	m^2	25.71	117.31	3 016.04	
	4—90	单层钢窗	m^2	15.36	120.16	1 845.66	
		小　计				4 861.70	

每 m^2 建筑面积概算造价修正指标 = 723.76 + (3 482.41÷100) − (4 861.70÷100) = 709.96 元/m^2

拟建工程概算造价 = 3 500×709.96 = 2 484 860 元

调整方法二：不通过修正每 m^2 造价指标的方法，而直接修正原指标中的工料数量。

具体做法是：从原指标的工料数量和机械费中，换出拟建工程不同的结构构件人工、材料数量和调整机械费，换入所需的人工、材料和机械费。这些费用根据换入、换出结构构件工程量乘以相应概算定额中的人工、材料数量和机械费算出。

用概算指标编制概算，工程量的计算量较小，也节省了大量套定额和工料分析的时间，编制速度较快，但相对来说准确性要差一些。

12.5　用类似工程预算编制概算

类似工程预算是指已经编好并用于某工程的施工图预算。用类似工程预算编制概算具有编制时间短、数据较为准确等特点。如果拟建工程的建筑面积和结构特征与所选的类似工程预算的建筑面积和结构特征基本相同，那么就可以直接采用类似工程预算的各项数据编制拟建工程概算。

当出现下列两种情况时，需要修正类似工程预算的各项数据：

（1）拟建工程与类似工程不在同一地区，这时就要产生工资标准、材料预算价格、机械费、间接费等的差异。

（2）拟建工程与类似工程在结构上有差异。

当出现第（2）种情况的差异时，可参照修正概算造价指标的方法加以修正。

当出现第（1）种情况的差异时，则需计算修正系数。

计算修正系数的基本思路是：先分别求出类似工程预算的人工费、材料费、机械费、间接费和其他间接费在全部预算成本中所占的比例（分别以 γ_1、γ_2、γ_3、γ_4、γ_5 表示），然后再计算这 5 种因素的修正系数，最后求出总修正系数。

计算修正系数的目的是为了求出类似工程预算修正后的单方造价。用拟建工程的建筑面积乘上修正系数后的单方造价，就得到了拟建工程的概算造价。

修正系数计算公式如下：

$$工资修正系数 K_1 = \frac{编制概算地区一级工工资标准}{类似工程所在地区一级工工资标准}$$

$$材料预算价格修正系数 K_2 = \frac{\sum 类似工程各主要材料用量 \times 编制概算地区材料预算价格}{\sum 类似工程主要材料费}$$

$$机械使用费修正系数 K_3 = \frac{\sum 类似工程各主要机械台班量 \times 编制概算地区机械台班预算价格}{\sum 类似工程各主要机械使用费}$$

$$间接费修正系数 K_4 = \frac{编制概算地区间接费费率}{类似工程所在地间接费费率}$$

$$其他间接费修正系数 K_5 = \frac{编制概算地区其他间接费费率}{类似工程所在地区其他间接费费率}$$

$$预算成本总修正系数 K = \gamma_1 K_1 + \gamma_2 K_2 + \gamma_3 K_3 + \gamma_4 K_4 + \gamma_5 K_5$$

拟建工程概算造价计算公式：

$$拟建工程概算造价 = 修正后的类似工程单方造价 \times 拟建工程建筑面积$$

其中　　　　$$修正后的类似工程单方造价 = 类似工程修正后的预算成本 \times (1 + 利税率)$$

$$类似工程修正后的预算成本 = 类似工程预算成本 \times 预算成本总修正系数$$

例 12.3： 有一幢新建办公大楼，建筑面积 2 000 m^2，根据下列类似工程预算的有关数据计算该工程的概算造价。

（1）建筑面积：1 800 m^2。

（2）工程预算成本：1 098 000 元。

（3）各种费用占成本的百分比：

人工费 8%，材料费 62%，机械费 9%，间接费 16%，规费 5%。

（4）已计算出的各修正系数为：

$K_1 = 1.08$，$K_2 = 1.05$，$K_3 = 0.99$，$K_4 = 1.0$，$K_5 = 0.95$

解：（1）计算预算成本总修正系数 K。

$$K = 0.08 \times 1.08 + 0.62 \times 1.05 + 0.09 \times 0.99 + 0.16 \times 1.0 + 0.05 \times 0.95 = 1.03$$

（2）计算修正预算成本。

$$修正预算成本 = 1\,098\,000 \times 1.03 = 1\,130\,940\ 元$$

（3）计算类似工程修正后的预算造价（利税率为 8%）。

类似工程修正后的预算造价 = 1 130 940×(1+8%) = 1 221 415.20 元

（4）计算修正后的单方造价。

类似工程修正后的单方造价 = 1 221 415.20÷1 800 = 678.56 元/m²

（5）计算拟建办公楼的概算造价。

办公楼概算造价 = 2 000÷678.56 = 1 357 120 元

如果拟建工程与类似工程相比较，结构构件有局部不同时，应通过换入和换出结构构件价值的方法，计算净增（减）值，然后再计算拟建工程的概算造价。其计算公式如下：

$$修正后的类似工程预算成本 = 类似工程预算成本×总修正系数 + 结构件净价值×$$
$$（1 + 修正间接费费率）$$

$$修正后的类似工程预算造价 = 修正后类似工程预算成本×(1 + 利税率)$$

$$修正后的类似工程单方造价 = \frac{修正后类似工程预算造价}{类似工程建筑面积}$$

$$拟建工程概算造价 = 拟建工程建筑面积×修正后的类似工程单方造价$$

例 12.4：假设上例办公楼的局部结构构件不同，净增加结构构件价值 1 550 元，其余条件相同，试计算该办公楼的概算造价。

解：修正后的类似工程预算成本 = 1 098 000×1.03 + 1 550×(1+16%×1.0+5%×0.95)

= 1 132 811.63 元

修正后的类似工程预算造价 = 1 132 811.63×(1+8%) = 1 223 436.56 元

13 工程结算

13.1 概　述

13.1.1　工程结算的概念

工程结算亦称工程竣工结算，是指单位工程竣工后，施工单位根据施工实施过程中实际发生的变更情况，对原施工图预算工程造价或工程承包价进行调整、修正、重新确定工程造价的经济文件。

虽然承包商与业主签订了工程承包合同，按合同价支付工程价款，但是，施工过程中往往会发生地质条件的变化、设计变更、业主提出新的要求、施工情况发生了变化等。这些变化通过工程索赔已确认，那么，工程竣工后就要在原承包合同价的基础上进行调整，重新确定工程造价。这一过程就是编制工程结算的主要过程。

13.1.2　工程结算与竣工决算的联系和区别

工程结算是由施工单位编制的，一般以单位工程为对象；竣工决算是由建设单位编制的，一般以一个建设项目或单项工程为对象。

工程结算如实反映了单位工程竣工后的工程造价；竣工决算综合反映了竣工项目的建设成果和财务情况。

竣工决算由若干个工程结算和费用概算汇总而成。

13.2　工程结算的内容

工程结算一般包括下列内容：

（1）封面。

内容包括：工程名称、建设单位、建筑面积、结构类型、结算造价、编制日期等，并设有施工单位、审查单位以及编制人、复核人、审核人的签字盖章的位置。

（2）编制说明。

内容包括：编制依据、结算范围、变更内容、双方协商处理的事项及其他必须说明的问题。

（3）工程结算直接费计算表。

内容包括：定额编号、分项工程名称、单位、工程量、定额基价、合价、人工费、机械费等。

（4）工程结算费用计算表。

内容包括：费用名称、费用计算基础、费率、计算式、费用金额等。

（5）附表。

内容包括：工程量增减计算表、材料价差计算表、补充基价分析表等。

13.3　工程结算的编制依据

编制工程结算除了应具备全套竣工图纸、预算定额、材料价格、人工单价、取费标准外，还应具备以下资料：

（1）工程施工合同。

（2）施工图预算书。

（3）设计变更通知单。

（4）施工技术核定单。

（5）隐蔽工程验收单。

（6）材料代用核定单。

（7）分包工程结算书。

（8）经业主、监理工程师同意确认的应列入工程结算的其他事项。

13.4　工程结算的编制程序和方法

单位工程竣工结算的编制，是在施工图预算的基础上，根据业主和监理工程师确认的设计变更资料、修改后的竣工图、其他有关工程索赔资料，先进行直接费的增减调整计算，再按取费标准计算各项费用，最后汇总为工程结算造价。其编制程序和方法概述为：

（1）收集、整理、熟悉有关原始资料。

（2）深入现场，对照观察竣工工程。

（3）认真检查复核有关原始资料。

（4）计算调整工程量。

（5）套定额基价，计算调整直接费。

（6）计算结算造价。

13.5　工程结算编制实例

营业用房工程已竣工，在工程施工过程中发生了一些变更情况，根据这些情况需要编制工程结算。

13.5.1　营业用房工程变更情况

营业用房基础平面图见图 13.1，基础详图见图 13.2。

（1）第 H 轴的①～④段，基础底标高由原设计标高 – 1.50 m 改为 – 1.80 m（见表 13.1）。

（2）第 H 轴的①～④段，砖基础放脚改为等高式，基础垫层宽改为 1.100 m，基础垫层厚度改为 0.30 m（见表 13.1）。

（3）C20 混凝土地圈梁由原设计 240 mm×240 mm 断面，改为 240 mm×300 mm 断面，长度不变（见表 13.2）。

（4）基础施工图 2—2 剖面有垫层砖基础计算结果有误，需更正（见表 13.3）。

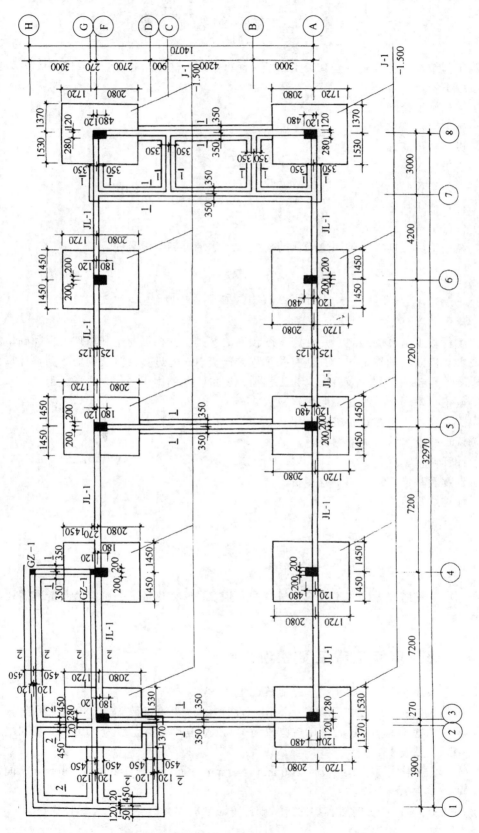

图 13.1 基础平面图

284

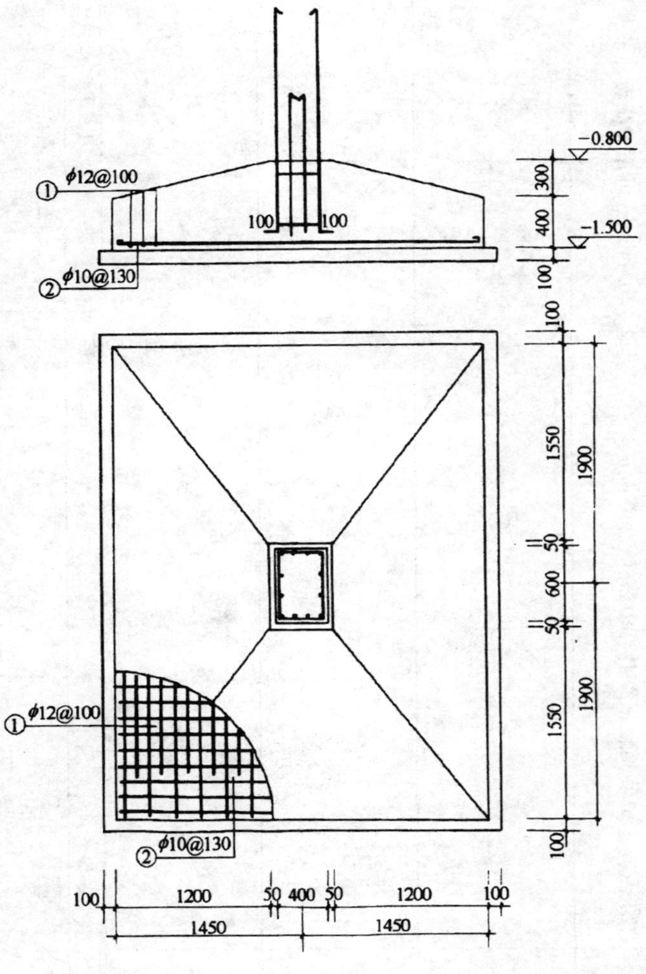

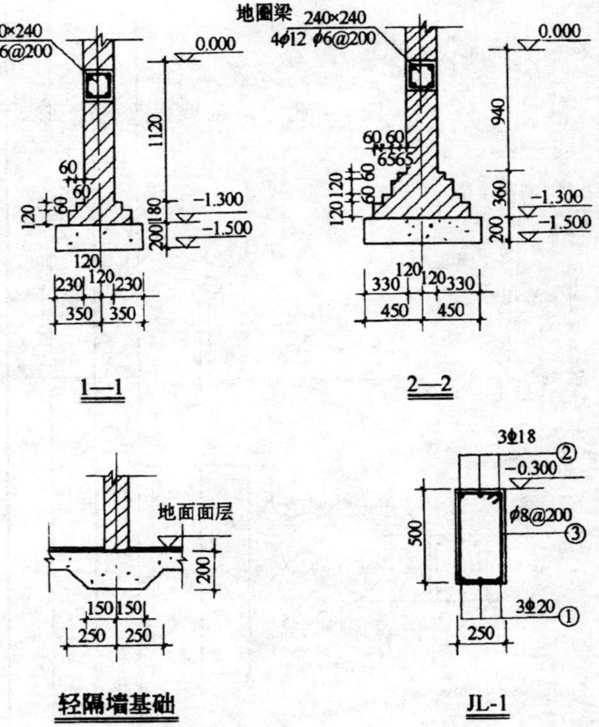

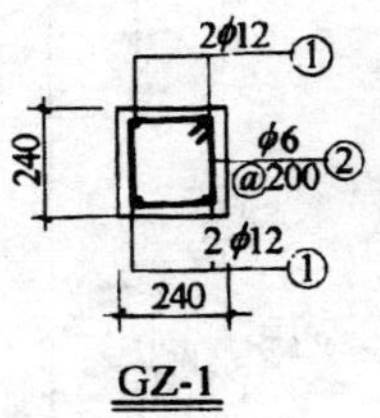

0.000

−1.300
−1.500

地圈梁 240×240
4φ12 φ6@200

2—2

0.000

−1.300
−1.500

地圈梁 240×240
4φ12 φ6@200

1—1

−0.300

3Φ18

3Φ20

φ8@200

JL-1

地面面层

轻隔墙基础

2φ12

φ6
@200

2φ12

GZ-1

说明：

本工程砖混部分墙体采用MU7.5灰砂砖，±0.000
以下墙体采用M5水泥砂浆，±0.000以上墙体采用
M5混合砂浆砌筑。

−0.800

−1.500

φ12@100

φ10@130

φ10@130

φ12@100

J-1

图 13.2　基础详图

285

表 13.1　设计变更通知单

工程名称	营业用房
项目名称	砖基础

Ⓗ轴上①~④轴由于地槽开挖后地质情况有变化，故修改砖基础如下图：

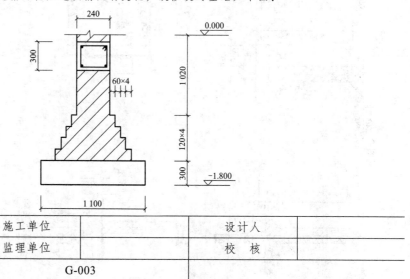

审查人	施工单位		设计人	
	监理单位		校　核	
编　号	G-003			

表 13.2　施工技术核定单

工程名称	营业用房	提出单位	××建筑公司
图纸编号	G-101	核定单位	××银行

核定内容	C20 混凝土地圈梁由原设计 240 mm×240 mm 断面，改为 240 mm×300 mm 断面，长度不变
建设单位意见	同意修改意见
设计单位意见	同　意
监理单位意见	同　意

提出单位	核定单位	监理单位
技术负责人（签字）	核定人（签字）	现场代表（签字）
20　年8月5日	20　年8月5日	20　年8月5日

表 13.3　隐蔽工程验收单

建设单位：××银行　　　　　　　　　　　　施工单位：

工程名称	营业用房	隐蔽日期	20　年 6 月 6 日
项目名称	砖基础	施工图号	G-101

施工说明及简图	按照 4 月 5 日签发的设计变更通知单，Ⓗ轴上①~④轴的地槽、砖基础、混凝土垫层、施工后的验收情况如下图： 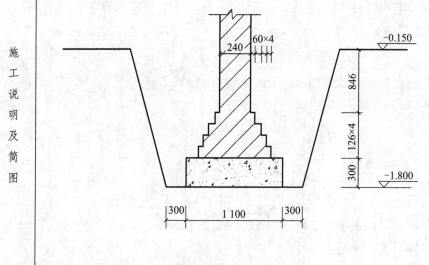

建设单位：××银行	监理单位：××监理公司	施工单位：××建筑公司 施工负责人： 质检员：
主管负责人：	现场代表：	

20　年 6 月 6 日

13.5.2　计算调整工程量

1. 原预算工程量

（1）人工挖地槽：

$$V = (3.90 + 0.27 + 7.20) \times (0.90 + 2 \times 0.30) \times 1.35$$
$$= 11.37 \times 1.50 \times 1.35$$
$$= 23.02 \text{ m}^3$$

（2）C10 混凝土基础垫层：

$$V = 11.37 \times 0.90 \times 0.20$$
$$= 2.05 \text{ m}^3$$

287

（3）M5 水泥砂浆砌砖基础：

$$V = 11.37 \times [1.06 \times 0.24 + 0.007\ 875 \times (12 - 4)]$$
$$= 11.37 \times 0.317\ 4$$
$$= 3.61\ \text{m}^3$$

（4）C20 混凝土地圈梁：

$$V = (12.10 + 39.18 + 8.75 + 32.35) \times 0.24 \times 0.24$$
$$= 92.38 \times 0.24 \times 0.24$$
$$= 5.32\ \text{m}^3$$

（5）地槽回填土：

$$V = 23.02 - 2.05 - 3.61 - (0.24 - 0.15) \times 0.24 \times 11.37$$
$$= 23.02 - 2.05 - 3.61 - 0.25$$
$$= 17.11\ \text{m}^3$$

2. 工程变更后工程量

（1）人工挖地槽：

$$V = 11.37 \times [1.10 + 0.3 \times 2 + \overset{\text{1.65深}}{(1.80 - 0.15)} \times \overset{\text{放坡系数}}{0.30}] \times 1.65$$
$$= 11.37 \times 2.195 \times 1.65$$
$$= 41.18\ \text{m}^3$$

（2）C10 混凝土基础垫层：

$$V = 11.37 \times 1.10 \times 0.30$$
$$= 3.75\ \text{m}^3$$

（3）M5 水泥砂浆砌砖基础：

$$\text{砖基础深} = 1.80 - \overset{\text{垫层}}{0.30} - \overset{\text{圈梁}}{0.30} = 1.20\ \text{m}$$

$$V = 11.37 \times (1.20 \times 0.24 + 0.007\ 875 \times 20)$$
$$= 11.37 \times 0.445\ 5$$
$$= 5.07\ \text{m}^3$$

（4）C20 混凝土地圈梁：

$$V = 92.38 \times 0.24 \times 0.30$$
$$= 6.65\ \text{m}^3$$

（5）地槽回填土：

$$V = 41.18 - 3.75 - 5.07 - 6.65 - (0.30 - 0.15) \times 0.24 \times 11.37$$
$$= 25.71 - 0.41$$
$$= 25.30\ \text{m}^3$$

3. Ⓗ轴①～④段工程变更后工程量调整

（1）人工挖地槽：

$$V = 41.18 - 23.02 = 18.16 \text{ m}^3$$

（2）C10 混凝土基础垫层：

$$V = 3.75 - 2.05 = 1.70 \text{ m}^3$$

（3）M5 水泥砂浆砌砖基础：

$$V = 5.07 - 3.61 = 1.46 \text{ m}^3$$

（4）C20 混凝土地圈梁：

$$V = 6.65 - 5.32 = 1.33 \text{ m}^3$$

（5）地槽回填土：

$$V = 25.30 - 17.11 = 8.19 \text{ m}^3$$

4. C20 混凝土圈梁变更后，砖基础工程量调整

（1）需调整的砖基础长：

$$L = 92.38 - 11.37 = 81.01 \text{ m}$$

（2）圈梁高度调整为 0.30 m 后，砖基础减少：

$$\begin{aligned} V &= 81.01 \times (0.30 - 0.24) \times 0.24 \\ &= 81.01 \times 0.014\ 4 \\ &= 1.17 \text{ m}^3 \end{aligned}$$

5. 原预算砖基础工程量计算有误调整

（1）原预算有垫层砖基础 2—2 剖面工程量：

$$V = 10.27 \text{ m}^3$$

（2）2—2 剖面更正后工程量：

$$\begin{aligned} V &= 32.35 \times [1.06 \times 0.24 + 0.007\ 875 \times (20 - 4)] \\ &= 12.31 \text{ m}^3 \end{aligned}$$

（3）砖基础工程量调增：

$$V = 12.31 - 10.27 = 2.04 \text{ m}^3$$

（4）由砖基础增加引起地槽回填土减少：

$$V = -2.04 \text{ m}^3$$

（5）由砖基础增加引起人工运土增加：

$$V = 2.04 \text{ m}^3$$

13.5.3　调整项目工、料、机分析

具体内容见表 13.4。

13.5.4　调整项目直接工程费计算

调整项目直接工程费计算见表 13.5。

13.5.5　营业用房调整项目工程造价计算

营业用房调整项目工程造价计算的费用项目及费率完全同预算造价计算过程,见表 13.6。

13.5.6　营业用房工程结算造价

（1）营业用房原工程预算造价:

　　　　预算造价 = 590 861.22 元

（2）营业用房调整后增加的工程造价:

　　　　调增造价 = 1 488.68 元（见表 13.6）

（3）营业用房工程结算造价:

　　　　工程结算造价 = 590 861.22 + 1 488.68
　　　　　　　　　　 = 592 349.90 元

表 13.4 调整项目工、料、机分析

序号	定额编号	项目名称	单位	工程数量	综合工日	机械台班 电动打夯机	200L灰浆机	平板振动器	400L搅拌机	插入式振动器	材料用量 M5水泥砂浆(m³)	黏土砖(块)	水(m³)	C20混凝土(m³)	草袋子(m³)	C10混凝土(m³)
一、调增项目	1—46	人工地槽回填土	m³	18.16	0.294/5.34	0.08/1.45										
	8—16	C10混凝土基础垫层	m³	1.70	1.225/2.08			0.079/0.13	0.101/0.17				0.50/0.85			1.01/1.72
	4—1	M5水泥砂浆砌砖基础	m³	1.46	1.218/1.78		0.039/0.06				0.236/0.345	524/765	0.105/0.15			
	5—408	C20混凝土地圈梁	m³	1.33	2.14/3.21				0.039/0.05	0.077/0.10			0.984/1.31	1.015/1.35	0.826/1.10	
	1—46	人工地槽回填土	m³	8.19	0.294/2.41	0.08/0.66										
	4—1	M5水泥砂浆砌砖基础	m³	2.04	1.218/2.48		0.039/0.08				0.236/0.48	524/1 069	0.105/0.21			
	1—49	人工运土	m³	2.04	0.204/0.42											
		调增小计			17.22	2.11	0.14	0.13	0.22	0.10	0.83	1 834	2.52	1.35	1.10	1.72
二、调减项目	4—1	M5水泥砂浆砌砖基础	m³	1.17	1.218/1.43		0.039/0.05				0.236/0.28	524/613	0.105/0.12			
	1—46	人工回填土	m³	2.04	0.294/0.60	0.08/0.16										
		调减小计			2.03	0.16	0.05				0.28	613	0.12			
		合　计			15.69	1.95	0.09	0.13	0.22	0.10	0.55	1 221	2.40	1.35	1.10	1.72

表 13.5 调整项目直接工程费计算表（实物金额法）

工程名称：营业用房

序 号	名 称	单 位	数 量	单 价（元）	金 额（元）
一、	人 工	工 日	15.69	25.00	392.25
二、	机 械				64.43
1.	电动打夯机	台 班	1.95	20.24	39.47
2.	200 L 灰浆搅拌机	台 班	0.09	15.92	1.43
3.	400 L 混凝土搅拌机	台 班	0.22	94.59	20.81
4.	平板振动器	台 班	0.13	12.77	1.66
5	插入式振动器	台 班	0.10	10.62	1.06
三、	材 料				696.00
	M5 水泥砂浆	m³	0.55	124.32	68.38
	黏土砖	块	1 221	0.15	183.15
	水	m³	2.40	1.20	2.88
	C20 混凝土	m³	1.35	155.93	210.51
	草袋子	m²	1.10	1.50	1.65
	C10 混凝土	m³	1.72	133.39	229.43
	小 计：				1 152.68

表 13.6 营业用房调整项目工程造价计算表

序号	费用名称		计 算 式	金额（元）
（一）	直接工程费			1 152.68
（二）	单项材料价差调整		采用实物金额法不计算此费用	
（三）	综合系数调整材料价差		采用实物金额法不计算此费用	
（四）	措施费	环境保护费	1 152.68×0.4%＝4.61 元	58.78
		文明施工费	1 152.68×0.9%＝10.37 元	
		安全施工费	1 152.68×1.0%＝11.53 元	
		临时设施费	1 152.68×2.0%＝23.05 元	
		夜间施工增加费	1 152.68×0.5%＝5.76 元	
		二次搬运费	1 152.68×0.3%＝3.46 元	
		大型机械进出场及安拆费	—	
		脚手架费	—	
		已完工程及设备保护费	—	
		混凝土及钢筋混凝土模板及支架费	—	
		施工排、降水费	—	
（五）	规费	工程排污费	—	87.68
		工程定额测定费	1 152.68×0.12%＝1.38 元	
		社会保障费	392.25×16%＝62.76 元	
		住房公积金	392.25×6.0%＝23.54 元	
		危险作业意外伤害保险	—	
（六）	企业管理费		1 152.68×5.1%＝58.79 元	58.79
（七）	利润		1 152.68×7%＝80.69 元	80.69
（八）	税金		1 438.62×3.48%＝50.06 元	50.06
	工程造价		（一）～（八）之和	1 488.68

附录 练习用施工图和标准图

小别墅工程建筑、结构施工图
西南地区标准图选用

一、设计依据

1、×××规划局对本工程建设方案设计批复.

2、建设单位提供的方案及各设计阶段修改意见.

3、建设单位和设计单位签定的工程设计合同.

4、建设单位提供的红线图、地形图、勘察资料和设计要求.

5、国家颁布实施的现行规范，规程及规定，主要规范如下：

《民用建筑设计通则》 （GB50352-2005）《住宅厨房设施功能标准》（J10054-2000）

《建筑设计防火规范》 （GB50016--2006）《住宅卫生间设施功能标准》（DB51/5022-2000）

《住宅设计规范 》（GB50096-1999)(2003年版）《住宅厨房设施尺度标准》

（DB51/T5021-2000）

《住宅建筑规范》 （GB50368-2005）《住宅卫生间设施尺度标准》（J10057-2000）

《屋面工程技术规范》《GB50345）

《民用建筑热工设计规范》(GB50176-93)《夏热冬冷地区居住建筑节能设计标准》(JGJ134-2001）

二、工程概况

1、本工程为小型住宅.

2、本子项为住宅楼，层数为3层，建筑高度11.64m，建筑面积为251.65平方米.

3、工程设计等级为民用建筑三级，建筑耐久年限50年，耐火等级二级，屋面防水层等级三级，抗震设防烈度为7度，
结构形式为框架结构.

三、设计范围

本工程施工图设计包括建筑设计、结构设计、给排水设计、电气设计，不含二装设计.

四、施工要求

1、本工程设计标高±0.000相对于绝对标高参详建施总平面图，各栋定位以轴线交点坐标定位，施工放线若与现场不符，
施工单位应与设计单位协商解决.

本工程设计除高程标高和总平面尺寸以米为单位外，其余尺寸标注均以毫米为单位.

2、本工程采用的建筑材料及设备产品应符合国家有关法规及技术标准规定的质量要求，颜色的确定须经设计方认可，
建设方同意后方可施工.施工单位除按本施工图施工外还必须严格执行国家有关现行施工及验收规范，并提供准确的技术资料档案.

3、施工图交付施工前应会同设计单位进行技术交底及图纸会审后方能施工.在施工的全过程中必须按施工规程进行，土建施工
应与其他工种密切配合.预留洞口、预埋铁件、管道穿墙预埋套管除按土建图标明外，应结合设备专业图纸核对预留，预埋件尺寸
及标高，不得在土建施工后随意打洞，影响工程质量.

4、为确保工程质量，任何单位和个人未经设计同意，不得擅自修改.

如果发现设计文件有错误、遗漏、交待不清时，应提前通知设计单位，并按设计单位提供的变更通知单或技术核定单进行施工.

五、土方工程

回填土必须分层回填夯实，边坡须补夯密实，具体参照《建筑地面设计规范》(GB50037-96)和
《建筑地面工程施工验收规范》(GB50209-95)相关章节执行.

六、墙体工程

1、本工程框架填充墙采用KP1型页岩多孔砖(干容重800Kg/m)砌筑.内外墙除标注外
均为200厚，内外墙除标注外墙体均为轴线居中，门垛宽除标注外均为100mm(靠轴一边距墙边).

2、室内墙面、柱面的阳角和门窗洞口的阳角用1：2水泥砂浆护角，每侧宽度为50，高为1800，厚度为20.

3、所有砌块尺寸尽量要求准确、统一，砌筑时砂浆应饱满，不得有垂直通缝现象.

4、所有厨房、卫生间内墙体底部先浇200高(除门洞外)与楼板相同等级混凝土翻边.墙与地面在做面层前先作防水处理，
管道、孔洞处用防水油膏嵌实.防水材料为1.5厚双组份环保型聚氨脂防水涂膜，楼地面满铺，墙面防水层高度在楼地面面层以上
厨房内高300，卫生间内高1500，转角处应加强处理，门洞处的翻边宽度不应小于300宽.

5、女儿墙构造柱的位置、间距及具体构造配筋详结构设计.

建施1/14

294

七、屋面工程

1. 本工程屋面防水等级为Ⅱ级，两道设防水设防，耐久年限15年。

2. 本工程严格按《屋面工程质量验收规范》（GB50207-2002）执行，在施工过程中必须严格遵守操作程序及规程，保证屋面各层厚度和紧密结合，确保屋面不渗漏。

3. 本工程上人屋面采用沥水层采用两道φ4mm改性沥青防水卷材；屋面坡度对2%，雨水斗四周500范围内坡度1/5%，屋面上人屋顶参西南03J201-1第7页2205a，防水卷材改为30厚找坡采本保温板。水落斗。

4. 本工程坡屋面部分，做法参西南03J201-2第8页2515a-e及其它相关节详细说明。防水和保温层材料同平屋顶，详细构造详见本图纸之构造大样图。

5. 保温屋面在施工过程中，保温层处须干燥后才能进行下道工序施工，若保温隔热材料含湿较大，干燥有困难应采取排汽干燥措施。保温屋面排气道及排气孔应严格按相关要求施工。

八、门窗

1. 所有门窗按照国家现行技术规范及设计要求制作安装。

2. 住宅楼各入户门为特殊防盗门，其它门窗除特殊说明外为塑钢玻璃门窗和夹板门。塑钢型材甲方定，玻璃颜色以节能设计为准。住户内门窗由用户自理，门窗立面具体分隔及详图由相应专业厂家设计，各门窗须由持有产品合格证的厂家制作，门窗工安装门安装采夹板门安装西南04J611。

3. 单元入口处另门采门采用防盗门，产品须由持有产品合格证的厂家提供。其施工安装及技术资料由厂家提供。

4. 门窗玻璃材质及厚度选用按照《建筑玻璃应用技术规程》（JGJ113-2003）执行，施工安装按照《建筑装饰装修工程质量验收规范》（GB50210-2001）执行，>1.5平方米的单块玻璃及外窗玻璃必须采用安全玻璃。

5. 图中所有门窗均应以现场实际尺寸为准，并现场复核门窗数量和开启方向以便下料制作。门窗立面大小、五金配件及制作安装等由生产厂家，具体门窗形式及分隔样式由门窗厂家参考，用户自理。

6. 所有外窗及门的气密性，不应低于现行国家标准《建筑外窗空气渗透性能分级及其检测方法》（GB7107）规定的Ⅲ级水平。

7. 底层处窗附台门应有防护措详《住宅设计规范》3.9.2条，用户自理。

采用标准图集目录

序号	图集名称	备注
1	西南03J201-1.23	
2	屋面	西南04J112-西南04J812 西南03J201-1·2·3·6
3	夏热冬冷地区节能建筑屋面	川02J201

采用标准图集目录

序号	图集名称	备注
4	夏热冬冷地区节能建筑门窗	川02J605/705
5	《夏热冬冷地区节能建筑墙体、楼地面构造》	川02J106
6	《ZL胶粉聚苯颗粒外墙外保温隔热节能构造图集》	川03J109

九、装饰工程
1. 各种装饰材料应符合行业标准和环卫标准。
2. 二装室内部分应严格按照《建筑内装修设计防火规范》（GB50222-95）（2001年版）执行，选材应符合各装修材料燃烧性能等级要求，装修施工时不得随意修改、移动、遮蔽消防设施，且不得降低原建筑设计的耐火等级。
3. 凡有技按要求的楼地面应≥0.5%坡向排水口。
4. 外墙抹灰应在找平层砂浆内掺入3～5%防水剂（或刷其他防水材料）以保两外窗面防雨水渗透性。
5. 不同墙体材料交接处应加挂250宽钢丝网再作装修，防止墙体裂缝。
6. 门窗洞口处嵌应严密封堵，待测定意窗合处留缝与窗框平齐距离足以镶嵌以满足相关规程做好防渗水。滴水做法多西南04J516-J/4，且应根据建筑外饰面材的不同作相应调查。
7. 所有外出挑构件的下泛均应按相关规程做好防渗水、避免雨水倒灌。
8. 油漆、刷浆等04J312相关章节。

十、其它
1. 楼地面所注标高应以建筑面层为准，结构面标高应扣除建筑面层与造层厚度（一般以50mm考虑），特殊情况另见具体设计。
2. 厨房、卫生间等有水场同及部位，除标注外楼（地）面高完成后应低于相邻干相楼室内无水房间楼（地）面50mm，阳台除标注外临于相楼室内无水做法及后应低于相邻干相楼室内无渗水的做法。
3. 屋面雨落水管和空调冷凝水等均为白色UPVC管，其外表面应涂刷与其背景同质观面色的油漆。
4. 所有散水坡及防滑做法参西南04J412-7/60。
5. 楼梯踏步及防滑做法详西南04J412-2/53，其它护窗栏杆做法参西南04J412-2/53。临空栏杆从可踏面起算起1050，其垂直杆件间距应≤110。
6. 室内栏杆：内钢（木）楼梯及样二表，其垂直杆件同净距≤110，其垂直杆件间距应对1050，并应采取防止儿童攀越的措施。室外栏杆由有专业资质的厂家提供产品样式，经建设方和设计方同意方可制作安装。
7. 室外栏杆：外廊等室外栏杆高度以可踏面算起为1050，其垂直杆件同距应应应对110，并应采取防止儿童攀越的措施。室外栏杆由有专业资质的厂家提供产品样式，经建设方和设计方同意方可制作安装。
8. 本工程所有钢、木构件均需根据规范要求做防火、防锈、防腐处理。
9. 建筑室内、外墙装饰，木构件装饰、顶棚（吊顶）、楼地坪、等详见装修表、装修材料的成品及样门窗均由施工方选用及建设方认可后，方能施工。
10. 本工程施工图设计选用主要图集为《西南地区建筑标准设计通用图》合本1）、（2）、《住宅排水道》（02J916-1）、《坡屋面建筑构造》（00J 202-1）等等。
11. 如图纸与所引大样不符，应以大样为准；如图纸与说明不符，应以说明认意为准，本工程设计如有末尽事宜，应以国家现行设计施工及验收规范执行。
12. 建筑节能设计详多详每块建筑分板建筑及节能设计报建及节能设计。

门窗表

类型	设计编号	洞口尺寸(mm)	数量	备注
门	M0621	600X2100	1	折叠门
	M0821	800X2100	6	塑钢门
	M0921	900X2100	4	夹板木门
	M1527	1500X2700	1	防盗门
	TM2727	2700X2100	1	玻璃门
窗	C0613	600X1350	2	塑钢窗
	C0626	600X2600	2	塑钢窗
	C1219	1200X1950	6	塑钢窗
	C1213	1500X1350	1	塑钢窗
	C1526	1500X2600	6	塑钢窗

注：门窗立面形式参照建筑立面图中门窗形式或按建设方设计进行选型或定做；塑钢为银白色；所有门窗玻璃均为白玻，其材质及厚度选用按照由建设方和专业厂商选定并经设计方同意方可使用；门窗过梁详见结构设计.

	室 内			
楼(地)面	厨卫、楼梯间	水泥砂浆地面	西南04J312-3103、3105	
	其余所有房间	水泥砂浆地面	西南04J312-3102a、3104	
墙面	厨房，卫生间	水泥砂浆墙面	1:3水泥砂浆找平层12 mm厚 1:2水泥砂浆结合层8 mm厚	
	厅、其他房间	水泥砂浆墙面	1:3水泥砂浆找平层20 mm厚 乳胶漆底一遍、面二遍	去掉面层
	阳台	水泥砂浆墙面	西南04J515-$\frac{N07}{4}$	
	楼梯间	水泥砂浆墙面(刷钢化涂料)	西南04J515-$\frac{N07}{4}$	涂料由甲方定
顶棚	所有房间	水泥砂浆顶棚	西南04J515-$\frac{P05}{12}$	去掉面层
	室 外			
地面	室外踏步及平台	水泥砂浆地面	西南04J312-3102a、3104	有景观要求的详景观设计
墙面	墙 1	外墙面砖墙面	西南04J516 68页5407、5408	饰面部位及颜色详建筑立面图，施工时由本院提供颜色样板
屋面	屋面1	非上人屋面	西南03J201-1第17页2204a	防水材料改为聚氯乙烯合成高分子防水卷材两道，总厚2.4
	屋面2	上人屋面	西南03J201-1第17页2205a	
	屋面3	坡屋面	西南03J201-2第5页2508	

注：住宅室内将另做二装，住宅所有室内(楼)地面水泥砂浆找平压光，有防水要求的(楼)地面防水相关内容另见设计说明或详图大样.

建施4/14

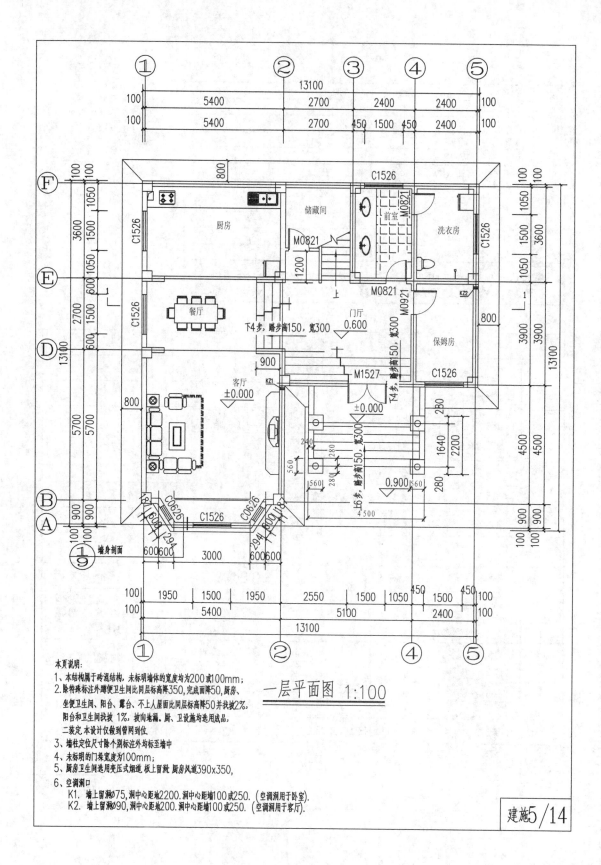

一层平面图 1:100

本页说明:
1、本结构属于砖混结构,未标明墙体的宽度均为200或100mm;
2、除特殊标注外蹲便卫生间比同层标高降350,完成面降50,厨房、坐便卫生间、阳台、露台、不上人屋面比同层标高降50并找坡2%,阳台和卫生间找坡1%,坡向地漏,厨、卫设施均选用成品,二装定 本设计仅做到管网到位;
3、墙柱定位尺寸除个别标注外均标至墙中;
4、未标明的门垛宽度为100mm;
5、厨房卫生间选用变压式烟道,板上留洞 厨房风道390x350;
6、空调洞口
   K1. 墙上留洞Ø75,洞中心距地2200.洞中心距墙100或250.(空调洞用于卧室).
   K2. 墙上留洞Ø90,洞中心距地200.洞中心距墙100或250.(空调洞用于客厅).

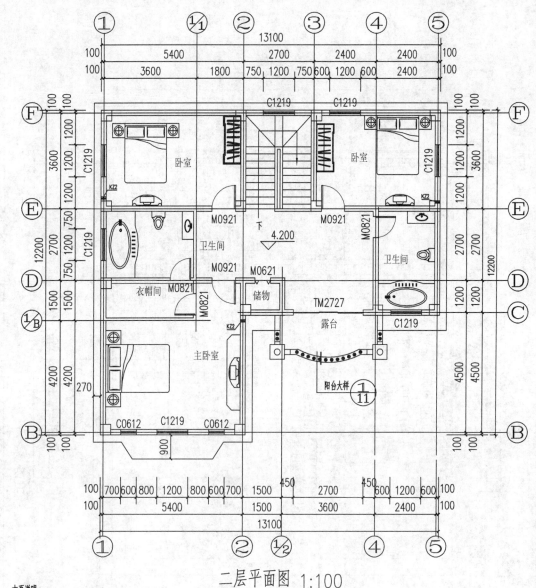

二层平面图 1:100

本页说明：
1、本结构属于砖混结构，未标明墙体的宽度均为200或100mm；
2、除特殊标注外蹲便卫生间比层标高降350,完成面降50,厨房、
　坐便卫生间、阳台、露台、不上人屋面比层标高降50并找披2%,
　阳台和卫生间找披 1%,坡向地漏。厨、卫设施均选用成品,
　二装定 本设计仅做到管网到位
3、墙柱定位尺寸除个别标注外均标至墙中；
4、未标明的门梁宽度为100mm；
5、厨房卫生间选用变压式烟道 板上留混 厨房风道390x350,
6、空调洞口
　K1. 墙上留洞Ø75,洞中心距地2200.洞中心距墙100或250. (空调洞用于卧室).
　K2. 墙上留洞Ø90,洞中心距地200.洞中心距墙100或250. (空调洞用于客厅).

建施6/14

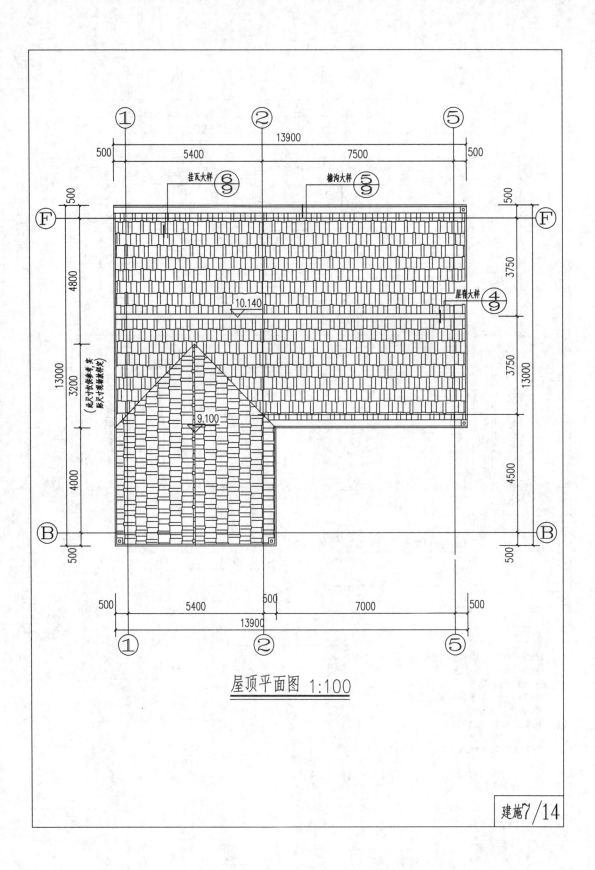

屋顶平面图 1:100

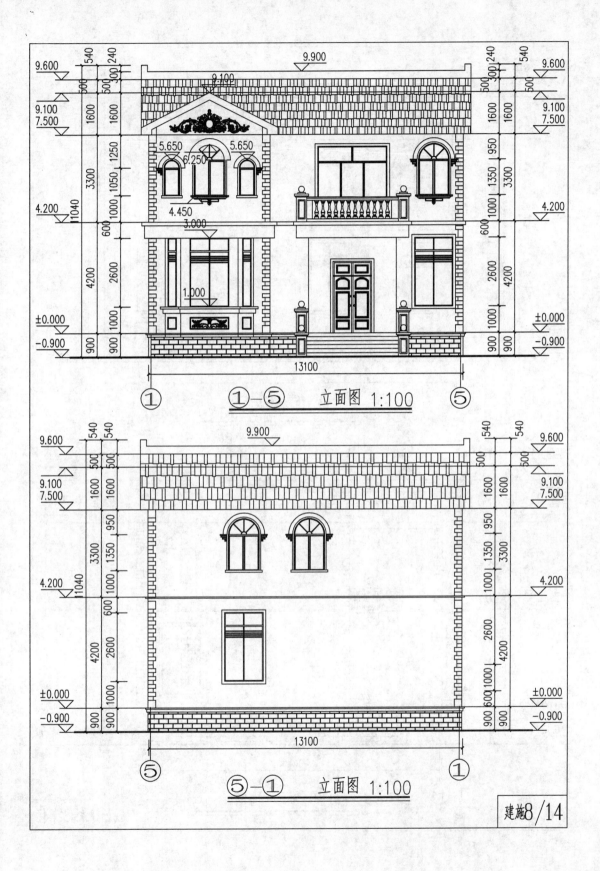

9.600
9.900
9.100
9.600
9.100
7.500
5.650
6.250
5.650
4.450
3.000
4.200
1.000
±0.000
−0.900
13100

①—⑤　立面图 1:100

9.600
9.900
9.100
7.500
4.200
±0.000
−0.900
13100

⑤—①　立面图 1:100

建施8/14

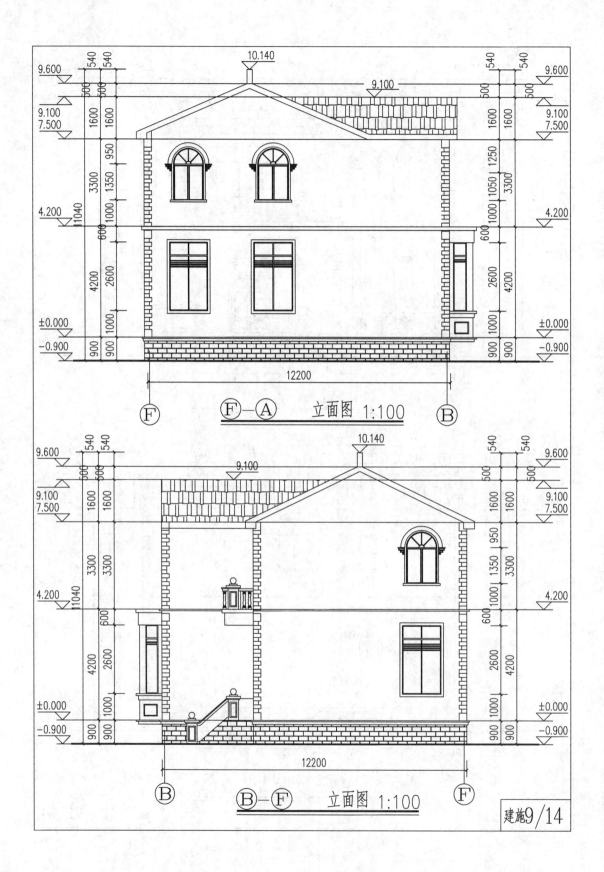

F̃—Ⓐ 立面图 1:100

Ⓑ—F̃ 立面图 1:100

建施9/14

302

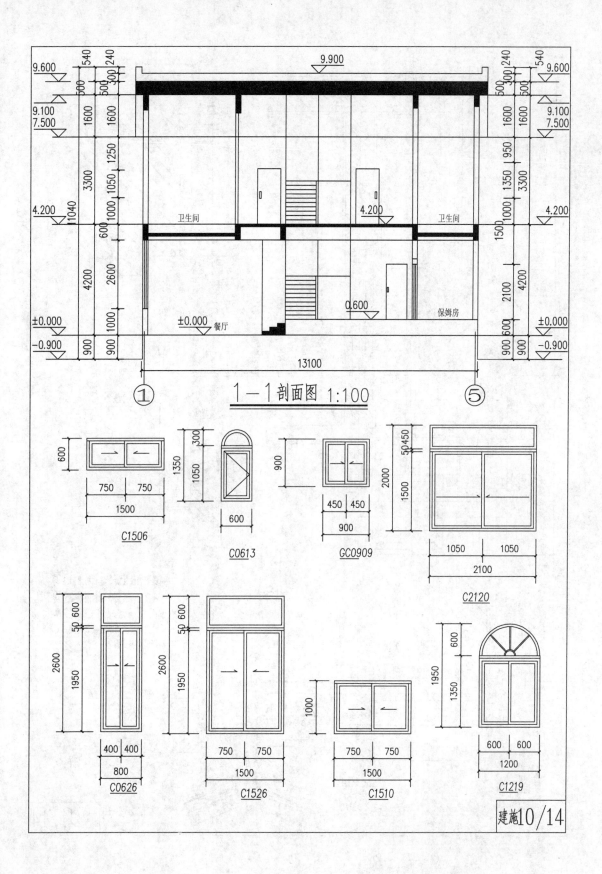

1—1剖面图 1:100

C1506

C0613

GC0909

C2120

C0626

C1526

C1510

C1219

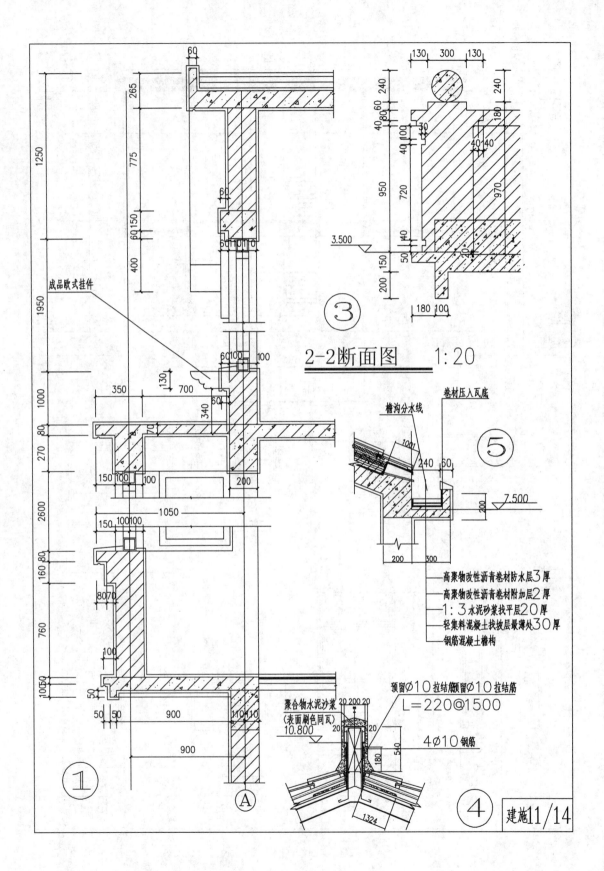

成品欧式挂件

2-2断面图 1:20

檐沟分水线

卷材压入瓦底

高聚物改性沥青卷材防水层3厚
高聚物改性沥青卷材附加层2厚
1：3水泥砂浆找平层20厚
轻集料混凝土找坡层最薄处30厚
钢筋混凝土檐构

预留∅10拉结筋预留∅10拉结筋
L=220@1500

聚合物水泥沙浆
（表面刷色同瓦）
10.800

4∅10钢筋

建施11/14

304

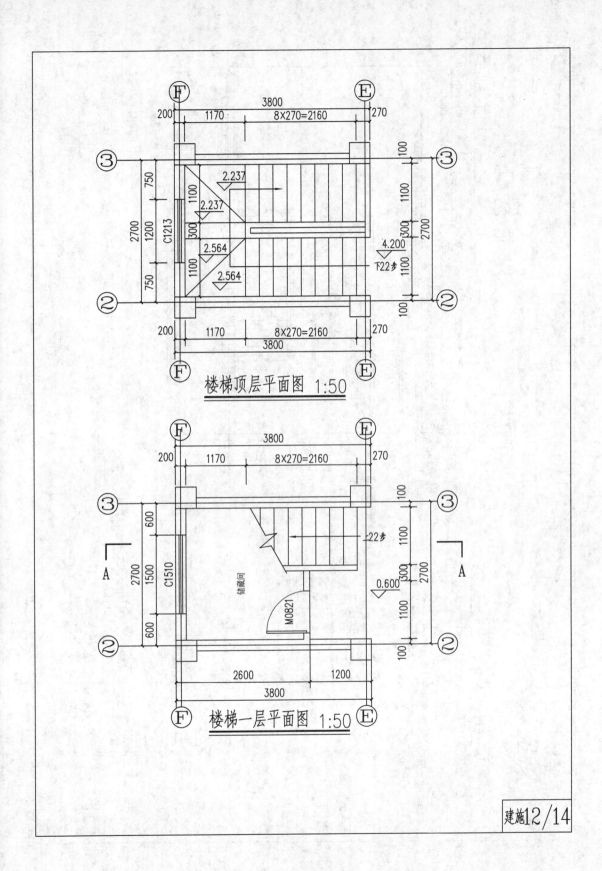

楼梯顶层平面图 1:50

楼梯一层平面图 1:50

建施12/14

305

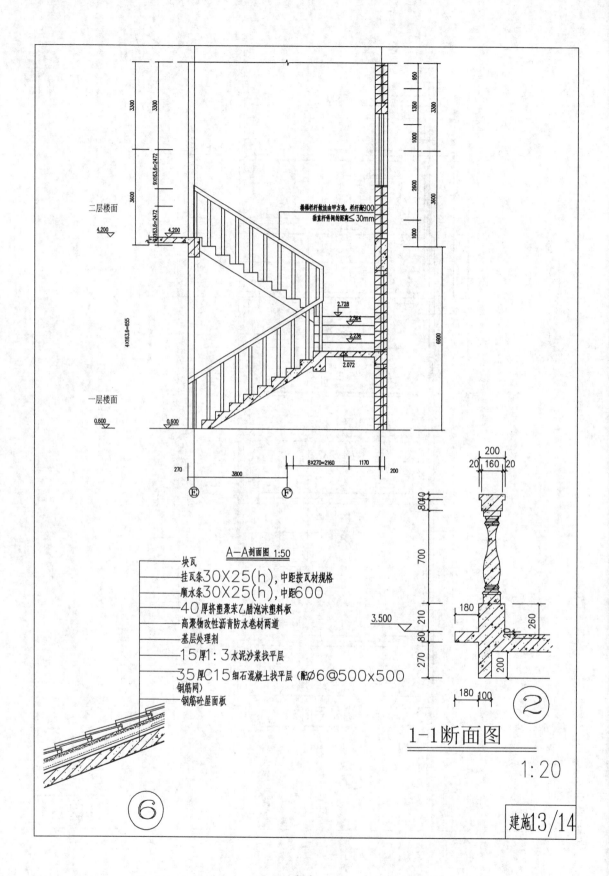

楼梯栏杆做法由甲方定，栏杆高900
垂直杆件间的距离≤30mm

二层楼面
4.200

一层楼面
0.600

3300
3300
9×163.6=2472
9×163.6=2472
4×163.6=655
3600

4.200
2.728
2.364
2.236
2.072
0.600

270   3800   8×270=2160   1170   200

Ⓔ   Ⓕ

950
1350
1000
2600
3600
1000
6900
3300

A—A剖面图 1:50

块瓦
挂瓦条30×25(h)，中距按瓦材规格
顺水条30×25(h)，中距600
40厚挤塑聚苯乙烯泡沫塑料板
高聚物改性沥青防水卷材两道
基层处理剂
15厚1：3水泥砂浆找平层
35厚C15细石混凝土找平层（配φ6@500×500钢筋网）
钢筋砼屋面板

⑥

200
20 160 20

80
700
210
80
270

3.500

180
180   260
200
180 100

②

1-1断面图

1：20

建施13/14

306

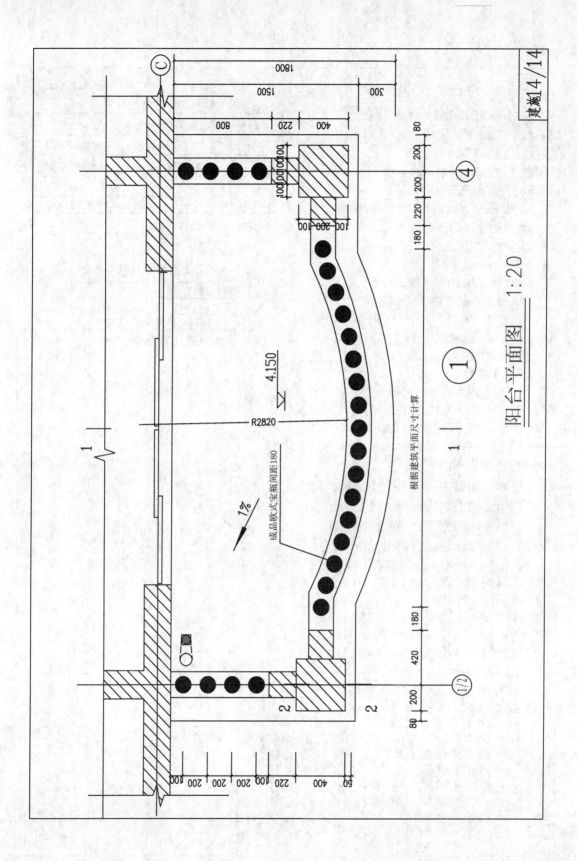

阳台平面图 1:20

建施14/14

结构设计总结说明

1. 设计依据国家现行规范规程及建设单位提出的要求.

2. 本工程标高以m为单位，其余尺寸以mm为单位.

3. 本工程为地上二层框架结构，使用年限为50年.

4. 该建筑抗震设防烈度为8度，场地类别Ⅱ类，
   设计基本地震加速度0.20g.

5. 本工程结构安全等级为二级，耐火等级为二级，框架抗震等级为二级.

6. 建筑结构抗震重要性类别为标准设防类.

7. 地基基础设计等级为丙级.

8. 本工程砌体施工等级为B级.

9. 本工程根据甲方提供资料进行基础设计，采用人工挖孔桩
   以中风化泥质砂岩层作为桩端持力层，见基础说明
   基槽开挖完成后须经建设、设计、施工单位验收合格后方能继续施工.

10. 防潮层用1：2水泥砂浆掺5%水泥重量的防水剂，厚20mm（−0.060）

11. 各结构构件混凝土强度等级见各层平面布置图.

12. 混凝土的保护层厚度：
    板：20mm；梁、柱：30mm；基础：40mm

13. 钢筋：HPB235级钢筋（Φ）；HRB400（Φ）；冷扎带肋钢筋
    CRB550（Φ^R）；钢筋强度标准值应具有不小于95%的保证率.
    钢材除应具有抗拉强度、伸长率、屈服强度、碳、硫、磷含量的合格保证
    及冷弯试验的合格保证外，还应满足下述要求：

    1）. 钢材的抗拉强度实测值与屈服强度实测值的比值不应小于1.2；

    2）. 钢材应具有明显的屈服台阶，且伸长率应大于20%；

    3）. 钢材应具有良好的可焊性和合格的冲击韧性；

14. L>4m的板，要求支撑时起拱L/400（L为板跨）；
    L>4m的梁，要求支模时跨中起拱L/400（L表示梁跨）；
    外露的雨罩、挑檐、挑板、天沟应每隔10～15米设−10mm的缝，
    钢筋不断，缝用沥青麻丝塞填.

15. 基础回填土要求分层夯实，其回填土的压实系数不小于0.94.

16. 未经技术鉴定或设计许可，不得更改结构的用途和使用环境.

17. 因工程处于山区，边坡应避免深挖高填，坡高大且稳定性差
    的边坡应采用后仰放坡或分阶放坡.

18. 施工除应满足说明外，还应符合相关技术措施.

19. 选用规范：《建筑结构可靠度计算统一标准》　（GB50068−2001）
    《建筑工程抗震设防分类标准》　（GB50223−2008）
    《建筑地基基础设计规范》　（GB50007−2002）
    《建筑结构荷载规范》（2006年版）（GB50009−2001）
    《混凝土结构设计规范》　（GB50010−2002）
    《建筑抗震设计规范》（2008年版）（GB50011−2001）
    《冷扎带肋钢筋混凝土结构技术规程》（JGJ95−2003）
    《建筑结构制图标准》　（GB/T50105−2001）

非承重砌体材料用表：

构件部位		砌块（砖）强度等级	砂浆强度等级	
标高±0.000以上	外墙	200厚空心页岩砖	M5混合砂浆	砌块材料容重≤10KN/m³
	内墙	200厚空心页岩砖	M5混合砂浆	砌块材料容重≤10KN/m³
标高±0.000以下		实心页岩砖	M5水泥砂浆	砌块材料容重≤19KN/m³

注：填充墙及隔墙（斩）的位置，厚度见建筑平面图

采用的通用图集目录

序号	图集编号	图集名称
1	03G101−1	混凝土结构施工图平面整体表
2	西南G701<−>	加气砂砌块砌填充墙构造图集

选用标准图的构件及节点时应同时按照标准图说明施工.

结施1/14

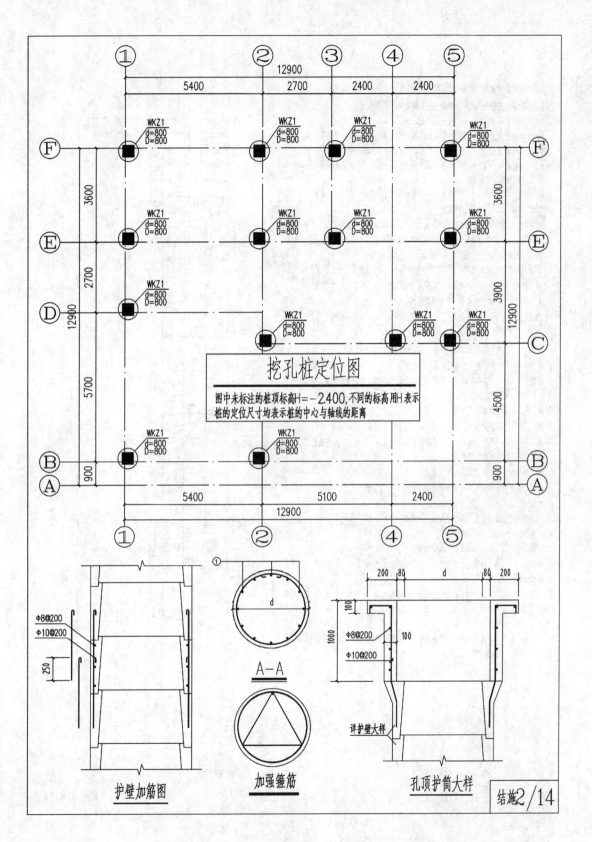

挖孔桩定位图

图中未标注的桩顶标高H=-2.400,不同的标高用H表示
桩的定位尺寸均表示桩的中心与轴线的距离

护壁加筋图

加强箍筋

A—A

孔顶护筒大样

详护壁大样

Φ8@200
Φ10@200

结施2/14

桩基设计说明

1. 根据建筑物场地情况，应建设单位要求，本工程设计为人工挖孔灌注桩。
2. 根据甲方提供的资料进行基础设计，桩基施工应严格按照《建筑桩基技术规范》(JGJ94-2008)执行。
3. 桩基施工前甲方应委托有资质的降水设计施工单位确定降水方案，制定降水施工措施，以确保桩基开挖时的人员机具安全。由于整个场地内近期人工堆积的素填土较厚，在桩孔开挖之前必须对整个场地进行分层碾压夯实，待场地土夯实系数达0.94时方可开挖桩孔。
4. 由于场地回填土层较厚，桩孔较深，桩基施工应有可靠的施工方案和可靠的安全措施，采取下述安全方案及措施：

   a、孔内必须设置应急软爬梯供人员上下，使用的电葫芦、吊笼等应安全可靠，并配有自动卡紧保险装置，不得使用麻绳和尼龙绳吊挂或脚踏井壁凸缘上下；电葫芦宜用按钮式开关，使用前必须检验其安全起吊能力；

   b、每日开工前必须检测井下的有毒、有害气体，并应有相应的安全防范措施；当桩孔开挖深度超过10m时应有专门向井下送风的设备，风量不宜少于25L/s；

   c、孔口四周必须设置护栏，护栏高度宜为0.8m；

   d、挖出的土石方应及时运离孔口，不得堆放在孔口周边1m范围内，机动车辆的通行不得对井壁的安全造成影响；

5. 桩基施工方案须经建设、设计、地勘、监理和质监各部门审查通过后方能施工。
6. 以中风化泥质砂岩层作为桩端持力层，桩身长 L 不小于15m，进入桩端持力层深度不小于2m。桩的极限端阻力标准值为4500KPa。挖孔桩终孔时必须进行桩端持力层检测。
7. 桩及护壁混凝土均为C30，钢筋HPB235(φ)f_y=210N/mm²。
8. 钢筋的混凝土保护层厚度：桩为50mm，HRB400(Φ)f_y=360N/mm²。
9. 对应桩中心距小于3.6m时，要采用间隔开挖及浇注施工措施。当所有桩检测合格后方可进入下道工序施工。
10. 预留柱的纵筋直径和底层柱的配筋相同。桩中心与柱中心对准。
11. 基础预埋柱插筋与柱主筋采用机械或搭接连接，接头位置和方式严格按标准图《03G101-1》-36页施工。
12. 基础预埋墙插筋与墙主筋接头位置和方式严格按标准图《03G101-1》-48页施工。
13. 消防水池底板及侧墙混凝土的抗渗等级为S6。
14. 建施图上有墙面结施图上未设置地梁的位置做成条形基础 TJ1、2、3，条基下的土要夯实，夯实系数不小于0.94。
15. 地梁施工前应由有资质的检测单位对桩的质量进行检测，桩的检测应满足《建筑桩基技术规范》(JGJ94-2008)执行，《建筑桩基检测技术规范》(JGJ106-2003)及四川省建设厅文件《川建发[2004]66号》文的要求，桩身完整性检测，可采用低应变动测法检测。每根桩均需检测。涂房柱下桩基进行深平层板载荷试验，以进行桩的承载能力检测，当所有桩检测合格后方可进入下道工序施工。

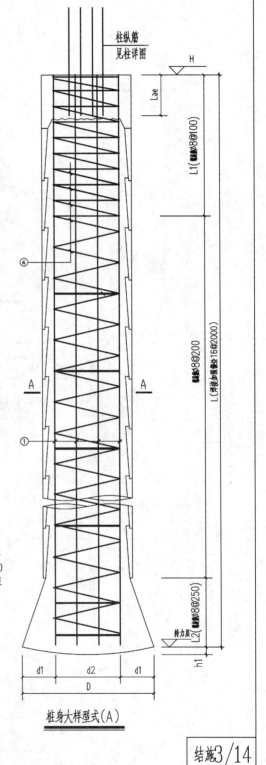

桩身大样型式(A)

结施3/14

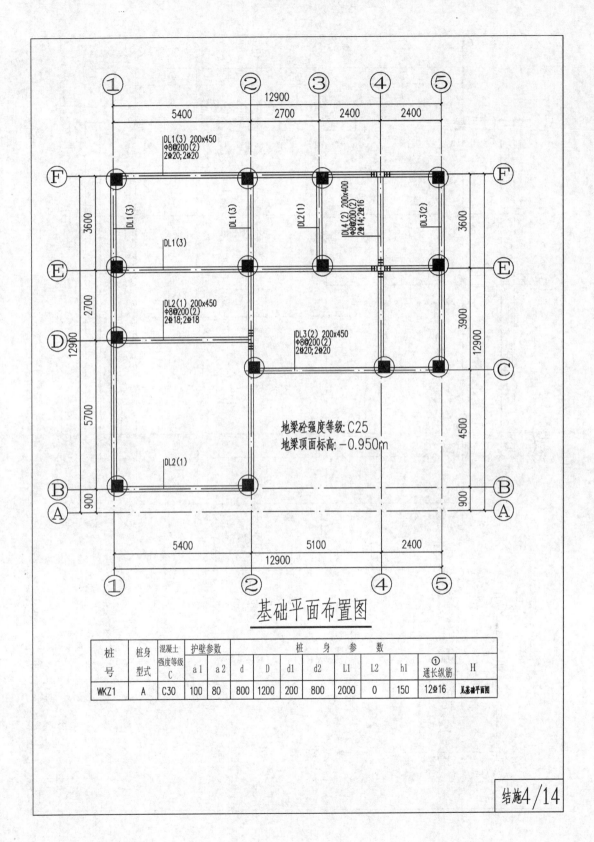

基础平面布置图

桩号	桩身型式	混凝土强度等级C	护壁参数		桩 身 参 数									① 通长纵筋	H
			a1	a2	d	D	d1	d2	L1	L2	h1			
WKZ1	A	C30	100	80	800	1200	200	800	2000	0	150	12Φ16		见基础平面图

地梁砼强度等级: C25
地梁顶面标高: −0.950m

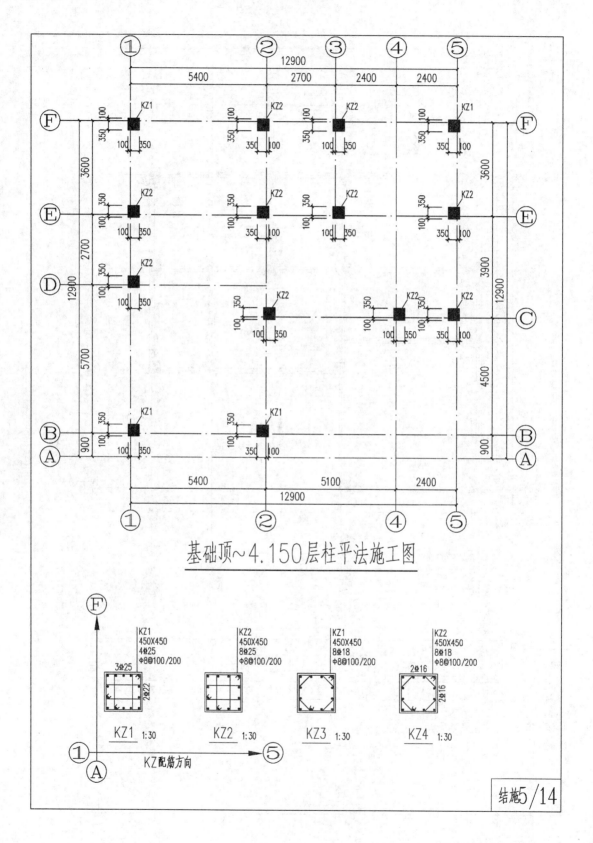

基础顶~4.150层柱平法施工图

KZ1
450X450
4Φ25
Φ8@100/200

KZ1 1:30

KZ2
450X450
8Φ25
Φ8@100/200

KZ2 1:30

KZ1
450X450
8Φ18
Φ8@100/200

KZ3 1:30

KZ2
450X450
8Φ18
Φ8@100/200

KZ4 1:30

KZ配筋方向

结施5/14

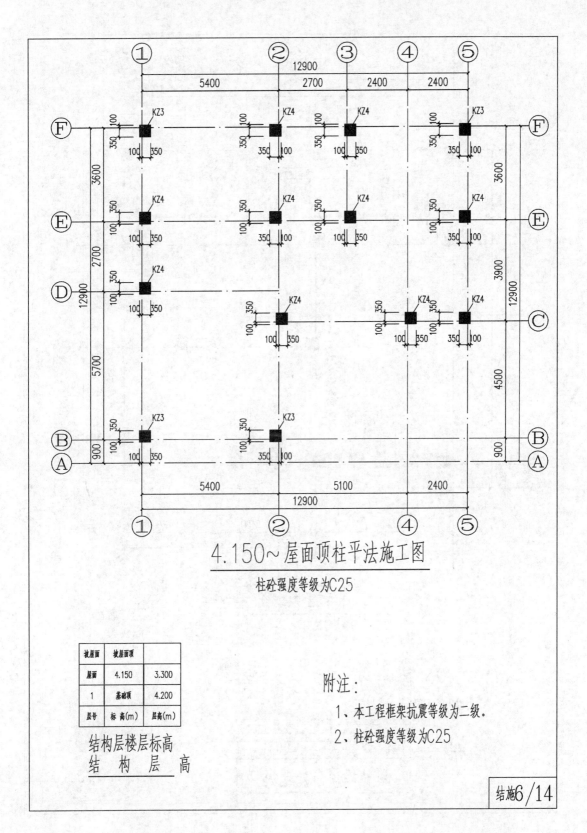

4.150~屋面顶柱平法施工图

柱砼强度等级为C25

层号	标 高(m)	层高(m)
坡屋面	坡屋面顶	
屋面	4.150	3.300
1	基础顶	4.200

结构层楼层标高
结 构 层 高

附注:
1、本工程框架抗震等级为二级。
2、柱砼强度等级为C25

结施6/14

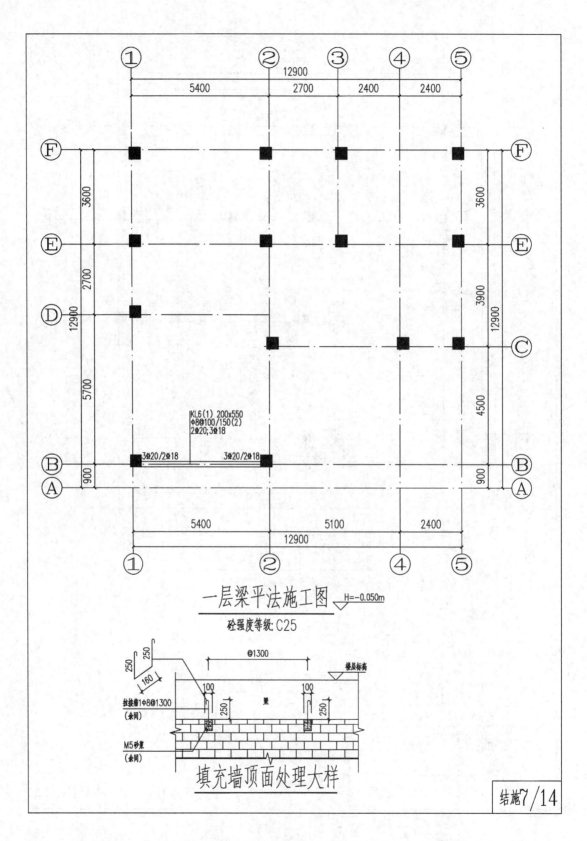

一层梁平法施工图 H=-0.050m

砼强度等级: C25

填充墙顶面处理大样

结施7/14

314

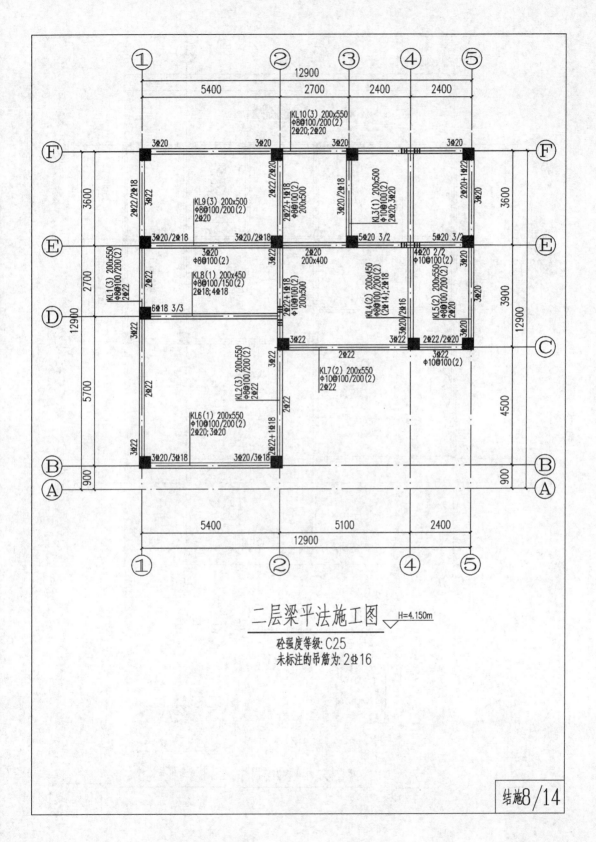

二层梁平法施工图 H=4.150m

砼强度等级: C25
未标注的吊筋为: 2Φ16

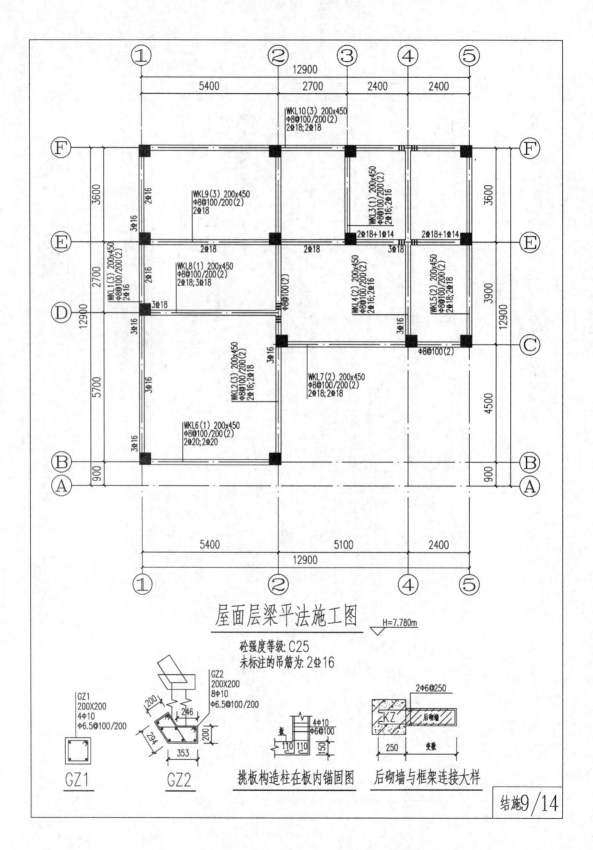

屋面层梁平法施工图 ▽H=7.780m

砼强度等级: C25
未标注的吊筋为: 2Φ16

GZ1
200X200
4Φ10
Φ6.5@100/200

GZ2
200X200
8Φ10
Φ6.5@100/200

GZ1

GZ2

挑板构造柱在板内锚固图

后砌墙与框架连接大样

结施9/14

316

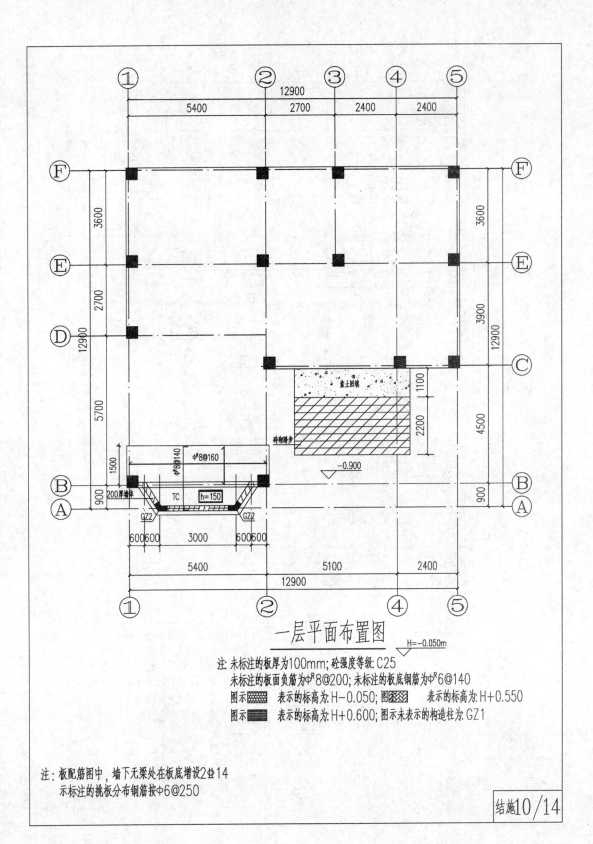

一层平面布置图

H=-0.050m

注: 未标注的板厚为100mm; 砼强度等级: C25
未标注的板面负筋为φR8@200; 未标注的板底钢筋为φR6@140
图示 ▦▦ 表示的标高为: H-0.050; 图示 ▨▨ 表示的标高为: H+0.550
图示 ▦ 表示的标高为: H+0.600; 图示未表示的构造柱为: GZ1

注: 板配筋图中, 墙下无梁处在板底增设2Φ14
示标注的挑板分布钢筋按φ6@250

结施10/14

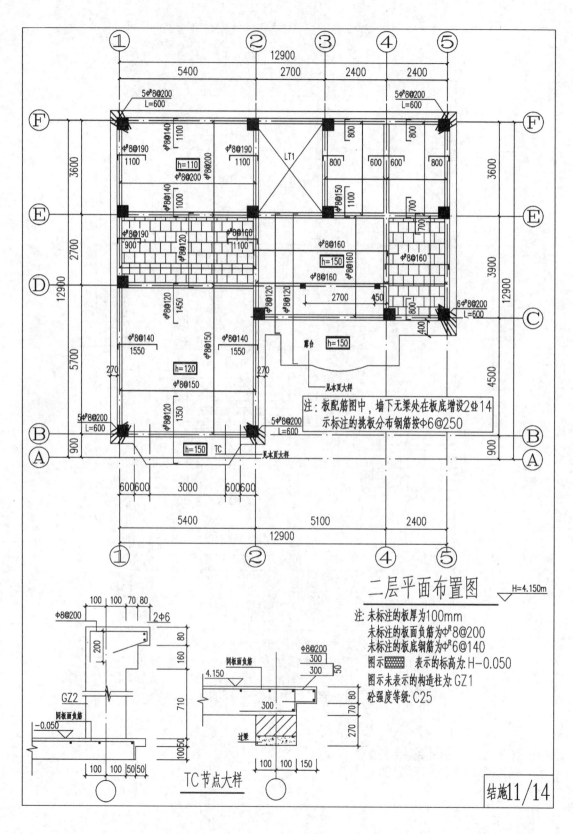

注：板配筋图中，墙下无梁处在板底增设2Φ14
示标注的挑板分布钢筋按Φ6@250

二层平面布置图   ▽H=4.150m

注 未标注的板厚为100mm
未标注的板面负筋为Φ8@200
未标注的板底钢筋为Φ6@140
图示▨▨▨ 表示的标高为：H-0.050
图示未表示的构造柱为：GZ1
砼强度等级：C25

TC节点大样

结施11/14

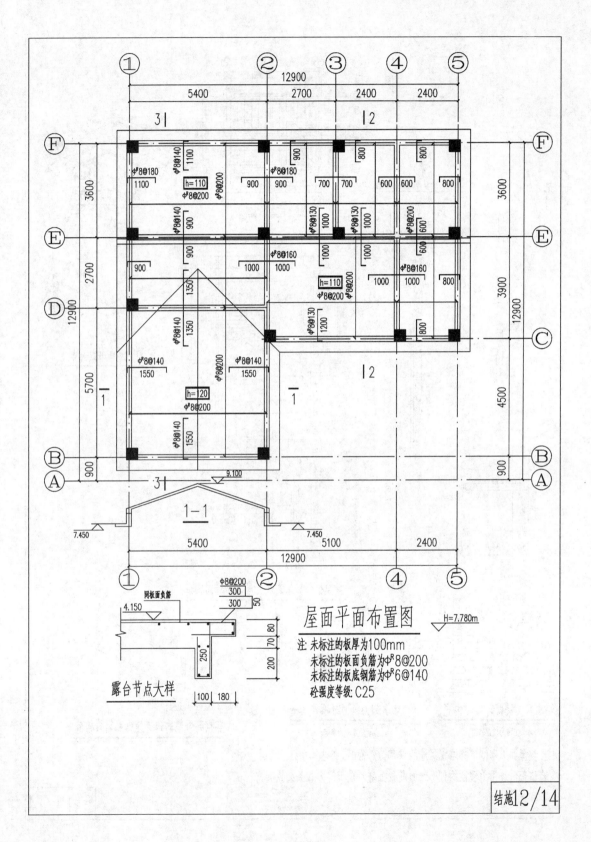

屋面平面布置图

注: 未标注的板厚为100mm
未标注的板面负筋为φ8@200
未标注的板底钢筋为φ6@140
砼强度等级:C25

H=7.780m

露台节点大样

1-1

同板面负筋

Φ8@200

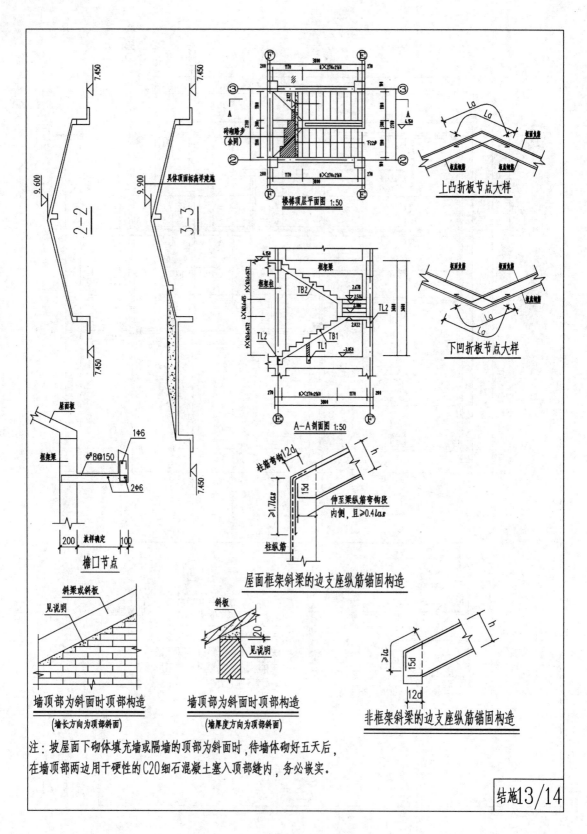

上凸折板节点大样

下凹折板节点大样

楼梯顶层平面图 1:50

A—A 剖面图 1:50

檐口节点

屋面框架斜梁的边支座纵筋锚固构造

墙顶部为斜面时顶部构造
(墙长方向为顶部斜面)

墙顶部为斜面时顶部构造
(墙厚度方向为顶部斜面)

非框架斜梁的边支座纵筋锚固构造

注：坡屋面下砌体填充墙或隔墙的顶部为斜面时，待墙体砌好五天后，
在墙顶部两边用干硬性的C20细石混凝土塞入顶部缝内，务必嵌实。

结施13/14

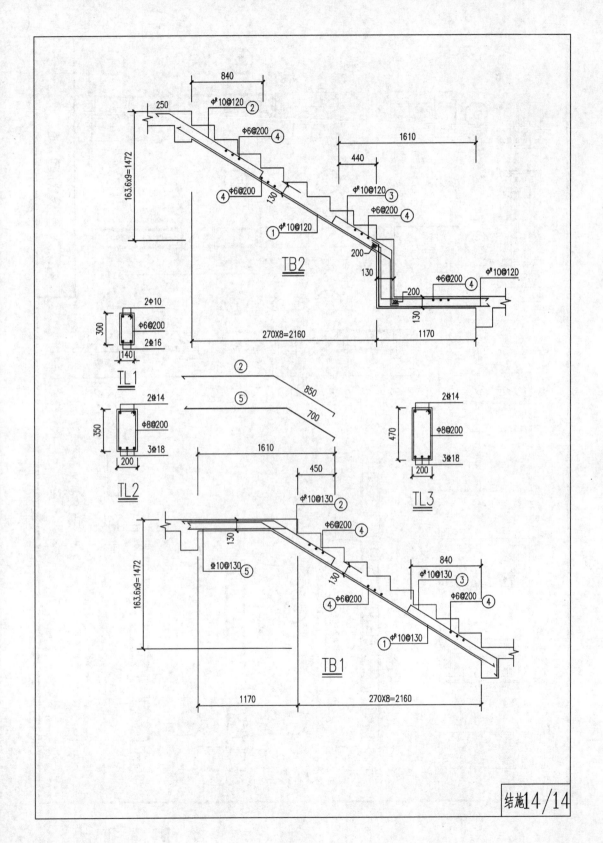

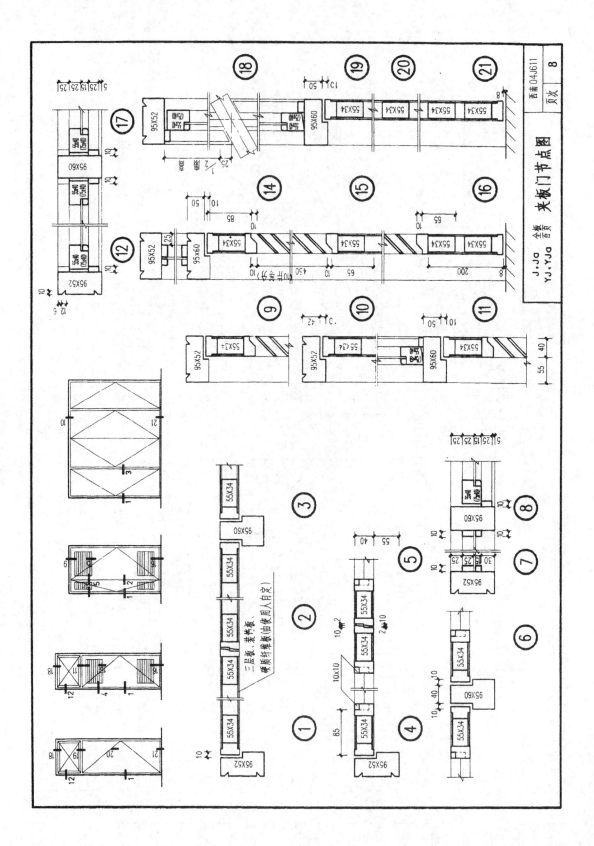

夹板门节点图

J、JQ　全板
YJ、YJQ　音质

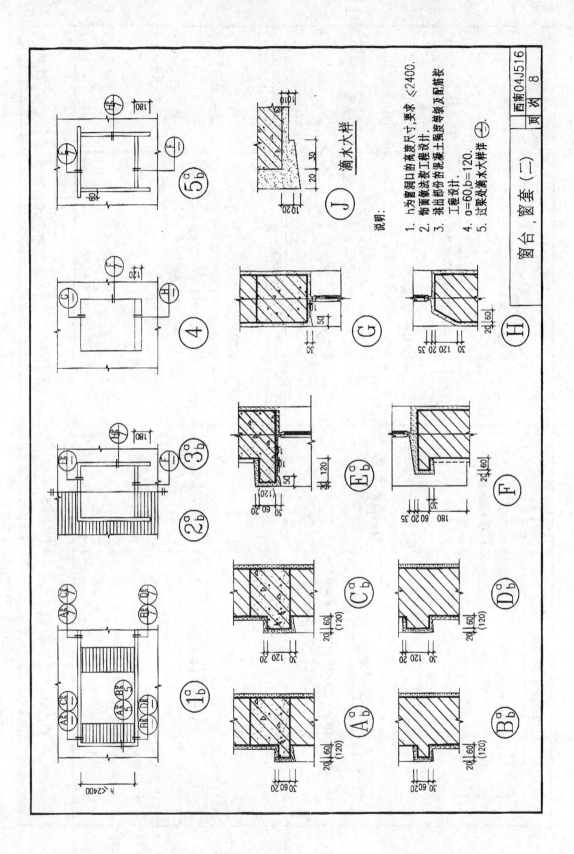

滴水大样

$\overset{J}{\bigcirc}$

说明:

1. h为窗洞口的高度尺寸,要求 ≤2400.
2. 饰面做法按工程设计.
3. 挑出部份的混凝土强度等级及配筋按工程设计.
4. a=60,b=120.
5. 过梁处滴水大样详 $\overset{J}{\bigcirc}$.

窗台、窗套(二)

顶棚饰面做法

P01 刮腻子喷涂料顶棚

燃烧性能等级	A, B_1
总厚度	

1. 现浇钢筋混凝土板底腻子刮平
2. 喷涂料

说明
1. 涂料品种颜色由设计定
2. 适用于一般库房.锅炉房等
3. （注1）

P02 抹缝喷涂料顶棚

燃烧性能等级	A, B_1
总厚度	

1. 预制钢筋混凝土板面抹缝，1:0.3:3 水泥石灰砂浆打底，纸筋灰（加纸筋6%）单面一次成活
2. 喷涂料

说明
1. 涂料品种，颜色由设计定
2. 适用于一般库房，锅炉房等
3. （注1）

P03 纸筋灰喷涂料顶棚

燃烧性能等级	A, B_1
总厚度	13,16

1. 基层清理
2. 刷水泥浆一道（加建筑胶适量）
3. 4厚 1:0.5:2.5 水泥石灰砂浆
4. 6,9 厚 1:1:4 水泥石灰砂浆（现浇基层6厚，预制基层 9 厚）
5. 2厚纸筋石灰浆（加纸筋6%）
6. 喷涂料

说明
1. 涂料品种颜色由设计定
2. （注1）

P04 混合砂浆喷涂料顶棚

燃烧性能等级	A, B_1
总厚度	15,20

1. 基层清理
2. 刷水泥浆一道（加建筑胶适量）
3. 10,15 厚 1:1:4 水泥石灰砂浆（现浇基层15厚，预制基层15厚）
4. 4厚 1:0.3:3 水泥石灰砂浆
5. 喷涂料

说明
1. 涂料品种颜色由设计定
2. （注1）

P05 水泥砂浆喷涂料顶棚

燃烧性能等级	A, B_1
总厚度	14,19

1. 基层清理
2. 刷水泥浆一道（加建筑胶适量）
3. 10,15 厚 1:1:4 水泥石灰砂浆（现浇基层15厚，预制基层15厚）
4. 3厚 1:2.5 水泥砂浆
5. 喷涂料

说明
1. 涂料品种颜色由设计定
2. 适用于相对湿度较大的房间，如水泵房，洗衣房等
3. （注1）

注1. 涂料为无机涂料时，燃烧性能等级为 A 级，有机涂料湿涂覆比 <1.5 Kg/m² 时为 B_1 级

内墙饰面做法

N01 大白浆平整墙面

1. 清水砖墙原浆刮平缝
2. 喷大白浆或色浆

燃烧性能等级	A
说明：颜色由设计定	

N02 大白浆凹进墙面

清水砖墙 1:1 水泥砂浆勾回缝
1. 喷大白浆或色浆

燃烧性能等级	A
说明：颜色由设计定	

N03 纸筋石灰浆喷涂料墙面

1. 基层处理
2. 8 厚 1:2.5 石灰砂浆，加麻刀 1.5%
3. 7 厚 1:2.5 石灰砂浆，加麻刀 1.5%
4. 2 厚纸筋石灰浆，加纸筋 6%
5. 喷涂料

燃烧性能等级	A，B₁
总厚度	18
说明：	
1. 涂料品种、颜色由设计定	
2. （注1）	

N04 混合砂浆喷涂料墙面

1. 基层处理
2. 9 厚 1:1:6 水泥石灰砂浆打底扫毛
3. 7 厚 1:1:6 水泥石灰砂浆垫层
4. 5 厚 1:0.3:2.5 水泥石灰砂浆罩面压光
5. 喷涂料

燃烧性能等级	A，B₁
总厚度	22
说明：	
1. 涂料品种、颜色由设计定	
2. （注1）	

N05 混合砂浆刷乳胶漆墙面

1. 基层处理
2. 9 厚 1:1:6 水泥石灰砂浆打底扫毛
3. 7 厚 1:1:6 水泥石灰砂浆垫层
4. 5 厚 1:0.3:2.5 水泥石灰砂浆罩面压光
5. 刷乳胶漆

燃烧性能等级	B₁，B₂
总厚度	22
说明：	
1. 乳胶漆品种、颜色由设计定	
2. 乳胶漆湿涂覆比 <1.5Kg/m²时，为B₁级	

N06 混合砂浆贴壁纸墙面

1. 基层处理
2. 9 厚 1:1:6 水泥石灰砂浆打底扫毛
3. 7 厚 1:1:6 水泥石灰砂浆垫层
4. 5 厚 1:0.3:2.5 水泥石灰砂浆罩面压光
5. 满刮腻子一道，磨平
6. 补刮腻子，磨平
7. 贴壁纸

燃烧性能等级	B₁
总厚度	19
说明：	
1. 壁纸品种、颜色由设计定	
2. （注2）	

N07 水泥砂浆喷涂料墙面

1. 基层处理
2. 7 厚 1:3 水泥砂浆打底扫毛
3. 6 厚 1:3 水泥砂浆垫层
4. 5 厚 1:2.5 水泥砂浆罩面压光
5. 喷涂料

燃烧性能等级	B₁，B₂
总厚度	22
说明：	
1. 涂料品种、颜色由设计定	
2. （注1）	

注1 涂料为无机涂料时，燃烧性能等级为 A 级，有机涂料湿涂覆比 <1.5kg/m² 时，其燃烧性能等级为 B₁ 级

注2 壁纸重量 <300g/m² 时，燃烧性能等级为 B₁ 级

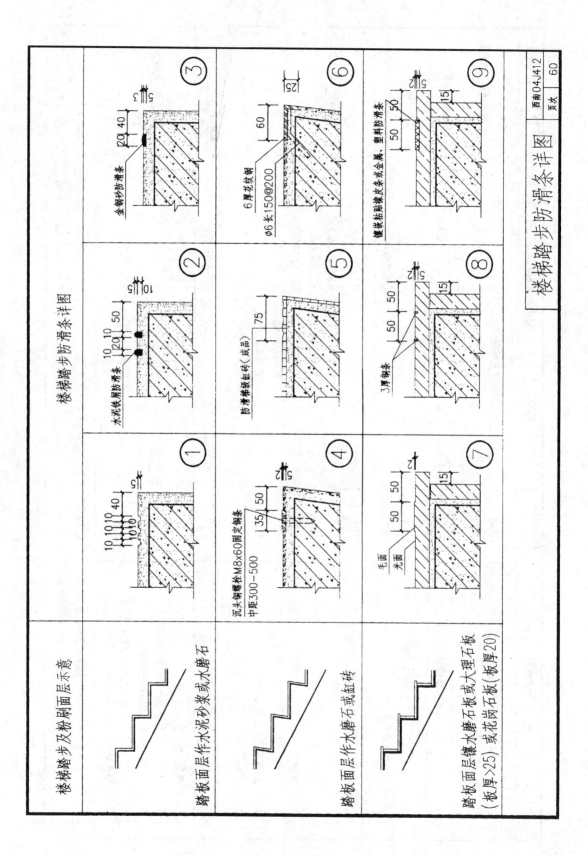

楼梯踏步防滑条详图

③ 金刚砂防滑条

⑥ 6厚花纹钢
Φ6长150@200

⑨ 镶嵌粘贴橡皮条或金属、塑料防滑条

② 水泥线角防滑条

⑤ 防滑梯级缸砖(成品)

⑧ 3厚钢条

① 楼梯踏步及粉刷面层示意

④ 沉头铜螺栓M8×60固定铜条
中距300~500

⑦ 毛面 光面

楼梯踏步及粉刷面层示意

踏板面层作水泥砂浆或水磨石

踏板面层作水磨石或缸砖

踏板面层镶水磨石板或大理石板
(板厚>25)或花岗石板(板厚20)

楼梯踏步防滑条详图

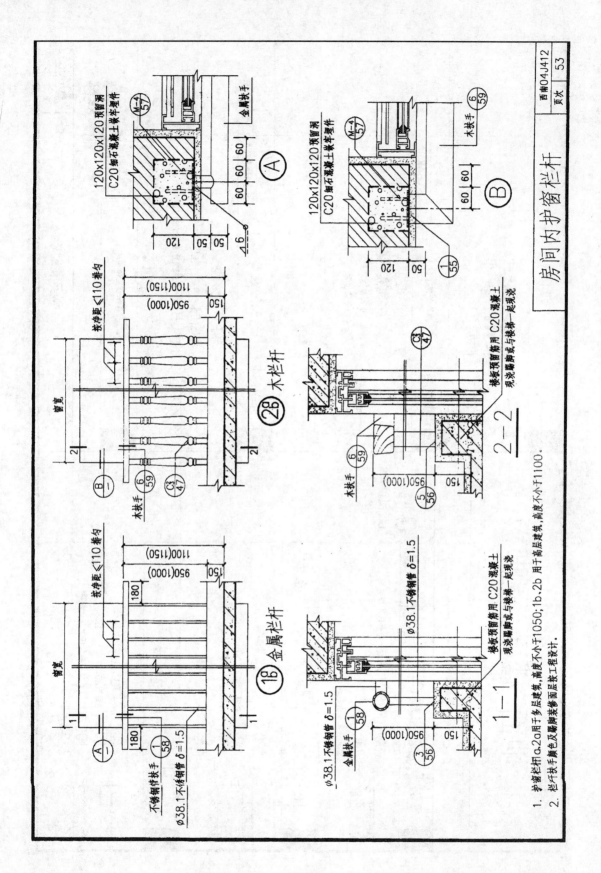

房间内护窗栏杆

1. 护窗栏杆a2a用于多层建筑,高度不小于1050;1b、2b用于高层建筑,高度不小于1100。
2. 栏杆扶手颜色及踢脚面装修面层按工程设计。

地面 楼面 踢脚板

表1

编号	做法名称	构造做法	总厚	荷载	备注
3101 a b	水泥砂浆地面	80(100)厚C20混凝土面层铁板赶光 素土夯实基土	总厚 80 100		注1： a 为80厚混凝土 b 为100厚混凝土
3102 a b	水泥砂浆地面	20厚1:2水泥砂浆面层铁板赶光——注1 80(100)厚C10混凝土垫层 素土夯实基土	总厚 101 121		
3103	水泥砂浆地面	20厚1:2水泥砂浆面层铁板赶光 改性沥青一布四涂防水层——注4 100厚C10混凝土垫层找坡表面找平 素土夯实基土	总厚 123		有防水层
3104	水泥砂浆楼面	20厚1:2水泥砂浆面层铁板赶光——注1 水泥浆结合层一道 结构层	总厚 21	0.4KN/m²	
3105	水泥砂浆楼面	20厚1:2水泥砂浆面层铁板赶光 改性沥青一布四涂防水层——注4 1:3水泥砂浆找坡层，最薄处20厚 水泥浆结合层一道——注1 结构层	总厚≥44	≤0.84KN/m²	有防水层
3106	水泥砂浆楼面	20厚1:2水泥砂浆面层铁板赶光 水泥浆结合层一道——注1 50厚C10细石混凝土敷管找平层 结构层	总厚 71	1.6KN/m²	有垫层
3107	水泥砂浆楼面	20厚1:2水泥砂浆面层铁板赶光 水泥浆结合层一道——注1 结构层	总厚≥73	≤1.64KN/m²	有防水层及敷管层

地面 楼面 踢脚板

卷材防水屋面

名称代号	构造简图	材料及做法	备注
卷材防水屋面 2201 a.保温 b.不保温 (取消5.6.7)		1. 撒铺豆砂一层 2. 沥青类卷材(a.三毡四油 b.二毡三油) 3. 刷冷底子油一道 4. 25厚1:3水泥砂浆找平层 5. 结构层	一道防水 二毡三油只可用于Ⅳ防水等级 三毡四油可用于Ⅲ级 0.85kN/m²
卷材防水屋面 2202		1. 20厚1:2.5水泥砂浆保护层，分格缝间距≤1.0m 2. 高分子卷材或高分子卷材一道，同材性胶粘剂二道(材料按工程设计) 3. 刷底胶剂一道 4. 25厚1:3水泥砂浆找平层 5. 结构层	一道防水 用于Ⅲ防水等级 0.95kN/m²
卷材防水屋面 2203 a.保温 b.不保温 (取消5.6.7)		1. 20厚1:2.5水泥砂浆保护层，分格缝间距≤1.0m 2. 高分子卷材一道，同材性胶粘剂二道(材料按工程设计) 3. 改性沥青卷材一道，胶粘剂二道(材料按工程设计) 4. 刷底胶剂一道(材性同上) 5. 25厚1:3水泥砂浆找平层 6. 水泥膨胀珍珠岩或水泥膨胀蛭石预制块贴(材料及厚度按工程设计) 7. 隔汽层1.2.3.4.5(按工程设计) 8. 1:3水泥砂浆找平层(厚度:预制板20,现浇板15) 9. 结构层	二道防水 保温 2.23kN/m² 不保温 0.90kN/m²
卷材防水屋面 (上人) 2204 a.保温 b.不保温 (取消6.7.8)		1.2.3.4同2203 5. 20厚沥青砂浆找平层 6. 沥青膨胀珍珠岩或预制块沥青蛭石观浇或预制块、预制块用乳化沥青铺贴(材料及厚度按工程设计) 7. 隔汽层1.2.3.4.5(按工程设计) 8. 1:3水泥砂浆找平层(厚度:预制板20,现浇板15) 9. 结构层	二道防水 1.71kN/m²
卷材防水屋面 (上人) 2205 a.保温 b.不保温 (取消6.7.8)		1. 35厚590×590钢筋混凝土预制板或铺地面砖 2. 10厚1:2.5水泥砂浆结合层 3. 20厚1:3水泥砂浆保护层 4.5.6.7.8.9.10.11同2203(2.3.4.5.6.7.8.9)	保温 3.01kN/m² 不保温 1.68kN/m²

注：
1. 屋面宜由结构找坡，水可用材料找坡(见第3页第九条)，并按工程设计。
2. 保温层干燥有困难时，须设排气孔。
3. 卷材或涂膜等厚度见第4页表3规定。
4. 隔汽层见第5页第十五条，隔离层见第8页第(二)。
5. 备注栏方框内数值为结构层以上材料总重(其中，水泥膨胀珍珠岩或水泥膨胀蛭石按80厚计算)。

卷材防水屋面类型表(一)

瓦屋面类型表

名称代号	构造简图	材料及作法	备注
筒板瓦屋面 同上 （陶瓦） 2517 a-c		1~3,同2515 4.改性沥青卷材一道,厚≥3 5.15厚1:3水泥砂浆找平层 6.钢筋混凝土屋面板	两道防水适用 干Ⅱ级屋面防水 无保温隔热层
筒板瓦屋面 同上 （陶瓦） 2518 a-c		1~5,同2517 6.保温层或隔热层 7.改性沥青涂膜,隔汽层厚≥1 8.15厚1:3水泥砂浆找平层 9.钢筋混凝土屋面板	两道防水适用 干Ⅱ级屋面防水 有保温隔热层
高级装饰瓦屋面 a. 中式筒瓦 b. 彩色筒瓦 c. 波纹装饰瓦 d. 彩瓷瓦 e. 釉面西瓦 （陶瓦） 2519 a-e		1.装饰瓦屋面,品种及颜色见工程设计,铺钉按各种瓦的要求施工 2.1:3水泥砂浆卧层,（最薄处25）内配φ6@500X500钢筋网 3.15厚1:3水泥砂浆找平层 4.钢筋混凝土屋面板	一道防水适用 干Ⅲ级屋面防水 无保温隔热层
高级装饰瓦屋面 同上 （陶瓦） 2520 a-e		1~3,同2519 4.保温层或隔热层 5.改性沥青涂膜,隔汽层厚≥1 6.15厚1:3水泥砂浆找平层 7.钢筋混凝土屋面板	一道防水适用 干Ⅲ级屋面防水 有保温隔热层
高级装饰瓦屋面 同上 （陶瓦） 2521 a-e		1~3,同2519 4.改性沥青卷材一道,厚≥3 5.15厚1:3水泥砂浆找平层 6.钢筋混凝土屋面板	两道防水适用 干Ⅱ级屋面防水 无保温隔热层
高级装饰瓦屋面 同上 （陶瓦） 2522 a-e		1~5,同2521 6.保温层或隔热层 7.改性沥青涂膜,隔汽层厚≥1 8.15厚1:3水泥砂浆找平层 9.钢筋混凝土屋面板	两道防水适用 干Ⅱ级屋面防水 有保温隔热层

注:1.2同第4页。

瓦屋面类型表

名称代号	构造简图	材料及作法	备注
平瓦屋面 同上（卧瓦）2510 a-f		1~3，同2509 4.保温层或隔热层 5.改性沥青涂膜，隔汽层厚≥1 6.15厚1:3水泥砂浆找平层 7.钢筋混凝土屋面板	一道防水适用 干Ⅲ级屋面防水 有保温隔隔热层
平瓦屋面 同上（卧瓦）2511 a-f		1~3，同2509 4.改性青青材一道，厚>3 5.15厚1:3水泥砂浆找平层 6.钢筋混凝土屋面板	两道防水适用 干Ⅲ级屋面防水 无保温隔热层
平瓦屋面 同上（卧瓦）2512 a-f		1~5，同2511 6.保温层或隔热层 7.改性沥青涂膜，隔汽层厚≥1 8.15厚1:3水泥砂浆找平层 9.钢筋混凝土屋面板	两道防水适用 干Ⅲ级屋面防水 有保温隔热层
简板瓦屋面 a.粘土筒板瓦 b.水泥筒板瓦 c.彩色筒筒瓦 2513 a-c（挂瓦）		1.简板瓦屋面，品种及颜色按工程设计，器接分之一简钩，瓦随用瓦随钩浆挂铺，石灰砂浆勾缝 2.40X50木条，@230~250摆瓦内钉固定@600 3.钢筋混凝土屋面板或碾碎条，当用屋面板时，上铺35厚C15细石混凝土找平层，配Ø6@600X500钢筋网	一道防水适用 干Ⅲ级屋面防水 无保温隔热层
简板瓦屋面 同上（挂瓦）2514 a-c		1~2，同2513 3.35厚C15细石砼找平层，配Ø6 @500X500钢筋网 4.保温层或隔热层 5.改性沥青涂膜，隔汽层厚≥1 6.15厚1:3水泥砂浆找平层 7.钢筋混凝土屋面板	一道防水适用 干Ⅲ级屋面防水 有保温隔隔热层
筒瓦屋面 同上（卧瓦）2515 a-c		1.简瓦屋面，品种及颜色按工程设计 2.1:3水泥砂浆填铺，石灰砂浆勾缝瓦硬接，配Ø6@500X500钢筋网，（最薄处25） 3.15厚1:3水泥砂浆找平层 4.钢筋混凝土屋面板	一道防水适用 干Ⅲ级屋面防水 无保温隔热层
简板瓦屋面 同上（卧瓦）2516 a-c		1~3，同2515 4.保温层或隔热层 5.改性沥青涂膜，隔汽层厚≥1 6.15厚1:3水泥砂浆找平层 7.钢筋混凝土屋面板	一道防水适用 干Ⅲ级屋面防水 有保温隔隔热层

注：1.2同第4页.

瓦屋面类型表

名称代号	构造简图	材料及作法	备注
平瓦屋面 同上 （木挂瓦条挂瓦） 2504 8-f		1~6，同2503 7.保温层或隔热层 8.改性沥青涂膜，隔汽层厚≥1 9.15厚1:3水泥砂浆找平层 10.钢筋混凝土屋面板	两道防水适用 干Ⅱ级屋面防水 有保温隔热层
平瓦屋面 同上 （铜挂瓦条挂瓦） 2505 8-f		1.瓦屋面品种及颜色详工程设计 2.钢挂瓦条 L30X4，中距瓦材规格，用3.5X40水泥钉固定在垫块和找平层上（不露钉头） 3.顺水条 -25X5，中距600 4.35厚C15细石混凝土找平层配筋 φ6@500X500钢筋网 5.钢筋混凝土屋面板	一道防水适用 干Ⅱ级屋面防水 无保温隔热层
平瓦屋面 同上 （铜挂瓦条挂瓦） 2506 8-f		1~4，同2505 5.保温层或隔热层 6.改性沥青涂膜，隔汽层厚≥1 7.15厚1:3水泥砂浆找平层 8.钢筋混凝土屋面板	一道防水适用 干Ⅱ级屋面防水 有保温隔热层
平瓦屋面 同上 （钢挂瓦条本条挂瓦） 2507 8-f		1~4，同2501 5.改性沥青卷材一道，厚≥3 6.15厚1:3水泥砂浆找平层 7.钢筋混凝土屋面板	两道防水适用 干Ⅱ级屋面防水 无保温隔热层
平瓦屋面 同上 （钢挂瓦条本条挂瓦） 2508 8-f		1~6，同2507 7.保温层或隔热层 8.改性沥青涂膜，厚≥1 9.15厚1:3水泥砂浆找平层 10.钢筋混凝土屋面板	两道防水适用 干Ⅱ级屋面防水 有保温隔热层
平瓦屋面 同上 （脊瓦） 2509 8-f		1.瓦屋面，品种、颜色详工程设计 2.1:3水泥浆卧脊瓦层，（脊隆处25） 内配φ6@500X500钢筋网 3.15厚1:3水泥砂浆找平层 4.钢筋混凝土屋面板	一道防水适用 干Ⅱ级屋面防水 无保温隔热层

注：1、2、3同第4页。

参考文献

[1] 11G101-1 混凝土结构施工图平面整体表示方法制图规则和构造详图. 北京：中国计划出版社，2011.
[2] 袁建新. 建筑工程造价. 重庆：重庆大学出版社，2012.
[3] 袁建新. 工程造价概论. 北京：中国建筑工业出版社，2011.
[4] 袁建新. 企业定额编制原理与实务. 北京：中国建筑工业出版社，2003.
[5] 袁建新. 建筑工程计量与计价. 北京：人民交通出版社，2009.
[6] GB 50500—2013 建设工程工程量清单计价规范. 北京：中国计划出版社，2013.